農業や住まいの自動化に！ リレーやセンサで動きを作る

ラズパイでPLC

ハード＆開発環境編

今関 雅敬 著

プリント基板交換券はこの裏面にあります

必ずもらえる❶ DC24Vアイソレート I/O基板のプリント基板

ラズベリー・パイのGPIO端子は3.3V，数mAしか出力できません．このままではAC100VをON/OFFするためのリレーを駆動できません．そこで，ラズベリー・パイに外付けするDC24Vアイソレート I/O基板を製作しました．

一般的にメーカ製のPLCは，フォトカプラでアイソレートしたDC24VのI/O端子が多く用いられています．本基板もそれにならっています．搭載する部品セットは秋月電子通商で扱っています．

https://akizukidenshi.com/catalog/g/gK-15645/

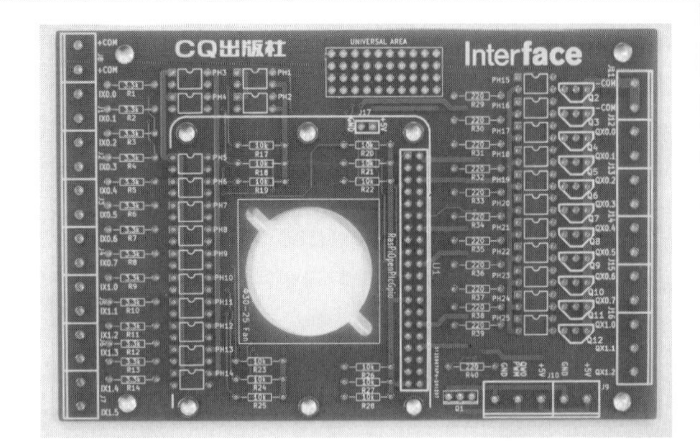

gk-15645 で検索

必ずもらえる❷ Arduinoアナログ I/O基板のプリント基板

ラズベリー・パイにはアナログI/O端子が備わっていません．そこでラズベリー・パイにArduino Unoを接続し，Arduino UnoをアナログI/O基板として使用します．そこで，Arduinoに外付けして利用できるアナログI/O基板を製作しました．これによりアナログ入力6チャネル，PWM出力3チャネル，2値入力5チャネル，2値出力4チャネルが利用できます．搭載する部品セットは秋月電子通商で扱っています．

https://akizukidenshi.com/catalog/g/gK-15925/

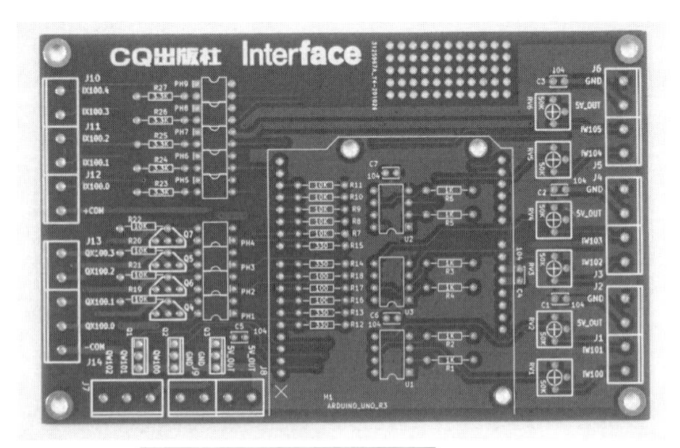

gk-15925 で検索

交換方法

プリント基板の外形寸法は132×82mmです．これが入る封筒（長形3号）に140円切手を貼り，宛先としてご自分の住所と名前を記入後，本ページ左下の交換券（コピー不可）と共に，右の住所に郵送してください．

なお，本書の電子版を購入された方は，交換券の代わりに購入日と購入者の名前を記したメモ紙を同封してください．

交換券には有効期限があります．2024年以降は購入日から1年以内とさせていただきます．

24VアイソレートI/O基板のプリント基板交換券

ArduinoアナログI/O基板のプリント基板交換券

交換券

112-8619
東京都文京区
千石4-29-14
CQ出版社
PLCプリント基板係

はじめに

「コンマ何秒で絶対動作せよ」という用途でなければ便利に使える

ラズパイPLCで装置をコントロールのススメ

● プログラミングができなくても大丈夫

あるイベントが発生したら，それを受けてXXを動かすといった動作は，マイコン・プログラマ以外でも作る必要に迫られることがあるでしょう．今まであきらめていませんでしたか．例えば，水槽の水が一定量を下回ったら蛇口を開けて，一定量に達したら蛇口を閉めるなどの動作は，水位計の出力を直接，止水バルブにつなぐことで実現できそうです．しかし，実際に製品を設置する現場は甘くないです．水槽の大きさなどの条件によって，バルブの流水が作る波の影響で，水位計とバルブの間で発振現象が起きて，使い物にならないといった問題が現場では発生するのです．

このようなときにマイコンがあれば，ヒステリシスを持った制御など，柔軟にソフトウェアで条件を設定できます．ですがマイコン制御のためのC言語を書けないと，システムを作れないですし，細かい調整もできません．

本書で紹介するラダー・プログラムを用いれば，このような複雑なシステムの動作を作れるようになります．ラダー・プログラムはC言語よりも直感的に記述できます．

● ラズパイによるPLC作りに必要なもの

▶ラズベリー・パイ

小型コンピュータ・ボード「ラズベリー・パイ3Bまたは3B+，4B」のいずれかを用意します．

▶ microSDカード

32Gバイト，Class10以上のmicroSDカードを用意します．ラズベリー・パイ用のOSをここに書き込みます．

▶パソコン

microSDカードにラズベリー・パイのOSを書き込む際に利用します．ラダー・プログラムを書く際にも利用します．一般的なもので充分です．

▶ DC24VアイソレートI/O基板

ラズベリー・パイのI/O端子を利用して，リレーなどのデバイスを駆動する際に利用します．本書にプリント基板の申し込みチケットが付いています．送料の負担だけお願いします．搭載する部品はhttps://akizukidenshi.com/catalog/g/gK-15645/から購入できます（gk-15645で検索）．

▶ DC24V出力のACアダプタ

DC24V，0.5A（LY4リレー5個程度駆動）以上を用意してください．DC24VアイソレートI/O基板に供給します．

▶あれば便利…Arduino

ラズベリー・パイとDC24VアイソレートI/O基板の組み合わせではアナログ値の入出力ができません．そこでArduinoをラズベリー・パイに外付け（USB接続）します．ArduinoにはA-DコンバータやPWM出力があります．

▶あれば便利…ArduinoアナログI/O基板

ラズベリー・パイにArduinoと，本アナログI/O基板を接続することで，ラダー・プログラム上でアナログ値を扱えるようになります．この基板に搭載する部品はhttps://akizukidenshi.com/catalog/g/gK-15925/から購入できます（gk-15925で検索）．

ラズパイでPLC ハード&開発環境編

第2部 ラズパイPLCを実践仕様に育てる

第3部 応用のための技術

初出一覧

本書は月刊『Interface』に掲載した記事を加筆・再編集したものです.

●イントロダクション, 第1章, 第1部
　2020年9月号 特設記事「ラズパイでPLC」

●第2部
　2020年10月号 特設記事「ラズパイでPLC」

●第3部
　2020年11月号 特設記事「ラズパイでPLC」
　2020年12月号～2021年5月号 連載「ラズパイでPLC」

本書で解説している各サンプル・プログラムは下記URLからダウンロードできます.

https://www.cqpub.co.jp/interface/download/V/PLC.zip

ダウンロード・ファイルはzipアーカイブ形式です. 解凍パスワードはrpiplcです.

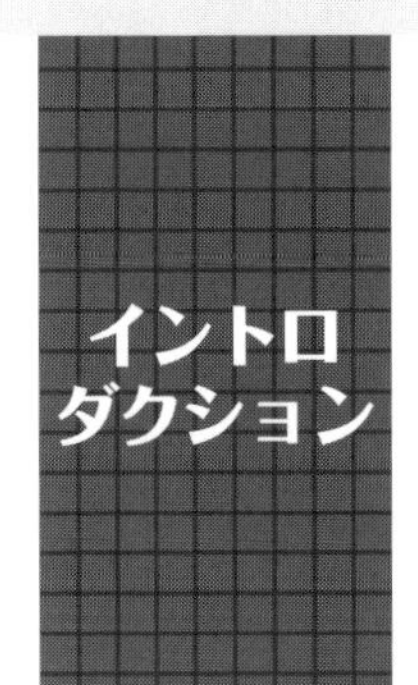

プログラムの知識がない人も使えるPLCで水やりバルブを制御

農業や自宅作業場に向けて作った簡易PLC

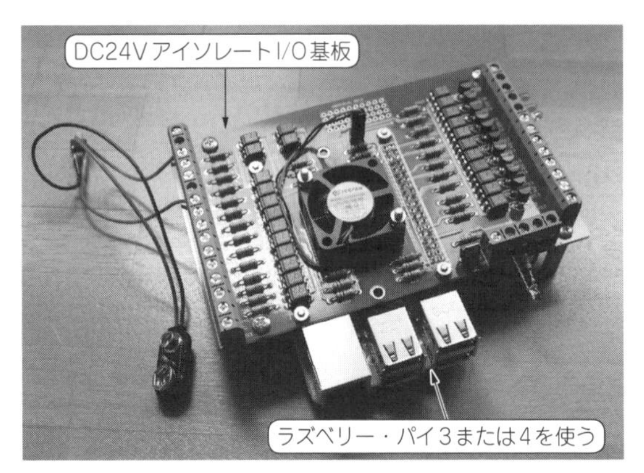

写真1　ラズベリー・パイで作れるプログラマブル・ロジック・コントローラ

写真2　装置は神奈川県厚木市にある果樹園：柳下園に設置

ラズベリー・パイ3または4で作れるプログラマブル・ロジック・コントローラ(Programmable Logic Controller，以降PLC，**写真1**)を用意して，神奈川県厚木市にある柳下園(**写真2**)におじゃましました．柳下園では，主にぶどうと梨を育てています．PLCはシーケンス(順番)を制御するコントローラです．スイッチやセンサの値を元に，ラダー・プログラムに従って出力回路をコントロールします．このラダー・プログラムは，C言語と違って直感的に記述できます．

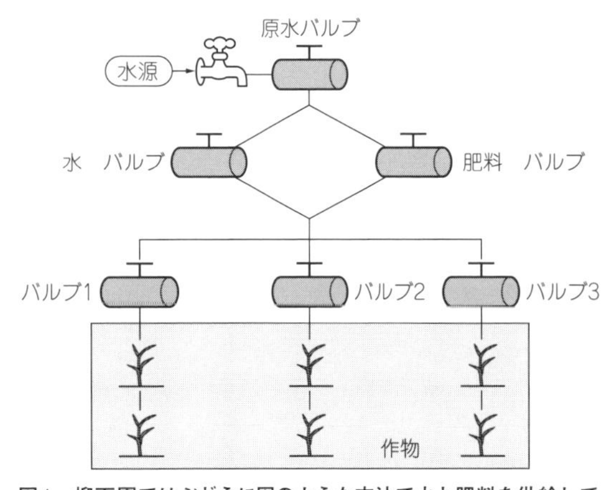

図1　柳下園ではぶどうに図のような方法で水と肥料を供給している

ラズパイPLC導入のきっかけ

● 既存の設備にちょっと不満があった

ぶどうには**図1**のような方法で水と肥料を自動で供給しています．ところが，次のような点で不便を感じていたようです．

- 肥料と水の量を時間ごとに変えられない
- ホースの中に水を残しておくと「お湯」になってしまうためバルブの開閉順を細かく制御したい

● 農園主はArduinoで解決を試みた

そこで園主はArduinoを購入し，自分でプログラミングを試みたのですが，次の理由で挫折したそうです．

- C言語を知らない
- どんなArduinoを選べばよいか分からない
- Arduinoの周辺回路を作れない
- Arduinoでは時刻が分からない．リアルタイム・クロックをつけるのも面倒

そこでラズパイPLCの出番です．合計6つのバルブを自在に開け閉めする指令は「ラダー・プログラム」で記述できます．これはプログラミング経験のない方でも直感的に理解できると思います．

写真3　3系統のメカニカル・リレーを準備した

写真4　ソレノイドで動作する開閉バルブ

(a) 水道からホースで水を引く

(b) 苗木に水が供給される

(c) 水を供給中

写真5　ぶどうの苗に水を与える装置となった

● ラズパイPLCをお勧めする理由

▶これまで

産業界で広く利用されているPLCですが，個人で利用するには以下の壁がありました．

- メーカ製のPLCしかなく開発環境もメーカごとにばらばら
- 数万～数十万円と高価
- プログラムは簡単なのに開発環境が手に入らず手軽に勉強できない

▶今回

紹介するツール群を利用すれば，ラズベリー・パイと必要な工作部品を用意するだけで畑や工場の機器を操作できるようになります．

<用意するツール群>

- ラダー・プログラムを記述する環境 OpenPLC Editor
- ラズベリー・パイ上でユーザ・プログラムを実行する OpenPLC Runtime
- PCからラズベリー・パイを遠隔操作するための Tera Term

製作したラズパイPLCのあらまし

● まずはスモール・スタートで

ラズパイPLCを準備すれば柳下園の困りごとを解決できそうです．しかし，いきなり同園のメイン・シ

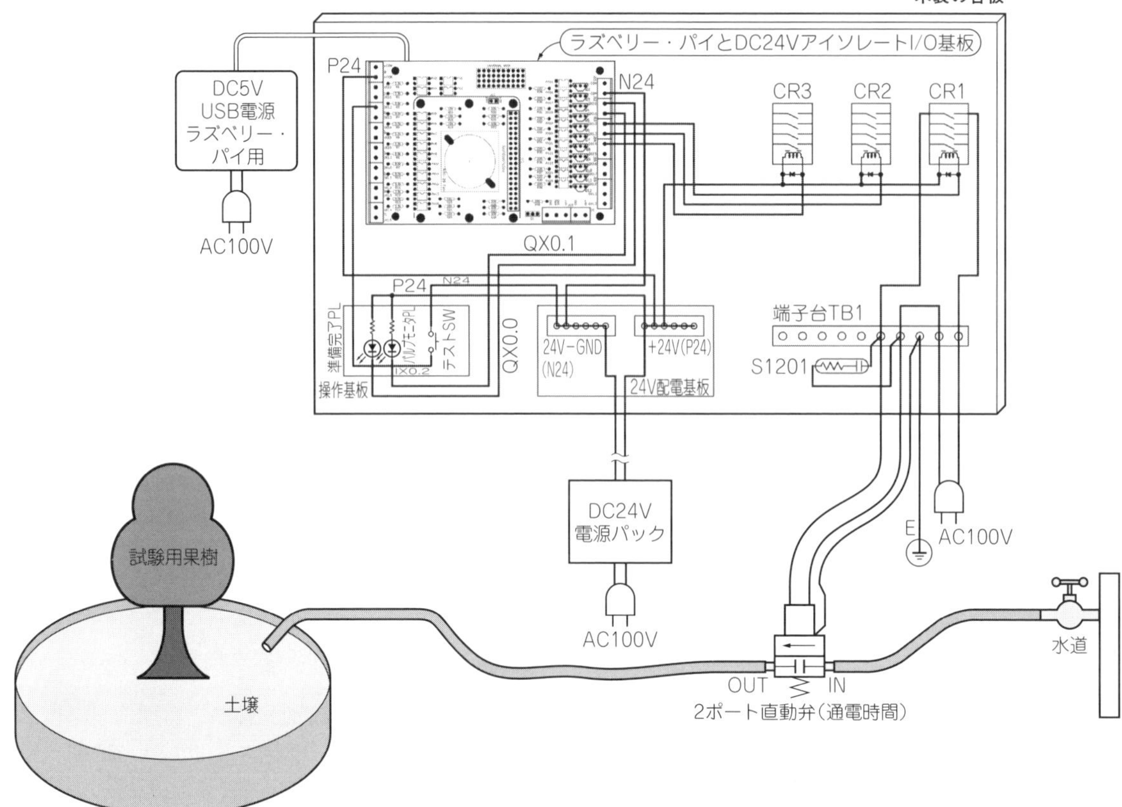

図2　ラズベリー・パイとリレーを使って開閉バルブを操作する回路

写真6　図2の部品を1枚の板に取り付けた

ステムに手を入れるのは気が引けます．ラズベリー・パイですから，夏の暑さや梅雨の湿気にも耐えられるか不安です．そこで，ぶどうの苗木1本から始めさせていただくことにしました．**写真3**のように3系統のメカニカル・リレーを準備し，**写真4**のようなソレノイドで動作する開閉バルブを接続しました．ひとまずバルブは1個で，水だけを供給します．

肥料の混合器出力も接続しバルブで制御したかったのですが，肥料の混合器は安くはないため，今回は我慢です．**写真5**が設置後の様子です．

● 回路

回路は**写真6**のように板の上に組みました．回路のあらましを**図2**に示します．DC24VとAC100Vを利用し，リレー・コイルやソレノイド・バルブを駆動します．

図3にラズベリー・パイから見たI/O端子外側の状況を整理しました．ラズベリー・パイの入力にはスイッチが1個つながっています．出力には2個のLEDランプと3個のリレーがつながっています．そして最終出力であるソレノイド・バルブは，そのリレーの接点でAC100Vを入り切りして駆動しています．リレー2とリレー3は今後の拡張用ですが，制作したプログラムでは全てのリレーを動作させています．

▶リレー

リレーは24V駆動で接点の仕様がAC100VでもAC200Vでも開閉できる品を選びました．今回は1系統のバルブのみをコントロールすればよいのですが，実践の想定は3系統のバルブなのでリレーも3個使いました．

▶バルブ

流体バルブはエアー圧などの補助駆動源がないので，AC100V直動の品を選びました．オリフィス径がφ6と小さいですが，今回はシステムの検証用なので

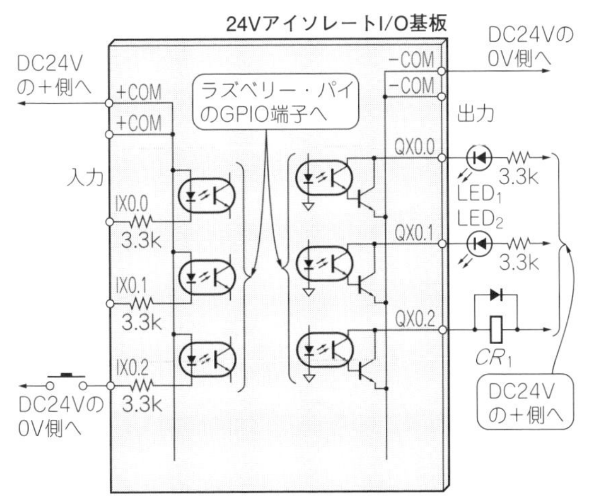

図3　ラズベリー・パイから見たI/O端子外側の接続

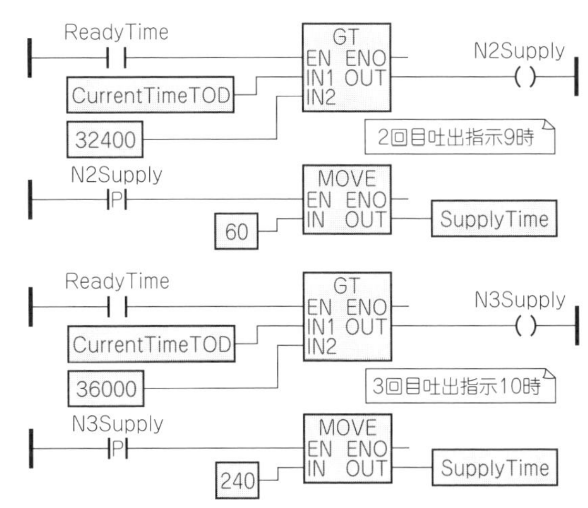

図5　設定時間になったらフラグを上げるラダー・プログラム

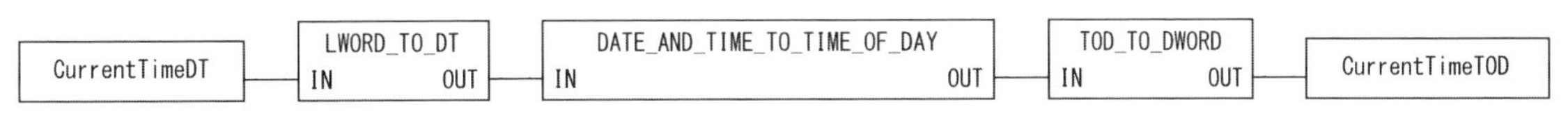

図4　現在時刻をDWORDレジスタに取り出す手順

これで良いです．直動タイプ（電気でバルブのスプールを直接引く）ですからコイル容量が大きく，逆起電力も大きいのでスパーク・キラーは必須です．

● ソフトウェア

畑に散水を自動で行います．畑は3セットあるとします（試験スタート時は苗木1本です）．水源の供給能力が小さく3つの畑に同時に散水はできません．この条件を満たすために，3セットの畑に午前8時から16時までの間，1時間ごとに同じ量の水を，畑ごとに20分間隔で散水します．散水量はタイマで設定した時間で管理します．

▶制御の流れ

バルブの制御の流れは以下です．

- セットされた散水時間でタイマを起動
- セット時間だけ畑1の散水リレーをON
- 同時に20分タイマを動かし，タイムアップしたらそれをトリガに畑2の散水リレーをON
- 同時に散水時間タイマと20分タイマを起動する
- 上記を繰り返して畑3の散水が終わったら終了し次の時刻トリガを待つ

重要なのは時刻合わせで，これはRaspberry Pi OSのシステム・タイムを使っています．今回はラズベリー・パイの空いているイーサネット・ポートを利用して，有線でネットワークに接続することでシステム・タイムを取得しています．

このような条件で組んだプログラムの一部が**図4**，**図5**です．なお，プログラムの書き方は第2部以降で解説します．

▶現在時刻の取得

図4は現在時刻をDWORDレジスタに取り出すステップです．CurrentTimeDTは特殊レジスタ%ML1024に付けた名前です．ここに常にRaspberry Pi OS上の時刻がLWORDで入ってきます．これをLWORD_TO_DT関数でDT（TimeAndDate）の日時表現に変換し，それをまたDATE_AND_TIME_TO_TIME_OF_DAY関数でTOD（TimeOfDay）時刻表現に変換し，それをまたTOD_TO_DWORD関数でDWORDレジスタのCurrentTimeTODに入れます．こうすることでスキャンごとにCurrentTimeTODにはRaspberry Pi OSのシステムから読み出した現在時刻が0時を0秒とした秒単位で入ります．

▶動作時間のセット

図5はCurrentTimeTODとあらかじめ設定した秒単位の時刻を比較して，指定時刻になったらタイマの動作時間をSupplyTimeに設定して起動フラグを上げるという動作を表します．この例のリストでは，午前9時＝32400秒で動作時間60秒をセットし，午前10時＝36000秒で動作時間240秒をセットした部分です．

OpenPLCの日時や時刻の表現方法は複数あるので，理解するのに少し時間がかかります．このあとの本文を読んでから，ダウンロードしたプログラムを追ってみると，さほど難しいものではないと感じてもらえるでしょう．

＜プログラムの入手先＞

https://www.cqpub.co.jp/interface/download/contents.htm

ドア/換気扇/水やりバルブ/冷蔵庫/照明/ヒータを自在制御

PLCで広がる世界

SW1　LED1
SW2　LED2

(a) ラダー言語

```
BYTE pc,pd; // ポートC,D一時使用レジスタ
void main(){
        InitIO();
          // 外部IO初期化ルーチン(C入力D出力を設定)
        for(;;){ // 無限ループ
                pc=PORTC;
                        // ポートCをpcに読み込む
                pd=PORTD;
                        // ポートDをpdに読み込む
                if(pc & 0x01){
                   // SW1をチェック SW1がONなら
                        pd |= 0x01;
                           // LED1をONにする
                }else{          // SW1がOFFなら
                        pd &= ~0x01;
                          // LED1をOFFにする
                }
                if(pc & 0x02){
                   // SW2をチェック SW2がONなら
                        pd |= 0x02;
                           // LED2をONにする
                }else{          // SW2がOFFなら
                        pd &= ~0x02;
                           // LED2をOFFする
                }
                PORTD = pd;
                        // 結果をPORTDに書き出す
        }               // ループエンド
}
```

(b) C言語

図1　ラダー言語の方がC言語よりもシンプルに記述できる

PLCをお勧めする理由

● 工作機械だけでなく家庭内や農業でも利用できそう

PLC(Programmable Logic Controller)はプロセッサを搭載し，定められたロジックに従って複数のリレー回路をON/OFFさせる装置です．リレー回路の先には，モータや照明器具が付いています．

PLCは今までは主に工作機械や自動生産システムの制御などに使用され，発展してきました．あまり一般の目に触れることのなかったPLCですが，現在では非常に信頼性の高いシステムとして応用が進んでいます．

IoT化が進む近年は家庭内や農場に「動きのある装置」が導入されつつあります．PLCはこういったところでも利用されるのではないでしょうか．それが本稿を執筆したキッカケです．

● 一般の人でもプログラムできる

PLCを動作させるためのプログラムは，ラダー言語で作るのが一般的です．このラダー言語の表記(ラダー・プログラム)は，視覚的に分かりやすいプログラム方式で，センサなどから得られた情報をもとにモータなどのメカを手軽に制御できることが特徴です．ラダー・プログラムはC言語などと異なり，特別なスキルがなくても，慣れれば誰でも書けることが利点です．

● 買うと高いから自分で作る

PLCの価格はかつて数万～数十万円と高価でした．ところが，最近ではラズベリー・パイ上で動くシステム(今回紹介)があったり，1万円で買えるリーズナブルな製品も販売されています．

趣味や実験，家事などの分野で，何かを制御するような使い方も考えられる価格帯に入ってきていると言えるでしょう．このようにPLCはアイディア次第でさまざまに応用できると思います．

● 個人ですごいハードウェアを作れる時代だから

従来，アルミや鉄などの金属類や，特別なプラスチックで作られる工作物は，一般人には手の出しにくいものでした．ですが，3Dプリンタの普及や安くて軽くて丈夫な材料がホーム・センタで入手できるようになっており，個人ですごいハードウェアを作れる時代がやってきました．

ラダー言語をお勧めする理由

● プログラムがシンプル

本書で使用するプログラム言語はラダー言語です．**図1**は簡単なテーマでラダー言語とC言語によるプログラムの比較をしたものです．テーマの内容は2つのスイッチで2つのLEDの点灯/消灯を制御するものです．

▶ラダー言語

ラダー言語では，単純にスイッチの入力記号(SW1，SW2)を，LED(LED1，LED2)の出力記号に結線するだけです［**図1(a)**］．これでSW1のON/OFFでLED1が点灯/消灯します．SW2とLED2も同じように動作します．

▶C言語

一方，C言語では**図1(b)**のように，ループの中でI/Oポートを読み込んで，その中のSW1やSW2のビットをif文で調べて，SWがONならば，対応するLEDポート用データのビットに1をセットし，SWがOFFなら0をセットして，そのデータをLED用出力ポートに書き込むという動作をループで繰り返します．

このC言語のリストには，I/Oポートの初期化は書いてありません．関数`InitIO()`の本体は別途，`main()`の外側に書く必要があります．こんな簡単なプログラムでも，これだけの量の差があります．

● デバッグも速いし見やすい

後で詳しく紹介しますが，ラダー言語のデバッグ環境は，リアルタイムなシミュレータやモニタを装備しているものが多いです．例えばプログラムが走っている状態をそのまま回路シミュレーションできます[注1]．C言語のデバッガのように，いちいち動作を止めて変数を調べるということはありません．

● 前提知識がなくても慣れればOK

ラダー言語はC言語のような文章スタイルではなく回路図のようなものであり，構造が簡単です．「C言語入門」などといった書籍を読まなくても，慣れれば何をやっているかが理解しやすいです．

C言語に慣れている方も居るでしょう．しかし，皆さんが製作した装置を一般の方に提供し，少しアレンジしてもらう際に，都度，皆さんが現場に出かけるのは不可能でしょう．ラダー言語であれば，一般の方でも短時間で習得できますので，皆さんの代わりに装置の動作を改良してもらえます．ここが最大の特徴ではないでしょうか．

注1：ラダー言語ではプログラムのことを回路と言います．本書ではラダー回路という表記ではなくラダー・プログラムで統一します．

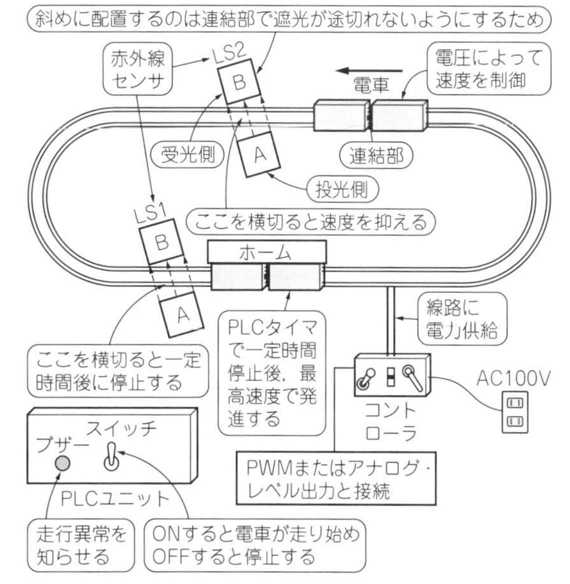

図2　PLCを使った機械制御の例1…赤外光センサを使った鉄道模型の自動走行/停止システム

● ただし弱点もある

▶実行速度

ラダー言語やPLCにも弱点はあります．実行速度です．μs(マイクロ秒)やns(ナノ秒)を争うようなプログラムでは，圧倒的にC言語に軍配が上がります．しかし，PLCも機械の制御や人間相手なら十分すぎる速度で動作できます．

▶入出力端子の方向が固定

もう1つの弱点はI/Oポートの入出力方向が固定であることです．C言語のように状況に応じてI/Oポートの入出力を自由に使い分けることはできません．

ですが，PLCの用途では，I/O端子をそのまま外部に出して使用することは少なく，ほとんどはポートにリレーのドライバ回路や入力保護回路などを付けて使っています．実質的にはPLCに外付けするハードウェアによって入出力の使い分けは決まるので問題になりません．

使いどころ1…鉄道模型の自律走行

● 電車を走らせる環境

図2に示す鉄道模型の制御を考えてみます．LS1とLS2は赤外線センサで，それぞれAのユニットが光を放つ投光側，Bのユニットが光を受ける受光側です．AとBの間を電車が横切り遮光することで，物体検出

ができます．

センサが線路に対して斜めに配置してありますが，これは電車の連結部で，センサの遮光状態が途切れないための工夫です．

楕円形の線路にはコントローラから電力が供給され，電圧によって電車の速度を制御できます．LS1，LS2はPLCのI/O入力に，コントローラはPLCのPWMまたはアナログ・レベル出力につながっているものとして話を進めます．PLCユニットには，ブザーとスイッチが1つずつ付いています．

● 赤外光センサを使って鉄道模型を自動で走行/停止させる

最初に電源がONしたときには，PLCは電車の位置を把握できていません．そこで，PLCユニットのスイッチをONにすると，電車は低速で走り始めます．そして，電車はLS1を通過してすぐにホームなので，短い時間をおいてホームに停止します．

ホームに停止した電車は，PLCのタイマで一定時間停止した後，最高速度を目指して発車します．そして，LS2を横切ると低速で走行します．電車はスイッチをOFFすると停止し，ONすると走り始めます．

他にも，スイッチOFFで電車が走っていない間はタイマも止めておくことや，センサに連動した踏切遮断器の追加など，いろいろな発展も考えられます．

● ブザーで電車の走行異常を知らせる

LS1やLS2を通過するとリセットがかかるタイマを，電車が2～3周するのにかかる程度の時間で仕掛けておきます．このタイマは，電車が走っている限りタイムアップ前に必ずリセットされるので，正常に電車が走行していればタイムアップすることはありません．そして，周回の時間が予定より大幅に長くなった場合，このタイマがタイムアップします．このタイムアップで「電車がどこかで脱線して止まっている」ことを検出できます．

このタイマの検出でブザーを鳴らすと，人が常に見ていなくても異常を知ることができて，すぐに脱線から復旧できます．うるさいブザーはスイッチをOFFすることでリセットして黙らせればよいでしょう．

● PLCによる機械制御はリソースを節約できる

このように，センサを本来の目的以外にメカの異常などを検出するために利用したり，電車に起動停止の指令を与えるスイッチでブザーを停止させたりするのは，I/Oやデバイスなどの節約のためのPLCを用いた機械制御の常とう手段です．

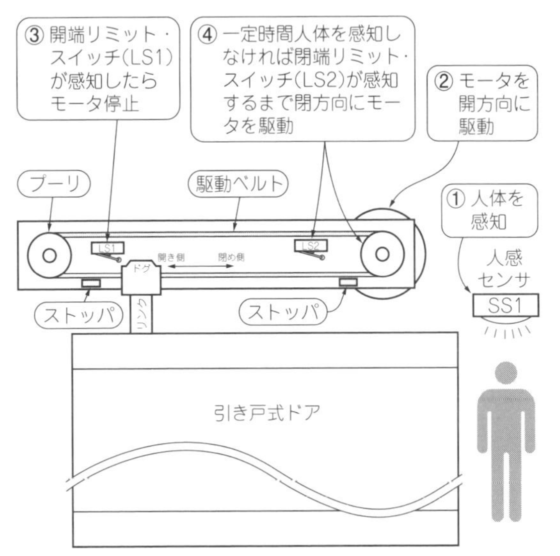

図3　PLCを使った機械制御の例2…人感センサを使った自動ドアの開閉システム

使いどころ2…自動ドアの開閉制御

● 自動ドアの構成

図3は自動ドアのメカ部分です．LS1とLS2はそれぞれドアの開端と閉端のリミット・スイッチです．**図3**のように2個のプーリに支持された駆動ベルトに付けられたドグの山の部分が作用して，リミット・スイッチを叩きます．

ドグはリンクでドアとつながっていて，モータでベルトが動くとドアが引っ張られて動きます．SS1とLS1，LS2は，PLCのI/O入力に接続し，モータはPLCのI/O出力2本で正転逆転の駆動をします．

このようなストローク移動の両端をリミット・スイッチで検出している構造のメカでは，ドグの検出範囲がリミット・スイッチの外側に出ないようにして，常にドグが制御範囲内にあるようにする必要があります．図の場合は機械的なストッパを設けて，ドアを手で動かした場合などにドグが誤って制御範囲外に出ないようにしてあります．

● 自動開閉の仕組み

PLCは，人感センサ(SS1)が人を検知するとドアを開き，SS1の不感知が一定時間続くとドアが閉まるように制御します．制御プログラムとしては，SS1が人体を感知すると直ちにLS1が感知するまでモータを開方向に駆動します．そして，SS1の人体不感知が一定時間続いている(誰もいない)ことを確認して，LS2が感知するまで閉める方向にモータを駆動します．

● 異常事態を想定した制御も必要

モータを一定時間駆動しても対応するリミット・ス

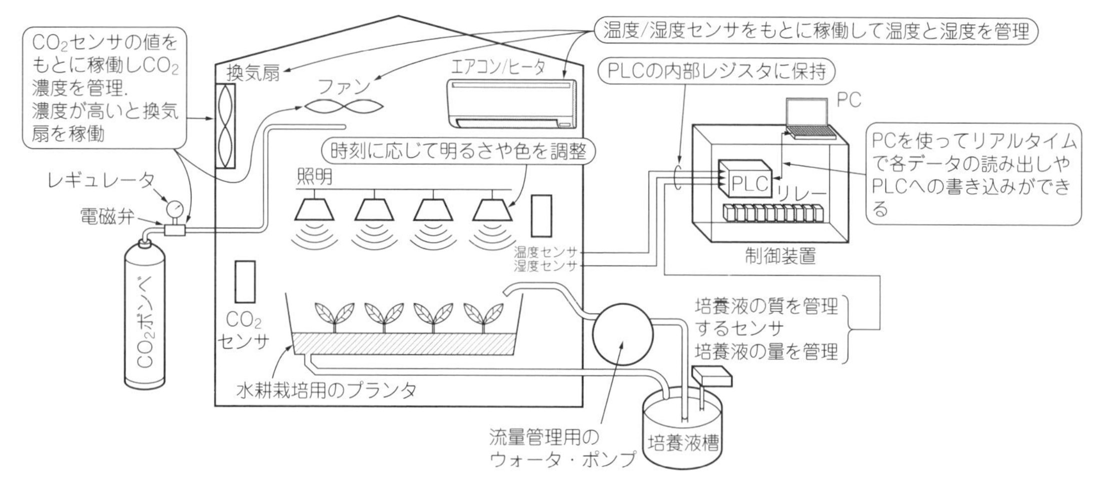

図4　PLCを使った機械制御の例3…複数のセンサを併用して野菜工場の環境を最適化

イッチが感知しない場合は，異物がドアに挟まっているなどの異常の可能性があるので，直ちにモータを停止して，モータの過熱を防ぐと同時に異常ブザーを鳴らすなどの措置を講じる必要があります．

また，自動開閉が不要なときのために，PLCのI/O入力によってON/OFFするスイッチを付けてシステムを停止できるようにしてもよいですが，そもそも必要ない時はSS1を含むシステムの電源を全て切ってしまうのも手です．

使いどころ3…野菜工場の環境制御

● 野菜工場の構成

農業関係のデバイスでは，土や水の温度を管理するために，

- ウォータ・ポンプや電磁弁によるかんがい，水やり
- LED照明
- ヒータ
- 換気扇，バタフライ弁

などを，温度センサの値をもとに駆動します．それら制御に必要な本数のI/OがあるPLCを使用するのがよいでしょう．

図4は本格的な水耕栽培のための野菜工場をイメージした例で，建屋の中央に水耕栽培用のプランタがあります．中心的な制御要素は，水耕栽培の本体に関する管理で，以下のものになります．

- 培養液を流すためのウォータ・ポンプの制御
- Phセンサや導電性センサなどを組み合わせた培養液の質を管理するセンサ
- 培養液の高さをセンサで検出して培養液の量を管理するためのセンサ

図4では，これらのセンサは1つの箱に入っています．これら培養液の質や液量の低下時は，アラーム・ランプを点灯するなどして異常を知らせ，管理者に対応を促します．もちろん培養液や水の補充などの自動化が可能であれば，液質や液量をもとにして培養液の制御もできるでしょう．

● 工場内の管理項目

1台のPLCを使って以下に示す個々の管理項目を，それぞれ非同期で別個に管理できます．PLCが1台であれば，それぞれ個々に管理された項目を関連させたアラーム処理なども可能です．

▶温度/湿度の管理

温度センサと湿度センサから得られたデータをもとに，エアコン/ヒータそして必要に応じて換気扇なども制御します．

▶照明の管理

時間や時刻，その他のパラメータに応じて照明の明るさや色を管理します．

▶CO_2濃度を管理

照明の明るさに関連して光合成の効率を上げるために空気中のCO_2の濃度を管理します．これはCO_2センサの値をもとに電磁弁と攪拌(かくはん)ファンを制御して行います．CO_2濃度が上がりすぎている場合は換気扇を回して濃度を下げます．

● パソコンでPLCにデータを読み書きしてシステムを管理する

このシステムを運用する際に得られた培養液関係の測定値や温度/湿度などのデータは，PLCの内部メモリに保持されています．このデータは，Modbusなど

の規格化された通信手段を使って外部のパソコンなどとリンクすることで，リアルタイムにパソコンに読み出したり，PLCに書き込んだりできます．このようにしてパソコンを管理のためのモニタや操作パネルとして運用することもできます．

● 必要な項目だけを制御すればよい

この野菜工場のモデルは，制御や管理を組み合わせた例ですが，このような大げさなことが必要ない場合は，必要な管理や制御だけを実装することになります．

例えば，家庭用マイクロ野菜工場などではCO_2の制御を省くなどができるでしょう．また，小さな容量の栽培チャンバのようなものなら，温度管理用のエアコンの代わりに冷却にも加熱にも使えるペルチェなどを使用するのも面白いのではないでしょうか．

水耕栽培ではなく土耕栽培法を用いる場合は，培養液ではなく肥料を土壌に含ませて，主に給水のみを行うので，水道水を電磁弁などで入り切りすることで培養液のタンクやウォータ・ポンプは不要になります．同時に培養液量の管理も必要なくなります．

他にもアイディア次第でいろいろな要素を省いたり追加したりできます．実際の運用での制御に関する定数などは，水耕栽培のノウハウが必要なことは言うまでもありません．

PLC応用のためのヒント

● 回路追加が簡単だからひとまず作れる

PLC応用のポイントは，

- これから作ろうとするものや自動化する作業の具体的な手順や運用の知識
- ノウハウを整理して自動化や機械化に適した形にしていく

ことです．しかし，あまり考えすぎるとなかなか具体化できないというジレンマに陥りがちです．そんなときはまず，基本的な機能を作って具体的な形にしてしまうのも手です．そして，実際に運用しながら「ここにシリンダを追加して動きも改善した方がよさそうだ」などといったように，ハードウェアやソフトウェアを少しずつ改良していくのも手です．ラダー言語は，そのような仕様追加に応える自由度を十分に持っています．

そのようにして作るプロトタイプは，追加改造に対する寸法やPLCのI/Oの数などの余裕を持った設計が重要です．

量産品を作る工場などでは，初めて世に出る製品を製造するための機械などというものがあります．納入当初はスマートだったそんな機械が，運用していくうちに要求仕様がどんどんふくらんで改造につぐ改造を繰り返し，不格好な機械に変貌していくなんてこともままあります．そしてその改造の数だけ技術やノウハウのレベルも上がっていくものです．

● いろいろなセンサを知っておこう

元来PLCは，汎用のコントローラなので非常に広範囲な応用が考えられます．まさにアイデア次第です．しかし，PLC単体は手足も目や耳も持っていません．PLC応用のカギはセンサやアクチュエータなどの使いこなしにかかっています．

センサについては実にさまざまなものが作られ製品化されています．「センサ」というキーワードで検索してみると，非常に多くの製品にヒットします．漠然とネット上でヒットしたいろいろな製品を見ていると，応用のヒントが浮かんだりします．

● 動力源次第でスゴイものを動かせる

駆動用の動力源については，モータに加えて，コンプレッサで作り出した空気圧や，油圧ポンプで作り出した油圧も，工場などではよく使われます．これらはエア・シリンダや油圧シリンダに送る圧力を電磁弁で切り替えて使用します．

特に油圧は，パワーショベルなどに使用されているように，高い圧力と強いトルクを発揮できます．空気圧駆動のエア・シリンダは，さまざまな種類があり，手軽に使えるものがたくさんあります．発揮する力やトルクはエアの圧力とピストンの面積で簡単に計算できるので，壊れやすいものをつかんで運ぶ用途では，エア・レギュレータで圧力制御してロボット・ハンドとして使用されます．

また，ロボット・ハンドが運ぶものによっては，負圧ポンプを用意して負圧を使って吸着して運ぶこともよく行われます．エア・シリンダの制御については第2部以降で詳しい例を紹介します．PLCはこのような手足を動かす用途ばかりでなくヒータやクーリング・ユニットを使った温度や環境の調節制御などの分野にも応用できます．

PLCの歴史

PLCの歴史

● 1980年代に販売が始まった

ラダー・プログラムを使うPLCは，歴史的には8ビットCPUが産業機器分野で使われ始めたのと同じ時期(約30～40年ほど前)に，幾つかの産業機器メーカや家電製品メーカから販売されました．

● 多くのリレーで行われていた機械制御がPLCに置き換わった

PLCはマイコンの応用製品でリレーによるシーケンス制御を設計するイメージでプログラミングできます．ですからそれまでリレー制御で行われていた機械のエア・シリンダや油圧シリンダ，各種バルブの制御をPLCで置き換えることは容易でした．

そのため機械メーカによる新製品への応用は早期に進み，それまで多くのリレーと大きなリレー盤で行われていた機械の制御システムの中の大半のリレーは，PLCとラダー・プログラムによるソフトウェア制御に置き換わりました．

● 自社専用PLCを持つメーカも登場した

そして「Japan asNo.1」とか「世界の工場日本」と言われる時流に乗って工業品の生産は拡大し，それに伴って自動機械への需要が高まり，PLCの市場も拡大していきました．一時は自動車メーカや工作機械メーカ，電機メーカなど自社の機密を重んじる企業の一部では，自社の工場設備や機械製品専用に使用するための独自のPLCを持つところまで現れました．

● PLCも質，量ともにトップだった

公式な情報は見たことがありませんが，この時代の国産のPLCは質量ともに世界一だったと筆者は思っています．ただし，ラダー言語の開発はPLCメーカごとに行われていたため，メーカ互換性の無い時代が現在まで長く続いています．いわばメーカごとに方言が存在するようなものです．

この状況はそれぞれに工夫を重ねた結果であり,それぞれに「なるほど」と思うような一面もあるので，一概に否定するものではありません．

● 今の国際標準はIEC61131-3

そのような中，世界ではIECがラダー言語の標準化を目指して動き始め，IEC61131の策定に乗り出します．そして現在，IEC61131-3という規格が発行されています．OpenPLCにも使われたIEC61131-3は，従来の国産PLCのラダー言語と比べて変数の型に厳しかったり，演算の途中の結果が隠ぺいされていたり，またハードウェアとソフトウェアを切り離そうとする部分が見られたりと，戸惑う部分もありますが，国産各メーカもIEC61131-3への対応を表明しているようです．

ただし，国産各メーカは，現在の製品の生産はこのまま新機種の開発を含めて続けるようなので，当分，ソフトウェアのまだら模様状態は続きそうです．

今までは高価なメーカ製の開発ツールを使わなければ，ラダー・プログラミングを学ぶ方法がありませんでしたが，フリーのOpenPLCシステムで多くの人がラダー・プログラミングに簡単に親しめるようになったのは，大変良いことだと思います．

コラム　本気使いの人向け…市販PLC一覧

● ラズベリー・パイPLCはシステム起動に時間がかかる

本書はラズベリー・パイをPLCとして使用する方法の紹介です．作ったラズベリー・パイのPLCは，さまざまな応用が可能ですが，システムがLinuxというOSのもとで動作しているので，電源ONからOSが立ち上がり，そしてPLCのソフトウェアが起動するまでの数十秒の間，I/O端子の挙動に保証が無いといった使いづらさがあります．

● 信頼性を求めるなら市販品を買いたい

それが問題になるような用途や，より高い信頼性が必要な用途には，市販品を利用するのも手ではないかと思います．**表A**に3万円程度で買えるPLCをリストアップしました．

これらの使用に際しての注意点としては，本体は安いものの，専用のプログラミング・ツールが高価であったり，パソコンとの接続に高価な専用の治具が必要だったりします．購入の際には，最新カタログなどを入念に調べてください．

表A　3万円程度で買えるPLC

名　称	型　式	電　源	入 力	出　力	I/O拡張	標準価格[円]
CPUユニット	ZEN-10C1AR-A-V2	AC100～240V	6	4リレー	可能	14000
CPUユニット	ZEN-10C1DR-D-V2	DC12～24V	6	4リレー	可能	13400
CPUユニット	ZEN-10C1DT-D-V2	DC12～24V	6	4トランジスタ	可能	13400
CPUユニット	ZEN-20C1AR-A-V2	AC100～240V	12	8リレー	可能	21000
CPUユニット	ZEN-20C1DR-D-V2	DC12～24V	12	8リレー	可能	20500
CPUユニット	ZEN-20C1DT-D-V2	DC12～24V	12	8トランジスタ	可能	20500
サポート・ソフトウェア	ZEN-SOFT01-V4	プログラミング・ソフトウェア				4200
RS232接続ケーブル	ZEN-CIF01	接続ケーブル				7250
USB-RS232変換	CS1W-CIF31	USB-R23 2変換ケーブル				15800
ZENキット	ZEN-KIT01-V4注1	CPUユニット(形ZEN-10C1AR-A-V2)，パソコン接続ケーブル，サポート・ソフトウェア，マニュアルをセット				26500
ZENキット	ZEN-KIT02-V4注1	CPUユニット(形ZEN-10C1DR-D-V2)，パソコン接続ケーブル，サポート・ソフトウェア，マニュアルをセット				26000

注1：ZENシリーズはこの他にもLCDディスプレイの無い安価なタイプや，I/Oの拡張ができない安価なタイプがあります．
詳しくはメーカのカタログを参照してください．

(a) オムロン

名　称	型　式	電　源	入 力	出　力	I/O拡張	標準価格[円]
基本ユニット	FX3S-10MR/ES	AC100～240V	6	4リレー	可能	22000
基本ユニット	FX3S-10MT/ES	AC100～240V	6	4トランジスタ	可能	22000
基本ユニット	FX3S-10MT/ESS	AC100～240V	6	4トランジスタ・ソース	可能	22000
基本ユニット	FX3S-14MR/ES	AC100～240V	8	6リレー	可能	28000
基本ユニット	FX3S-14MT/ES	AC100～240V	8	6トランジスタ	可能	28000
基本ユニット	FX3S-14MT/ESS	AC100～240V	8	6トランジスタ・ソース	可能	28000
基本ユニット	FX3S-10MR/DS	DC24V	6	4リレー	可能	20000
基本ユニット	FX3S-10MT/DS	DC24V	6	4トランジスタ	可能	20000
基本ユニット	FX3S-10MT/DSS	DC24V	6	4トランジスタ・ソース	可能	20000
基本ユニット	FX3S-14MR/DS	DC24V	8	6リレー	可能	26000
基本ユニット	FX3S-14MT/DS	DC24V	8	6トランジスタ	可能	26000
基本ユニット	FX3S-14MT/DSS	DC24V	8	6トランジスタ・ソース	可能	26000
サポート・ソフトウェア	SW1DND-GXW2-J	プログラミング・ソフトウェア注2				150000
接続ケーブル	FX-20P-CAB0					8300
変換ケーブル	FX-20P-CADP					3000

注2：PLC本体は安価ですがプログラミング・ソフトウェアは高価なので注意してください．

(b) 三菱電機

Appendix2 CPUが無い時代はリレーで自動機械を制御していた

CPUが無かったころも器用に動く自動機械はありました．CPU無しでどのように実現していたかというと，主にリレーやタイマ・リレーを使って制御していました．複雑な加工機では，高さ2m，幅1m，奥行き0.5m程度の大きな鉄製キャビネットを幾つも並べて，その中はリレーや継電器でいっぱい…などのシステムもありました．初期のカシオ計算機はリレーでできていたというのも有名な話です．カシオの14-A型リレー計算機は432個のリレーを使ってできていたそうです．432個のスイッチング素子で四則演算をやっていたということです．現在の電卓用LSIは数百万個のスイッチング素子でできているそうです．そしてCPU は数百万から数億個のスイッチング素子の数だそうです．そんなCPUでリレー回路をシミュレートするラダー・プログラムを走らせるとは，なんともすてきな話に思えます．しかもリレーや真空管からトランジスタ，そしてLSIに至るまで半世紀程度しかかかっていないとは，なんともすさまじい進歩です．

● 1960年代製造の研削盤はリレー制御

筆者はある自動車製造会社のクランク・ピンの研磨ラインに入っている1960年代製造のアメリカ製研削盤の改造に関わったことがあります．その機械はリレー制御でした．制御図は全て英語で書かれていました．そして驚いたのは，その機械は直列6気筒のクランク・ピンを1ピンずつ次々と器用に自動で芯の割り出しをしながら削っていることでした．その機械は機構と制御が非常によく考えられていて，筆者のその後のラダー・プログラミングのためにも大変勉強になりました．

● PLCを使わずリレーだけで制御することも

写真1(a)は筆者が2000年ころに製作したリレー7個で制御する簡単な機械です．この機械はインダクション・モータ2個とエアシリンダ2～3個を使ったもので，主にインターロック(メカ同士がぶつからないようにする)の制御をリレーで行いました．**写真1**(b)はその機械の制御スイッチです．

当時の価格水準で設計費を含めたコストでは，リレー10個程度までが，「安いPLCを使う場合」と「リレーだけで制御装置を作ってしまう」とのコストにおける分岐点という感じでした．ただ，長く使われる機械の場合，技術水準が日々アップしていくので，足の短い(すぐ廃版になる)PLCに比べて定番と言われるような何十年も生産され続けているリレーを使った方が保守性が高く，ユーザには喜ばれる場合もありました．

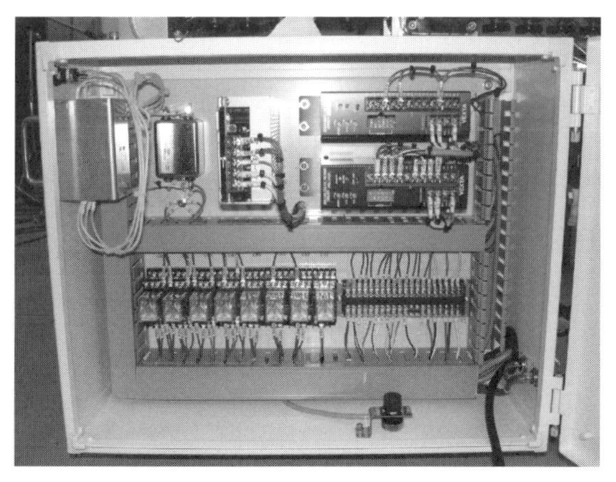

(a) 外観

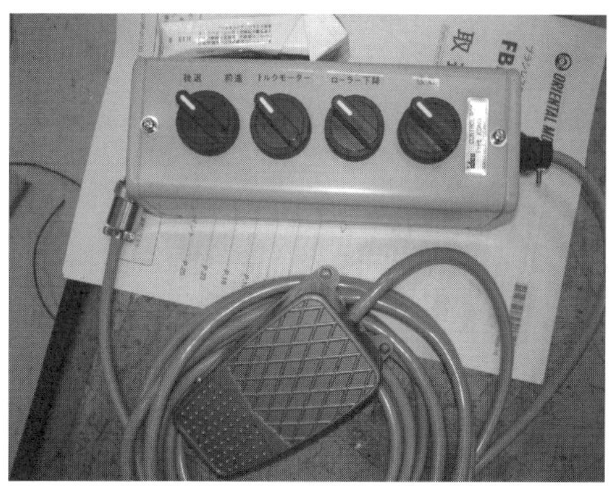

(b) 制御スイッチ部

写真1　リレー7個だけでも機械は制御できる

第1部

開発環境を整える

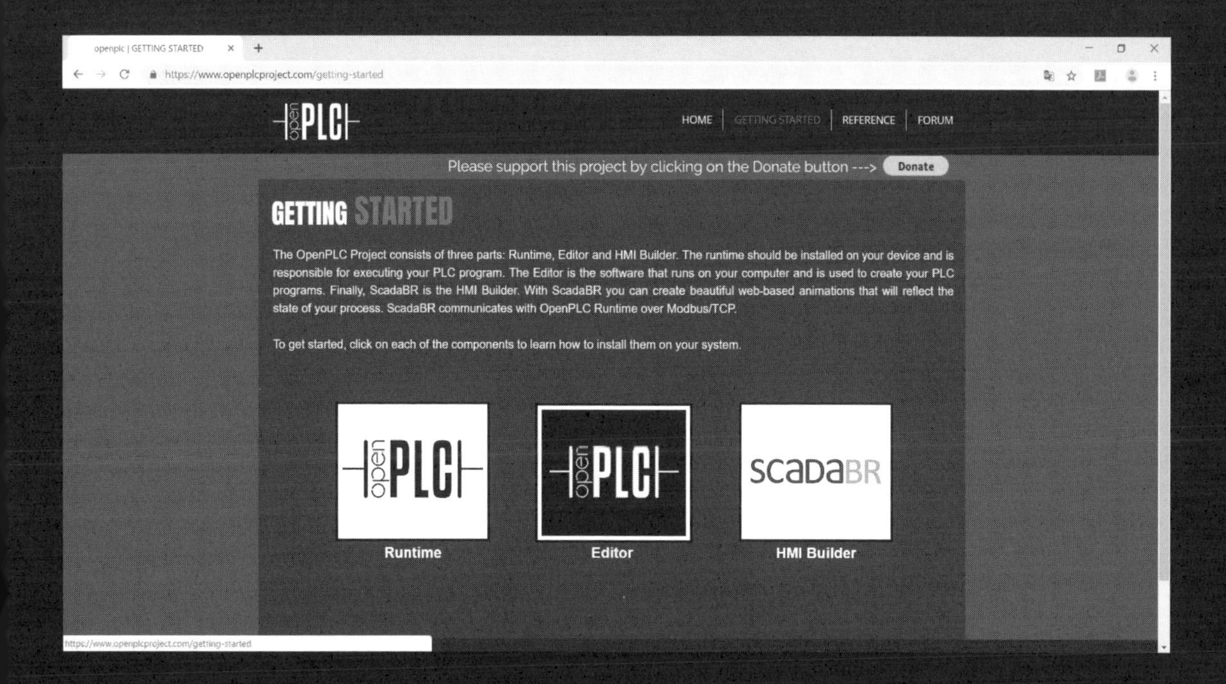

本書で解説している各サンプル・プログラムは下記URLからダウンロードできます.
https://www.cqpub.co.jp/interface/download/V/PLC.zip
ダウンロード・ファイルはzipアーカイブ形式です．解凍パスワードはrpiplcです.

インストールから応用製作まで

本書の構成

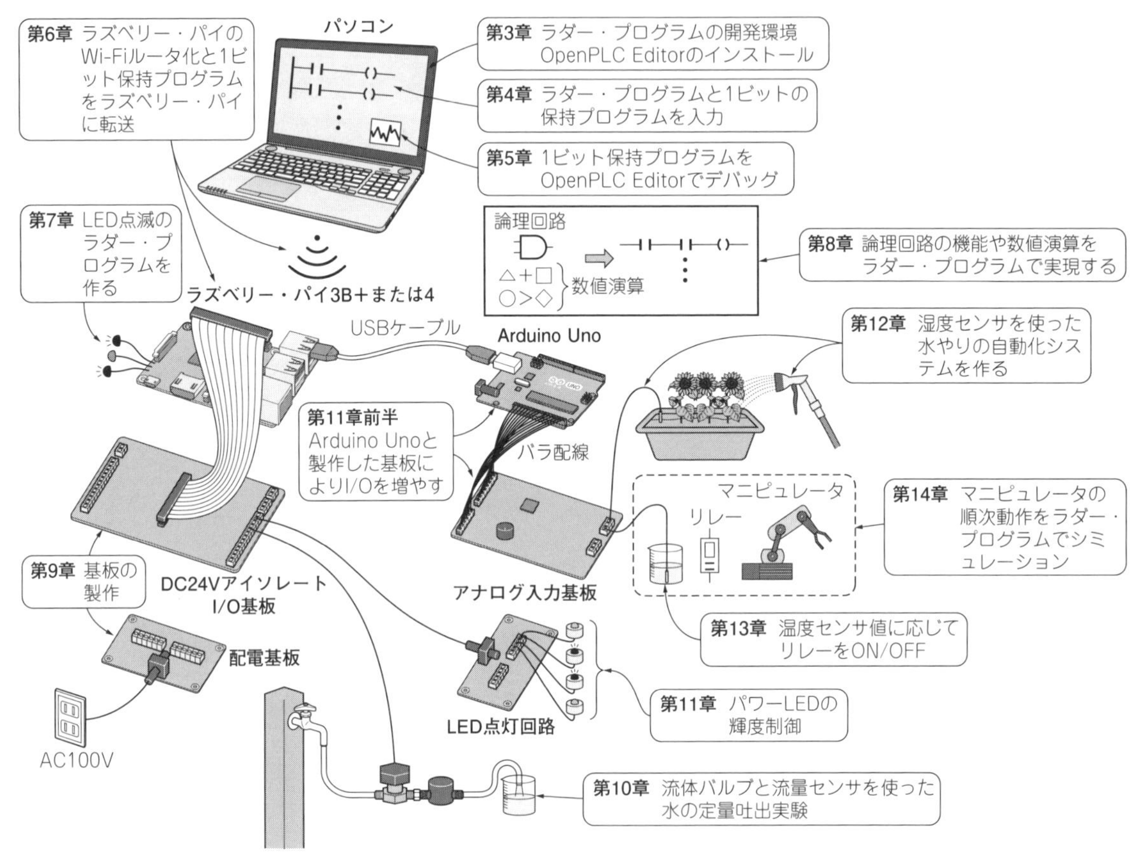

図1　本書で紹介する技術

本書では，

- ラダー・プログラムの書き方
- ラズベリー・パイへの動作環境導入
- I/Oを拡張するためArduinoを追加
- 電磁バルブや電源を制御するハードウェア

など多岐に渡る内容を扱います．**図1**にロードマップを提示します．

各章のあらまし

各章で行うことを**表1**にまとめました．**図1**と合わせてご覧ください．

用意するもの

●ラズベリー・パイ3B+またはラズベリー・パイ4

今回使用するのはラズベリー・パイ3B+です．特に断りがない限りラズベリー・パイという記述はラズベリー・パイ3B+を指します．ラズベリー・パイ4でも動作確認できています．一部のプログラムではラズベリー・パイZeroでも動作しますが，速度が遅いのであてになりません．

表1　各章で解説すること

章	内　容	詳　細
1	広がる世界	ラズベリー・パイで作るPLCは何が良いのかを紹介します．
2	本書の構成	本章です．
3	開発環境の導入	ラダー・プログラムの開発環境である「OpenPLC Editor」の導入と使い方を解説します．その後，リレーによるハードウェア・シーケンスのラダー・プログラムを解説しOpenPLC Editorに入力します．
4	プログラミング練習	ラダー・プログラムで用いる記号やリレー・コイルの種類を解説した後，ラダー・プログラムを使った1ビットの記憶保持プログラムを作成します．
5	動作確認&デバッグ	4章で入力したラダー・プログラムを利用します．スイッチを強制ON/OFFし，リレーの動作を，OpenPLC Editorのデバッグ機能を使って確認します．
6	プログラムをラズベリー・パイで動かす	OpenPLC Runtimeの導入，ラズベリー・パイをWi-Fiルータ化する方法，4章で作成したラダー・プログラムをラズベリー・パイに転送する方法について解説します．
7	はじめてのI/O	ラズベリー・パイに転送したプログラムを実行し動作を確認します．次に，ラダー・プログラムで使うレジスタやファンクションおよび扱えるデータの種類について解説した後，LEDが点滅するラダー・プログラムを作成し動作を確認します．
8	AND回路やOR回路を作り複雑な動作を作る	ANDやOR回路といった基本的な論理回路に加えフリップフロップ回路や順次動作回路をラダー・プログラムで作成します．他にも数値加算や比較を使ったLED制御プログラムも作成します．
9	DC24VアイソレートI/O基板を作る	ラズベリー・パイのI/Oピンだけでは3.3Vの入出力しかできず，あまりに非力なので，DC24V用アイソレートI/O基板をユニバーサル基板を使って製作します．
10	AC100V系のON/OFFに対応する	水の定量吐出を実現するラダー・プログラムを作成し定量吐出実験を行います．実験には製作したDC24VアイソレートI/O基板と流体バルブおよび流体センサを使います．
11	Aruduinoを接続しアナログI/O端子を設ける	アナログ入力基板を製作します．この製作した基板とラズベリー・パイおよびArduino Unoを接続し，I/Oの数を増やします．次に製作した基板とDC24VアイソレートI/O基板を使ってパワーLEDの輝度を制御します．
12	センサ値を読み取る	前章で製作したアナログ入力基板のアナログ入力の最初のテーマとして，湿度センサを使います．この湿度センサを使って，プランタなどへの水やりを自動で行うシステムの構築を行います．
13	温度センサのオフセット校正	温度センサを例にセンサの校正について解説します．その後，温度制御によるリレーのON/OFFを行います．
14	物をつかむ/放す/元に戻るといった順次動作を作る	ラダー・プログラムによる機械制御の例として，マニピュレータの順次動作を取り上げます．この順次動作は，物を掴む/放す/元の位置に戻るといったもので，この動作をラダー・プログラムで作成し，シミュレーションによって動作結果を確認します．
15	家電コントローラ	AIスピーカと接続し，扇風機や冷蔵庫，照明の電源をON/OFFする家電コントローラを製作します．
16	ArduinoアナログI/O基板のプリント基板を作る	第11章では手作りしていたArduino外付け基板をプリント基板化します．
17	リミット・スイッチ	自動ドアを例にリミット・スイッチや回生ブレーキの作り方を説明します．
18	装置の安心/安全	自動ドアを例に装置の安心・安全を追求します．
19	モータの加速/減速	鉄道模型を例にモータの加速/減速テクニックを磨きます．
20	リレーとセンサ	鉄道模型を例にリレーとセンサで装置の動きを作ります．

● ラズベリー・パイに取り付けるDC24VアイソレートI/O基板

一般的にメーカ製のPLCのI/Oでは，フォトカプラでアイソレートしたDC24VのI/Oが多く用いられています．そこで今回は，ラズベリー・パイのI/O拡張基板として，DC24VアイソレートI/O基板をユニバーサル基板を使って製作しました．また，より手軽に作れるようプリント基板（**写真1**）や部品一式を用意しました．

https://akizukidenshi.com/catalog/g/gk-15645/

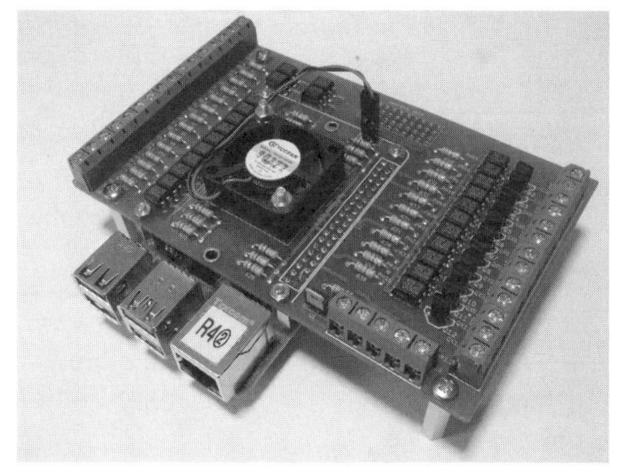

写真1　プリント基板として準備したDC24VアイソレートI/O基板

● パソコン

Windows 10搭載のパソコンがあれば，OpenPLCを利用できます．

コラム　PLCの標準言語「ラダー・プログラム」とは

PLC/シーケンサを制御するラダー・プログラムについて解説します．このラダー・プログラムを扱った経験がある方は少ないのではないしょうか．プログラムと聞くと難しそうな文字列や文法があって，これから始めるにはちょっと…と躊躇(ちゅうちょ)してしまうかもしれませんが，ラダー・プログラムはそのイメージとは異なります．ラダー・プログラムは回路図に似た形をしており，仕組みも単純です．また，視覚的に確認しながらプログラムを組めるため，世間でいうプログラムと違い，それほど難しいものではありません．

● 工作機械や生産設備などの制御に使われる

ラダー・プログラムがプログラム言語として学校などで紹介されることは，工業高校の一部の学科を除いてほとんどありません．大学などでも，あまり研究対象とされることはないと思います．しかし，現在の工作機械や生産設備などの制御に使われるプログラミング言語の中で，最もポピュラなものと言ってよいと思います．

ラダー・プログラムを使うためのCPUや制御装置は，「PLC（プログラマブル・ロジック・コントローラ）」や「シーケンサ」などと呼ばれます．本書では，国内の特定メーカが主に使っているシーケンサという呼び方ではなく，欧米で広く用いられているPLCという呼び方に統一します．

特徴

● プログラミングの敷居が低い…覚えることが少なく簡単に始められる

ラダー・プログラミングは，C言語やPythonなどの手続き型言語と違ってプログラムを始めるために覚えなければならない文法などはほとんどありません．あえて言えば固定された入出力端子（I/O）の位置（ロケーション）と名前，簡単な約束事，そして数種類の記号の意味が分かれば取りあえず簡単なプログラムが組めます．

ラダー言語は手続き型言語と違ってステップごとにプログラムが進むわけではなく基本的にジャンプや分岐もありません．プログラム全体が1つのループでできていて同時進行的（あくまで筆者の感覚）に進んでいきます．

● 多数の異なる入出力制御も容易

ラダー・プログラムを使うと，例えば何十点，何百点もあるような入出力の制御を個別に非同期に制御することも困難ではありません．おのおのの出力の出力条件を並べて書いていくだけです．マルチタスクを使わなくても，簡単に手や足をばらばら（非同期的）に制御できます．今まで手続き型言語を使ってきた方はその動きに新たなものを感じるのではないでしょうか．

統一規格

● 国際基準仕様「IEC 61131-3」

各メーカや各PLCに使われるラダー・プログラムは，基本的には皆同じようなプログラム・スタイルでありながら，独自の拡張仕様（方言とも言う）をそれぞれに発展させてきました．かつてC言語やBASICにコンパイラやインタープリタの違いによる多くの方言が存在したようなものです．いっぽう，C言語が国際的にANSIなどで統一仕様が定められたように，ラダー・プログラムも大分遅れてIEC 61131-3として統一仕様が定められました．現在，国内各メーカも国際化などと銘打ってこの規格への対応を進めているようです．

● 規格を統一化したことでプログラミングしやすくなった

ラダー・プログラムはメーカごとに異なった開発が行われてきたので，今まではPLCメーカ製のプログラミング・ツールを使わないとプログラムができませんでした．また，メーカ方言があるので各メーカ間の互換性はほとんどないと言った状況が長く続きました．

しかし，IEC 61131-3規格が定められたことにより，主に海外でラズベリー・パイなどを同規格対応のPLCとして使用したり，有償またはフリーのラダー・プログラミング・システムが開発されているようです．

今回は，そんな中からフリー・プロジェクトのOpenPLCを紹介します．IEC 61131-3はラダー・プログラムの他に構造化プログラムなどについて非常に多くの仕様を含んでいますが，本書はラダー・プログラムのみに焦点を当てて解説します．

ラダー・プログラムを書くための準備

開発環境OpenPLC Editorをパソコンにインストール

(a) インストールとプログラミング時

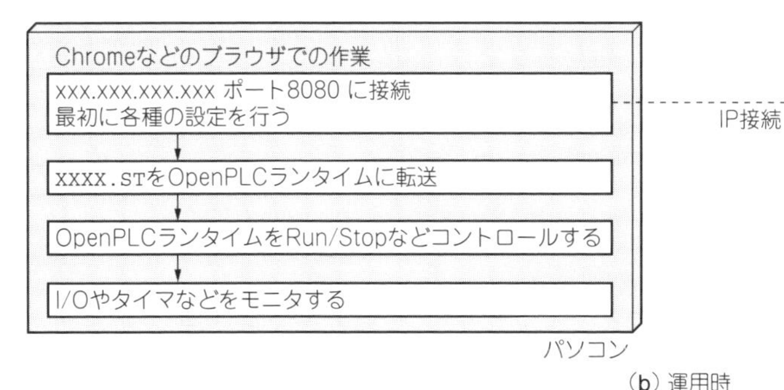

(b) 運用時

図1　パソコンやラズパイで準備すること

最新情報は，https://interface/cqpub.co.jp/2021p1c00にあります．特にインストール関連はこちらが詳しいです．（編集部）

PCとラズパイに開発環境を整える

ラダー言語の開発環境にはOpenPLCを使用します．このOpenPLCは，

- パソコン上で動くラダー・プログラムを作成するためのOpenPLC Editor
- ラズベリー・パイ上で実行され動作のメインになるOpenPLC Runtime

で構成されています．

図1にインストールするツールと，その関係を示します．

● PCにインストールするもの

- OpenPLC Editor
- ブラウザ…ChromeやEdgeなど

● ラズパイにインストールするもの（第6章）

- Open PLC Runtime（OpenPLCのウェブ・ページにある）

この際，RaspbianがGUIであれば，LXTerminalでダウンロードとインストール作業を行います．

● PCとラズパイはWi-FiまたはLANケーブルで接続する

パソコンとラズベリー・パイの間は，Wi-FiやLANケーブルを通じて接続します．パソコン上のブラウザで

図2　インストール方法に応じてクリックする箇所を選ぶ

図3　OpenPLC Editor v1.0 For Windowsを選択する

図4　作業フォルダにエディタのロケーションを記入する

ラズベリー・パイ上のサーバ(ポート8080)へアクセスし，プログラムの転送や各種設定，モニタを行います．

ラダー・プログラムのロードや各種の設定を行った後は，ラズベリー・パイは単独でラダー・プログラムを実行します．

パソコンへのインストール

OpenPLCプロジェクトはウェブからダウンロード可能です．

https://www.openplcproject.com/

トップ・ページの右上のGETTING STARTEDから進みます．OpenPLCのインストール方法は2通りあります．まずは，ラダー・プログラム編集のためのOpenPLC Editorをダウンロードしてインストールします．

●方法1：エディタのみを個別でダウンロードし解凍する

1つ目は，エディタ以外の余計なものは入れないでインストールする方法です．筆者はこの方法を用いています．

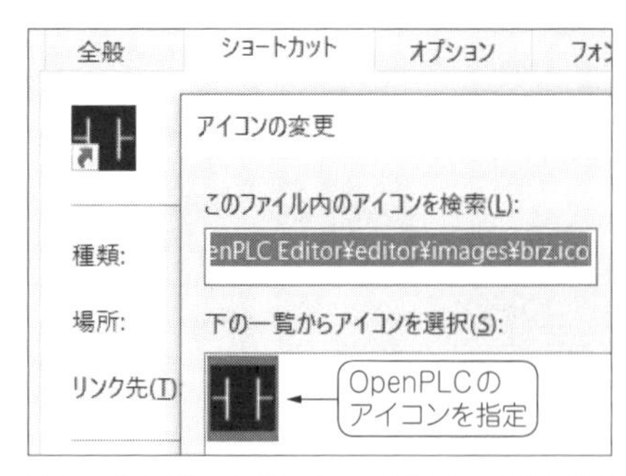

図5　プロパティを開いたついでにOpenPLCのアイコンも変更

▶ステップ1：エディタのダウンロード

図2は，GETTING STARTEDの先にあるページです．このページの中の3つ並んだアイコンの中央のEditorをクリックすると，**図3**に示すようにOpen PLC Editor v1.0 For Windowsのアイコンが表われるので，クリックしてダウンロードします．

▶ステップ2：解凍とフォルダの移動

ダウンロードしたzipファイルを解凍してできたフォルダ中の，`OpenPLC Editor`というフォルダを`C:¥`に移動します．

▶ステップ3：ショートカットの作成

移動した`C:¥OpenPLC Editor`の中に`OpenPLC Editor`というショートカットがあるので，これをコピーしてデスクトップに貼り付けます．デスクトップに貼り付けたショートカットのコピーは，そのままでは作業フォルダが空欄なので実行エラーになります．

▶ステップ4：作業フォルダにロケーションを記入

プロパティを開いて，**図4**のように作業フォルダのOpenPLC Editorのロケーションを記入します．ついでにプロパティのアイコン変更ボタンをクリックし，**図5**のように`C:¥OpenPLC Editor¥Editor¥images¥brz.ico`のOpenPLCアイコンも指定します．これでOpenPLC Editorの準備ができました．

●方法2：Windowsインストーラを使う

2つ目は，Windows用のインストーラをダウンロードして実行する方法です．1つ目の方法が面倒な方はこちらの方法でもよいですが，余計なコマンドが入ります[注1]．

図2の3つ並んだアイコンの中から，左のアイコン，「RunTime」をクリックし，ページを中ほどまでスクロールすると，**図6**に示す画面になります．この中のSOFT-PLCのWindows窓マークのアイコンをクリックします．すると，**図7**のページに進むのでページ中

注1：エディタの他にインストールされるソフトウェアやPLCサーバ・プログラムは筆者のパソコン(Windows 10)では動作しませんでした．

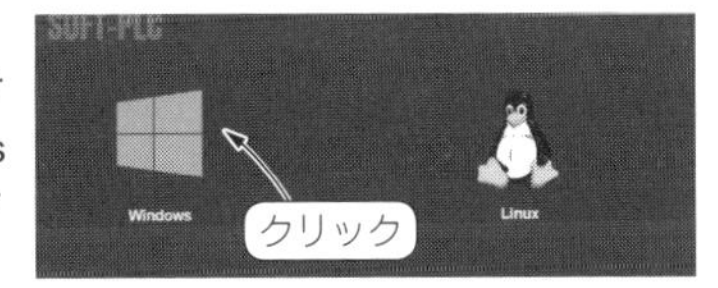

図6
ページをスクロールすると中ほどにWindowsマークがあるのでクリック

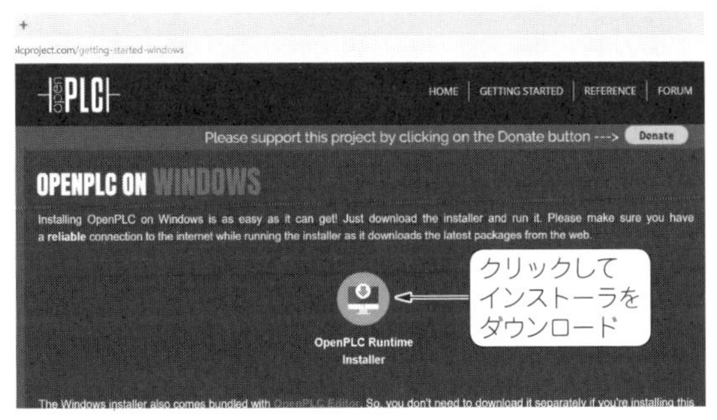

図7　OpenPLC Runtime Installerをクリックしてダウンロードする

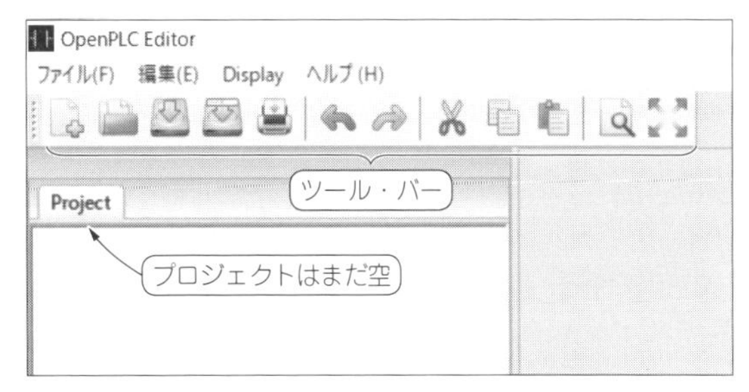

図8　エディタにはツール・バーがあり中身はまだ空

図9　ツール・バーの機能

央のOpenPLC Runtime Installerをクリックして，インストーラをダウンロードします．この方法でのインストールは，一般的なWindowsインストーラと同様なのでここでは詳細は省略します．

初期設定

● ステップ1：新規プロジェクト・フォルダを作成

　エディタを立ち上げると**図8**のような空のプロジェクトが立ち上がります．エディタの左上にはツール・バーがあります．ツール・バーの機能を**図9**に示します．

　今回は初めての使用なので，まず新規作成をクリックして，新規プロジェクトを作ります．プロジェクトはプロジェクト名のフォルダの中に作るので，ここではフォルダ選択ダイアログの右側ペインを右クリックしてフォルダを作り，**図10**のように`test1`と名前を付けて，それをフォルダとして選択します．筆者の場合は，ドキュメント・フォルダの中に`OpenPlcPrj`

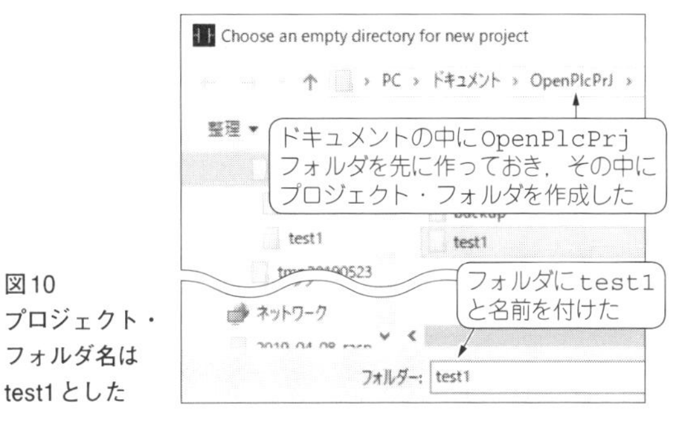

図10
プロジェクト・フォルダ名はtest1とした

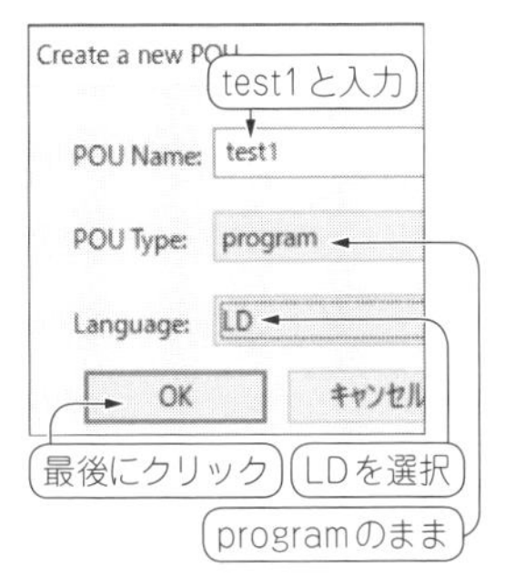

図11　POUの設定ダイアログ

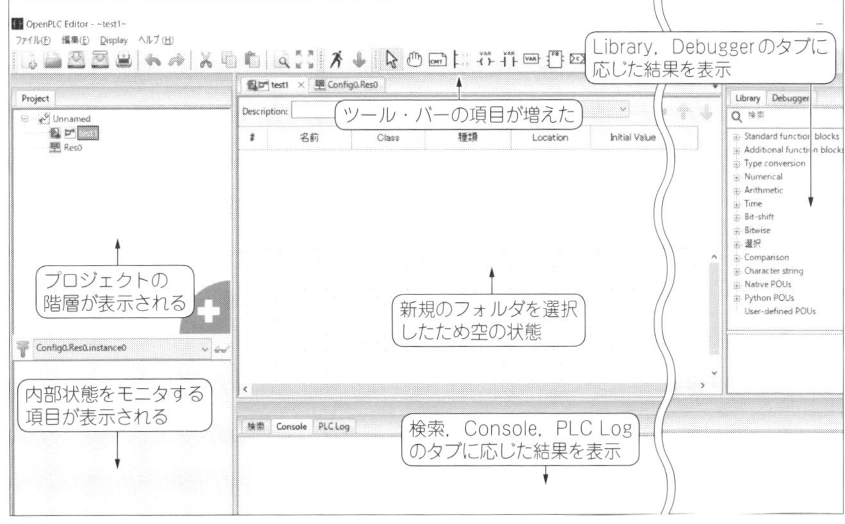

図12　OpenPLC Editorは5つのブロックで構成されている

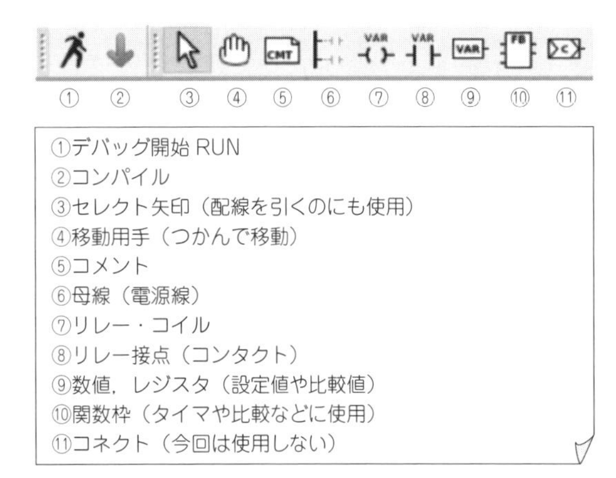

図13　増えたツール・バーの項目と機能

というフォルダをあらかじめ作っておき，その中にプロジェクト・フォルダを作っています．今回は，test1というプロジェクト・フォルダを作って，フォルダ選択ボタンをクリックしてダイアログを閉じます．

● ステップ2：POU設定ダイアログを入力

フォルダ選択ダイアログが閉じると，**図11**のようなPOU設定ダイアログが表示されます．POUとはProgram Organization UnitのことでIEC 61131-3に規定されている言葉です．意味は「プログラム構成ユニット」といったところでしょうか．IEC 61131-3規格でこのPOUは関数や関数ブロックなどのプログラムの総称を表します．

一番上のPOU Nameに，POUの名前を入れます．本来はプログラムの機能名などを入れるべきですが，今はテスト用なのでtest1とします．次の行のPOU Typeは，programのままにします．3行目のLanguageにラダー言語を表す「LD」を選択します．このように設定して，OKボタンで設定を確定します．すると，**図12**のような画面が表示されます．

● 5つのブロックが表示するもの

図12を見ていただくと，スクリーンは左上，左下，中央上，中央下，右上の5つのブロックで構成されています．新規のフォルダを指定したので，中央上のプログラムはまだ空っぽです．この状態で各部を見てみましょう．

まず，ツール・バーに新たな項目が加わっています．**図13**に増えたツール・バー項目の簡単な説明を示します．

▶左上ブロックと中央上ブロック

左上ブロックは，ビジュアル・スタジオのプロジェクト・ウィンドウのようなイメージでプロジェクトの階層が表示されます．ウィンドウの上には，Projectのタブが付いているのでこの状態の左上ブロックを「プロジェクト・ウィンドウ」と呼ぶことにします．

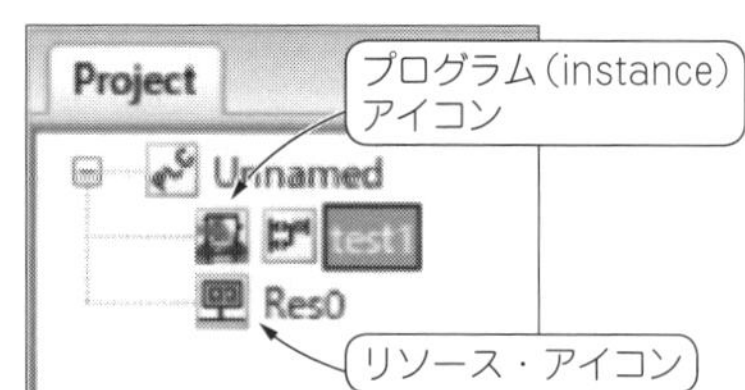

図14　プロジェクト・ウィンドウの中身

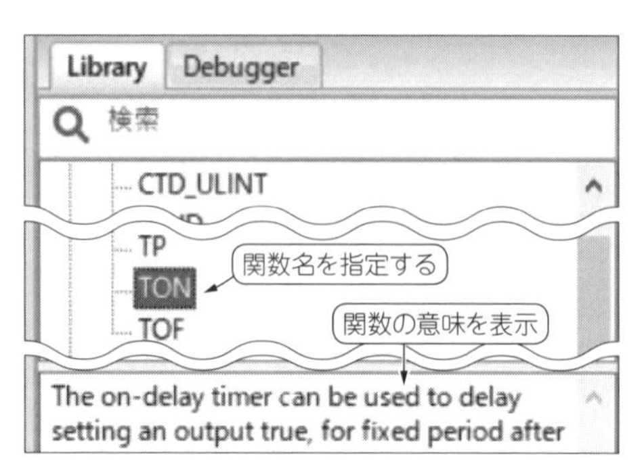

図15　右上ブロックのLibraryタブでは関数の意味を英語で表示する

このプロジェクト・ウィンドウの中は，**図14**のようになっています．**図14**の中のプログラム（instance）アイコンをダブルクリックすると中央上ブロックにプログラムとI/O名の設定が表示されます．また，リソース・アイコンをダブルクリックすると中央上ブロックにはリソースが表示されます．ただし，今回はリソースの設定は変更しないので，表示させても確認のみにしてください．

▶左下ブロック

左下ブロックには，デバッガで内部状態をモニタするための項目が階層的に表示されます．内容はデバッガの項目で解説することにします．

▶中央下ブロック

中央下ブロックは，検索，Console，PLC Logという3つのタブがあります．以下にタブごとの表示内容を示します．

- 検索タブ…検索結果の表示
- Consoleタブ…コンパイルの際のステータスやエラーを表示
- PLC Logタブ…デバッガなどのログを表示

▶右上ブロック

右上ブロックには2つのタブがあります．

- Libraryタブ…ファンクション・ブロックの中に入る関数を指定すると**図15**のように関数の説明がウィンドウ下の小さな部分に英語で表示される
- Debuggerタブ…デバッガの起動時に指定された変数やリレーのモニタが表示される．詳しくは第5章のOpenPLCデバッグ機能の項目で解説する

リレーによる1ビット記憶回路を例に

初めての ラダー・プログラム

開発環境 OpenPLC Editorの準備ができたら，ラダー・プログラムを入力してみます．ラダー・プログラムは，リレーによる制御回路をプログラム化したようなものです．ここでは1ビットを記憶するプログラムをOpenPLC Editorに入力します．

例題：1ビットを記憶保持する回路

● 基本はリレー

リレーは，コイルと接点（コンタクト）で構成されています．**図1**はリレーで組んだ1ビットを記憶保持する回路です．SW1とSW2はノーマル・オープン（通常時が開）の押しボタン・スイッチです．SW1がSETスイッチ，SW2がRESETスイッチです．これらをCR1，CR2の2つのリレーで受けています．リレー・コイルに並列に接続されているのは，逆起電力吸収用ダイオードです．直流駆動のリレー回路の場合，これがないと駆動する側の接点がすぐに焼けてしまいます．

図の左右に縦に2本の線があります．これは電源線です．ラダー図では，この線を「母線」と呼ぶこともあります．右側がプラス母線，左側がマイナス母線です．図には書かれていませんが，これらの母線にはシステムから電源が供給されています．

ラダー・プログラムを使って，この回路をほぼそのままプログラムとして組むことができます．ラダー・プログラムには，リレー記号だけでなく，タイマやその他のファンクション・ブロック（機能ブロック）がありますが，今のところリレー・コイルとA接点（ノーマル・オープン），B接点（ノーマル・クローズ）だけで話を進めることにします．

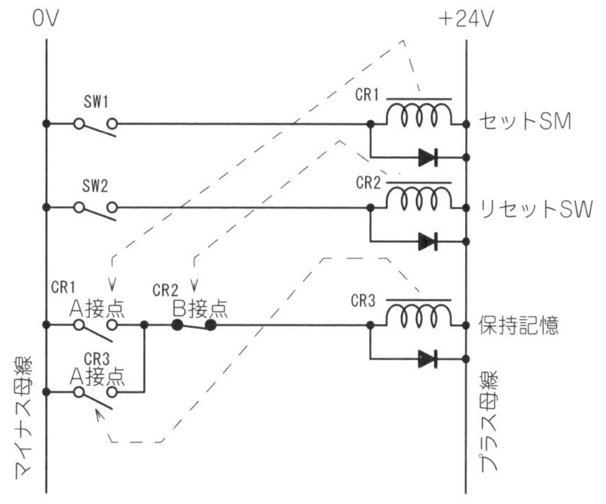

図1　リレーによる1ビット記憶回路の例
A接点はノーマル・オープン，B接点はノーマル・クローズ

● 記憶を保持するメカニズム

まず，システムの電源が供給されたところを考えてみます．CR1からCR3の各リレー・コイルは全てOFFです．ここで，SW1が押されるとCR1のリレー・コイルがONし，CR1のA接点が閉じます．CR2はOFFのままなので，CR2のB接点は閉じています．CR1のA接点とCR2のB接点が閉じるのでCR3のコイルがONします．すると，CR3のA接点もONするので，CR3は自身のA接点によってON状態を保持します．この状態で，SW1を離してCR1のコイルがOFFになっても，CR3は自身のA接点によってON状態を保持し続けます．

ここで，SW1とSW2はそれぞれ1度リレーで受けていますが，SW2にノーマル・クローズ（通常時が閉）の押しボタン・スイッチを使えば，CR1とCR2の接点の代わりに直接スイッチを用いることもできます．

▶記憶保持解除の方法

記憶保持状態は，SW2を押してCR2をONさせCR2のB接点を開くことで解除できます．CR3の保持状態は，システム電源を切ることでも解除できます．

リレーに付ける番号と名前

● リレー番号の表し方

ラダー・プログラムの中で使うリレーには，入力専用と出力専用の2つがあります．入力リレーは，`%IX0.0`（0.0は適宜変更）と表し，出力リレーは，`%QX0.0`（0.0は適宜変更）と表します．番号の範囲は**表1**のようになっています．

表1　入力/出力リレーが使用できる番号の範囲

項目 ＼ リレー	入力	出力
番号の範囲	%IX0.0~%IX99.7	%QX0.0~%QX99.7
Read/Write	ReadOnly	R/W

ラダー・プログラムのリレーは，PLC（ここではラズベリー・パイ）のI/Oピンにつながっているものを「I/Oリレー」，I/Oピンにつながっていないものを「内部リレー」と呼びます．I/Oリレーの数は，I/Oピンの数だけしかありませんが，内部リレーは数多くあります．

ここで注意が必要なのは，入力リレーは内部リレーも含めてコイルが使えないので，実質的には入力につながっているスイッチなど以外は使用できません．

● ラズパイに設定されているリレー番号

表2はラズベリー・パイ3B+のI/Oピンと，使用できるリレー番号の関係です．ピン位置を見て分かると思いますが，奇数ピンが入力，偶数ピンが出力に設定されています．%IX，%QXの後の数字の小数点以下は，ビットの位置を表していて0～7の数字です．小数点以上の数字は，チャネルの数を表していて，0～99の数字です．ピン配置に出てくるレジスタ・アドレス%IX0.0～%IX1.5は入力用I/Oリレーです．%QX0.0～%QX1.2は，出力用I/Oリレーです．この状態で内部リレーとして使用できるリレーは，%QX1.3～%QX99.7の範囲の781点です．

● 全てのリレーには固有の名前を付ける

ラダー・プログラムで使うリレーには，全て固有の名前を付ける必要があります．ラダー・プログラム上では，リレーはその名前でコイルや接点（コンタクト）を識別します．

表2　ラズベリー・パイ3B+のビット・デバイスとI/Oマッピング

入力リレー		出力リレー	
ピン番号	機能	ピン番号	機能
1	3.3VPower	2	5VPower
3	%IX0.0	4	5VPower
5	%IX0.1	6	GND
7	%IX0.2	8	%QX0.0
9	GND	10	%QX0.1
11	%IX0.3	12	%QW0(PWM)
13	%IX0.4	14	GND
15	%IX0.5	16	%QX0.2
17	3.3VPower	18	%QX0.3
19	%IX0.6	20	GND
21	%IX0.7	22	%QX0.4
23	%IX1.0	24	%QX0.5
25	GND	26	%QX0.6
27	N/A	28	N/A
29	%IX1.1	30	GND
31	%IX1.2	32	%QX0.7
33	%IX1.3	34	GND
35	%IX1.4	36	%QX1.0
37	%IX1.5	38	%QX1.1
39	GND	40	%QX1.2

● OpenPLC Editorでリレーの番号と名前を入力する方法

図2はOpenPLC Editorの中央上側にある窓です．この窓の上の部分はデバイス名を設定するエリアで，窓の下の部分はプログラムの編集エリアです．図にあるデバイス名設定エリアの右肩に，＋－↑↓などのコマンド・ボタンがあります．ボタンの意味は以下の通りです．

(1)：カーソルの次にデバイスを追加
(2)：カーソル位置のデバイスを削除
(3)：カーソル位置のデバイスを1つ上に移動
(4)：カーソル位置のデバイスを1つ下に移動

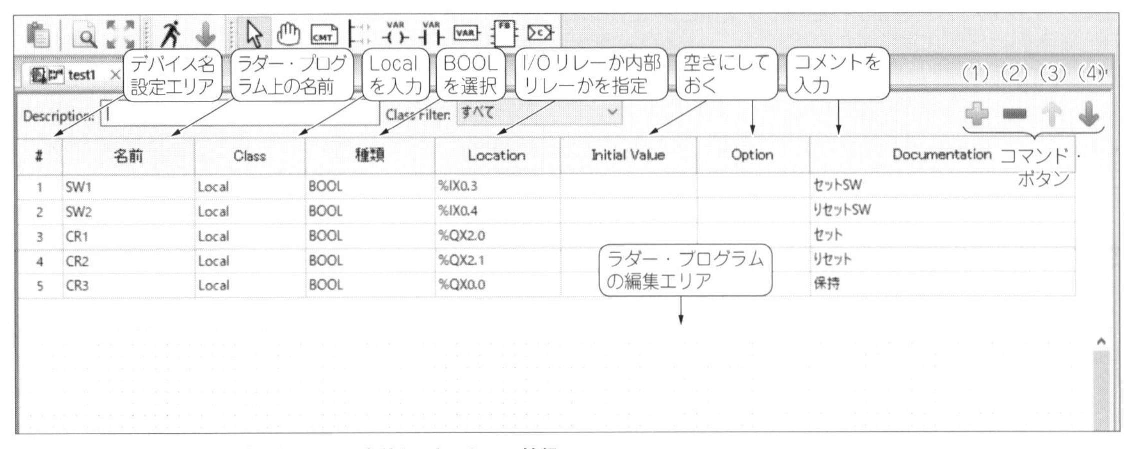

図2　OpenPLC Editorに入力したリレーの名前やロケーション情報

(1)のボタンを押すと，リストが1行追加されるので，そこへ希望のデバイス名や種類，Locationなどを入力していきます．入力するものは以下の通りです．

▶名前

名前にはSW1などプログラム上の名前を書き込みます．

▶Class

ClassはデフォルトのLocalとします．

▶種類

種類は，項目をクリックすると表示されるドロップダウンから，「Base Types」→「BOOL」を選んで設定します．リレーなどのビット・デバイスを使用する場合には，ここはBOOLとなります．BOOLは真と偽の2つの値を取る変数のことです．リレーを指定する場合はBOOLだと覚えてください．

▶Location

LocationにはI/Oリレーか内部リレーを指定します．ここで別々の名前に同じロケーションのリレーを指定してはいけません．

先にも説明したように，入力リレー(%IXn.n)は内部リレーでもコイルは使用できません．なので，内部リレーを使用する場合は必ず%QXn.nの出力リレーを使用するようにします．

▶InitialValue，Option

InitialValueは初期値のことです．InitialValueとOptionは，空きにしておいてください．

▶Documentation

ここに日本語でのコメントが入力できます．コメントは空白のままでも構いません．

ここまでが各項目の説明ですが，習うより慣れろで**表3**を見ながら同じように入力してください．

実際に入力したものを**表3**に示します．SETスイッチはI/O入力(%IX0.3)，RESETスイッチは同じくI/O入力(% IX0.4)につないでいるものとします．これをCR1内部リレー(%QX2.0)と同じく，CR2内部リレー(%QX2.1)で受けています．そして，記憶保持はI/Oリレー(%QX0.0)としています．これらは後述のラズベリー・パイでの動作確認が行えるように設定してあります．

表3　デバイス名設定エリアに入力したI/Oの設定内容

	名前	Class	種類	Location	Initial Value	Option	Documentation
1	SW1	Local	BOOL	%IX0.3	空き	空き	SETスイッチ
2	SW2	Local	BOOL	%IX0.4			RESETスイッチ
3	CR1	Local	BOOL	%QX2.0			セット
4	CR2	Local	BOOL	%QX2.1			リセット
5	CR3	Local	BOOL	%QX0.0			保持

ラダー・プログラムで用いる記号

図3に示すのはラダー・プログラムを組む際に用いる記号です．以降では，この記号で書かれたものの動作やプログラムを組む上での約束事を解説します．

● 母線の記号［図3(a)］

母線は，**図1**では縦に長い線でつながっていましたが，このラダー・プログラム上では任意の点に左右母線記号を書きます．1つのラダー・プログラム当たり左右1対書くのが原則です．

● 接点の記号［図3(b)］

実物のリレーの接点は，A接点とB接点の2種類が

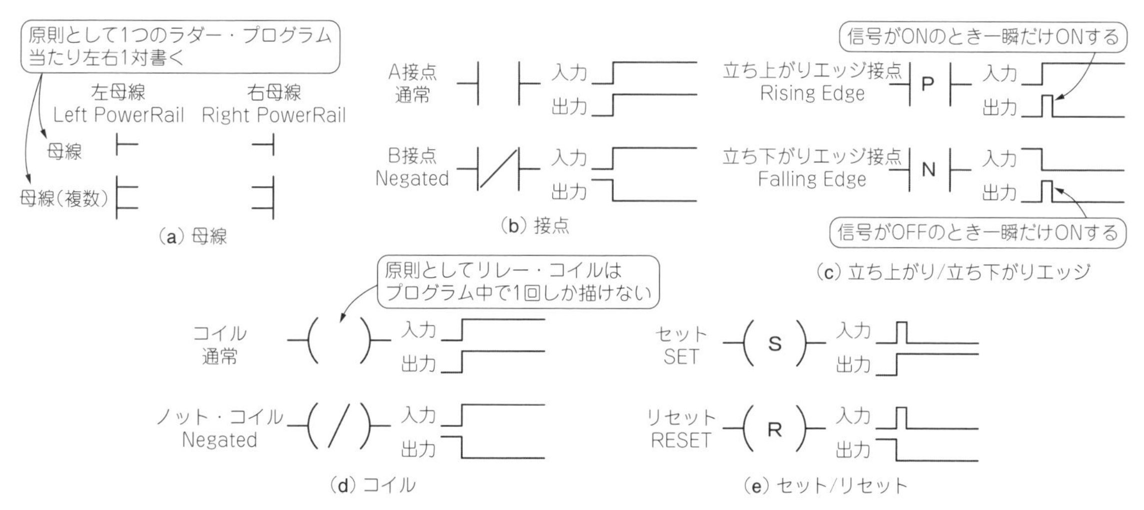

図3　ラダー・プログラムで用いる記号

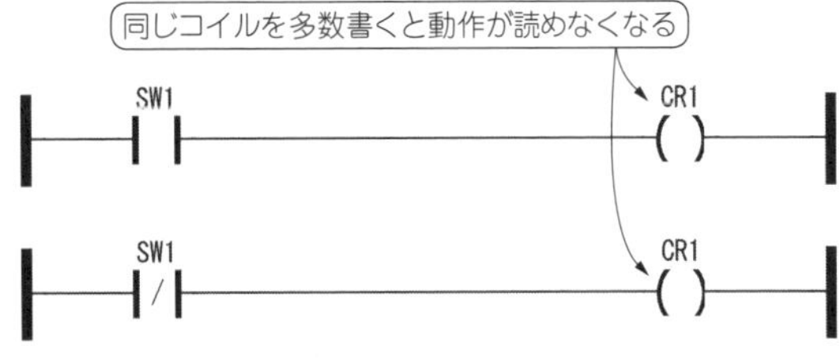

図4　同一のリレーに対して出力することはしない

あります．プログラム上のリレー接点はこの他に立ち上がりエッジ（微分），立ち下がりエッジ（微分）接点があります．

ここで，接点の入力とは接点を駆動するための信号のことです．例えば，I/O入力リレーならスイッチのタイミングであり，内部リレーやI/O出力であればその接点のコイルに対応します．

● 立ち上がり/立ち下がりエッジの記号［図3（c）］

立ち上がりエッジは信号がONになったときに一瞬だけONする接点です．立ち下がりエッジは逆に信号がOFFになったときに一瞬だけONする接点です．一瞬というのは漠然としていますが，正確に言うと1スキャン（ワン・スキャン）だけONにします．1スキャンについては，コラム1を参照してください．

● リレー・コイルの記号［図3（d）］

1つのリレー・コイルは，原則的にプログラム中で1回だけしか書けません．例えば，同じリレー・コイルを複数回書くと同じコイルが複数の状態にあるという矛盾した状況になってしまうことがあるので，同一リレーのコイルを多重に書くことはしない方が無難です．

図4では同じリレーを2回出力に使っていますが，このままコンパイルしてもエラーにはなりません．このラダー・プログラムは，仕組みを十分理解した上で特定のトリッキーな効果を狙って使うことはできますが，十分に理解しないうちは，同一リレーを多重に出力することはおすすめしません．

リレー・コイルの種類と働き

● 普通のコイルとノット・コイル［図3（d）］

まずは，普通のコイルですが信号がONするとコイルもONします．このとき，このリレーのA接点はONでB接点はOFFです．次に，ノット・コイル（Negated）の場合，信号がONするとコイルはOFFします．このノット・コイルを使うと，このリレーのA接点とB接点が全く逆になるので，動作を考えるのが非常に困難になります．通常はノット・コイルを使用するくらいであれば，代わりにコイルを駆動する接点にB接点を用いる方が思考が煩雑にならずに済むと思います．

● 立ち上がりエッジ/立ち下がりエッジ・コイル

立ち上がりエッジ・コイルと立ち下がりエッジ・コイルは，接点と同じように立ち上がり/立ち下がりのエッジの1スキャンだけコイルがONします．コイルそのものの動きが1スキャンのみONするので，このリレーの接点は全て1スキャンだけONします．

このようなエッジ動作のコイルを使用した場合，複雑なプログラムを組むときに使用する接点がエッジ動作なのか通常動作なのか分かりにくくなるので，なるべくコイル側でエッジ動作を指定するのではなく，接点側でエッジを使用した方が見通しの良いプログラムが組めると思います．

● SET/RESETコイル［図3（e）］

SET/RESETコイルは，保持リレーやラッチング・リレーをシミュレートするものです．実際の保持リレーには，SETとRESETの1対のコイルが付いていて，SET側コイルをOFFからONにすると，リレーはON状態になり，その状態を保持します．RESET側コイルをOFFからONにすると，リレーはOFF状態になり，その状態を保持します．プログラム上のSET/RESETも同じです．SETやRESETは，リレーの原則に反して同一コイルに対して複数の出力をプログラム上に書くことができます．ただし，SETとRESETは同時にONしてはいけません．

● SETとRESETの関係性と扱い方

SETとRESETの関係は言葉で説明しても分かりづらいと思うので，**図5**に例を示します．

図5（a）はCR1の記憶保持のラダー・プログラムです．SW1またはSW2がONするとCR1がONして，CR1はCR1自身のA接点で駆動されているので，そのままON状態を保持します．SW3がONになると保持プログラムの途中に入ったB接点で自己保持プログラムが切れるのでCR1はOFFになります．

図5（b）はSETとRESETを使ったラダー・プログラムで，1つのSETにSW1とSW2が並列にORでつながっています．そして，RESETにはSW3がつながっています．これでSW1かSW2がONになるとCR1はONになります．SW3がONになるとRESETによってCR1はOFFになります．

図5（c）はSW1とSW2にそれぞれ別々にSETをつないだものです．このように，SETとRESETは1つのリレーに対して幾つも使うことができます．

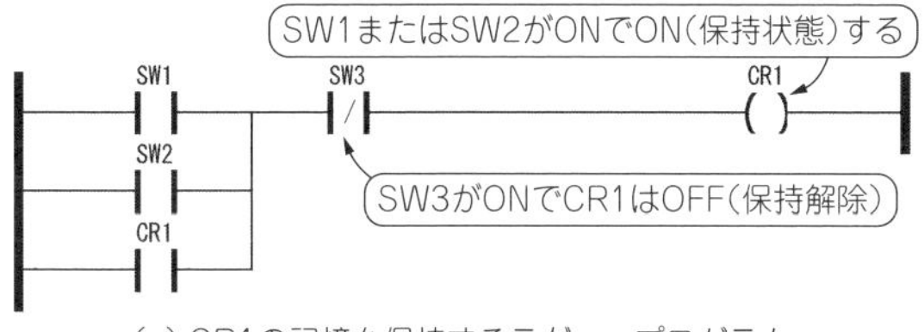

(a) CR1の記憶を保持するラダー・プログラム

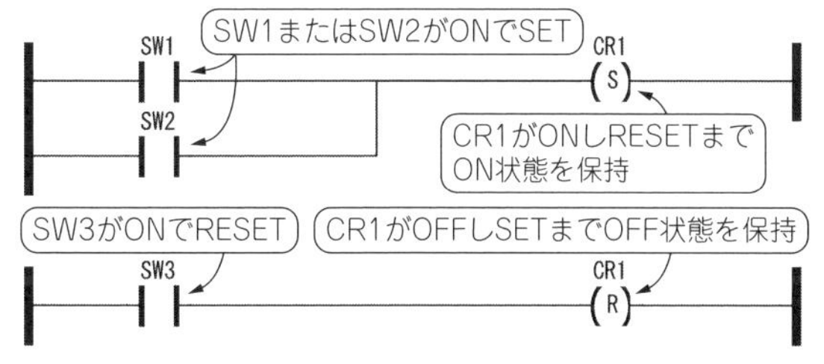

(b) SW1かSW2がONするとSETとなりSW3がONでRESETとなる

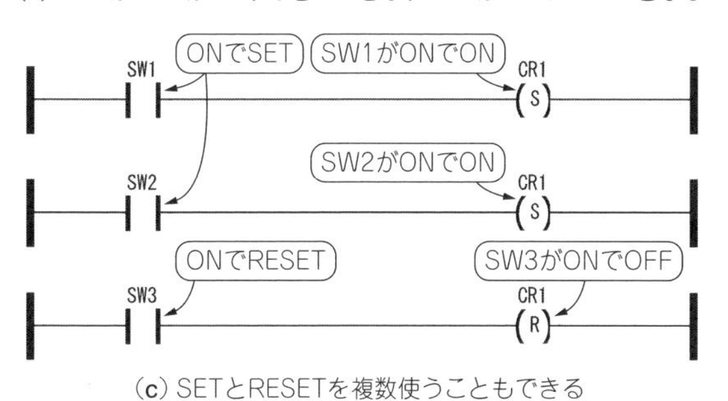

(c) SETとRESETを複数使うこともできる

図5　SET/RESETを使えばコイルを制御できる

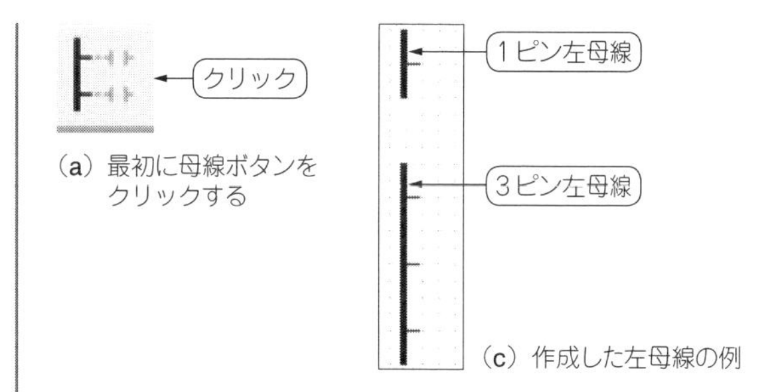

(a) 最初に母線ボタンをクリックする

(c) 作成した左母線の例

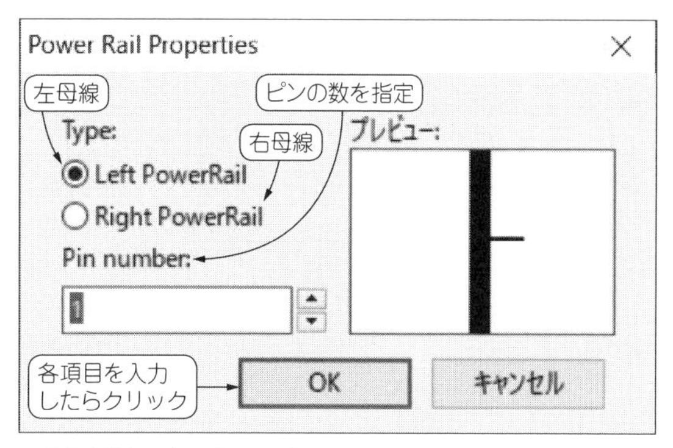

(b) 母線のプロパティ設定ウィンドウで必要項目を入力する

図6　母線の入力手順

ただし，あちこちにSETとRESETが散在するとCR1の挙動が把握しにくくなります．このようにSETとRESETは思い付きであちこちに書けるため記述性は高いのですが，そのぶん可読性が劣ることになります．

OpenPLC Editorに ラダー・プログラムを入力

以降では，既にリレーの名前は打ち込んであるものとして，話を進めます．ラダー・プログラムは，左右の母線に挟まれたラダー・プログラム単位で入力していきます．

● 入力手順

▶ステップ1：母線の入力

まず，左の母線を入力します．入力手順を**図6**に示します．

ツール・バーの母線ボタン[**図6(a)**]をクリックしてラダー・プログラムの編集エリアで適当な位置をクリックします．

母線のプロパティ設定ウィンドウ[**図6(b)**]が開くので設定項目を入力して[OK]をクリックします．

ラダー・プログラムの編集エリアにできた母線を希望の位置にドラッグします．今回は，まず1ピンの左母線をプログラム編集エリアの左端の方に入力します．

▶ステップ2：スイッチの入力

スイッチの入力手順を**図7**に示します．

ツール・バーの接点入力ボタン[**図7(a)**]をクリックしてラダー・プログラムの編集エリアで適当な位置をクリックします．

接点編集ウィンドウが開くので，必要項目を選択し[OK]をクリックします[**図7(b)**]．

ラダー・プログラムの編集エリアにできた接点を適当な位置にドラッグします[**図7(c)**]．

必要に応じて，配置した接点を他のデバイスと配線でつなぎます[**図7(d)**]．

ここでSW1はI/O入力につながっていますが，ラダー・プログラムでは接点として入力します．上に示した要領でSW1を母線の右側に入力して，先ほど入力した母線と配線でつなぎます．

▶ステップ3：リレー・コイルの入力

リレー・コイルを入力し，上と同じようにSW1の反対の配線に両者をつなぎます．コイルの入力手順を**図8**に示します．

ツール・バーのコイル・ボタン[**図8(a)**]をクリックして，ラダー・プログラムの編集エリア上で適当な位置をクリックします．

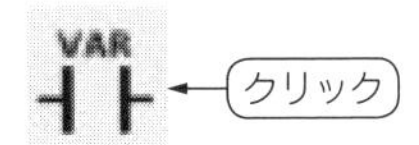

（a）接点入力ボタンをクリックする

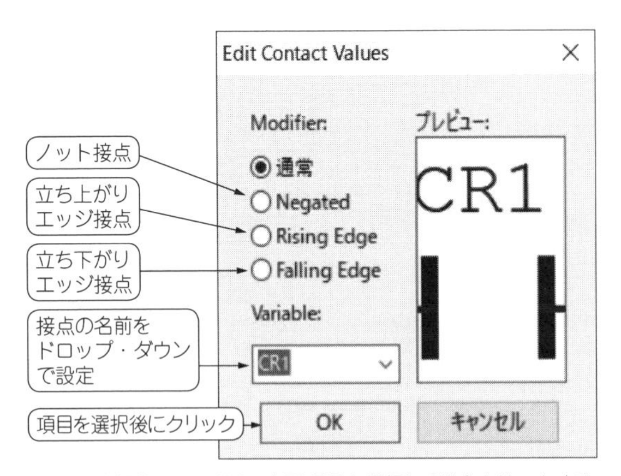

（b）接点編集ウィンドウで必要項目を選択しOKをクリックする

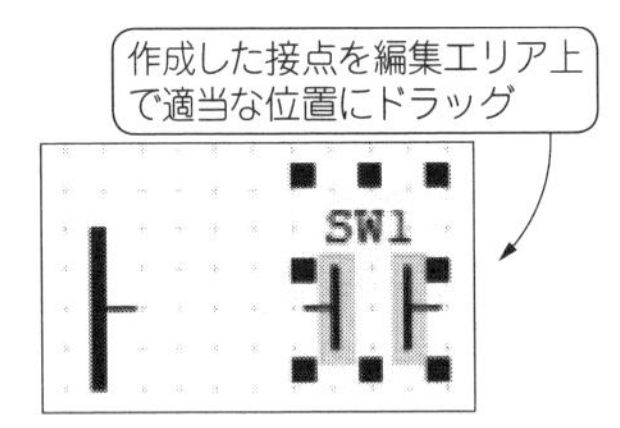

（c）作成した接点を適当な場所に移動する

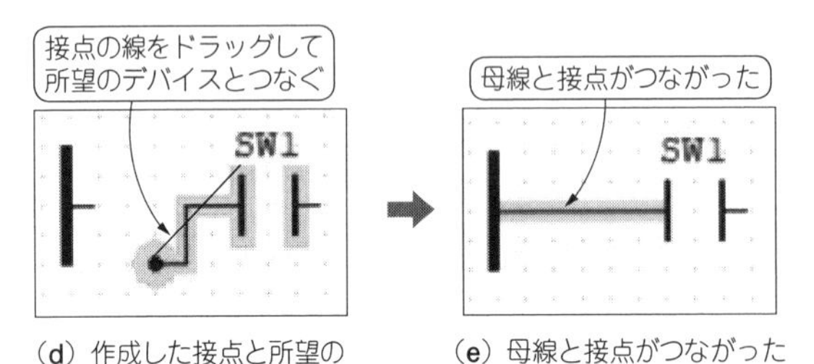

（d）作成した接点と所望の
デバイスを接続する

（e）母線と接点がつながった

図7　スイッチの入力手順

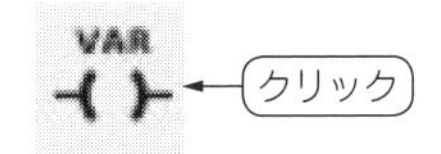

（a）コイル・ボタンをクリックする

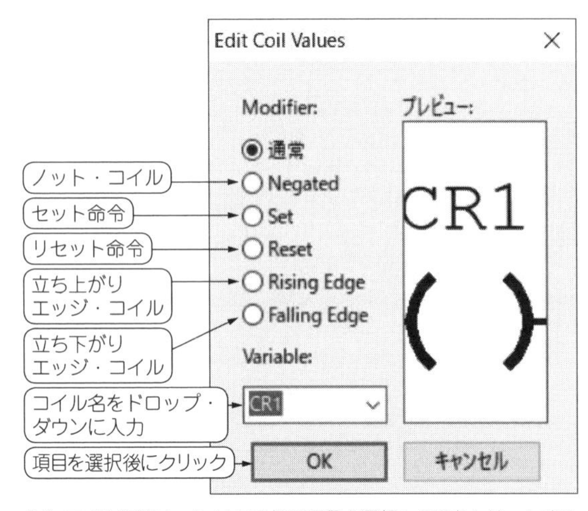

（b）コイル編集ウィンドウで必要項目を選択しOKをクリックする

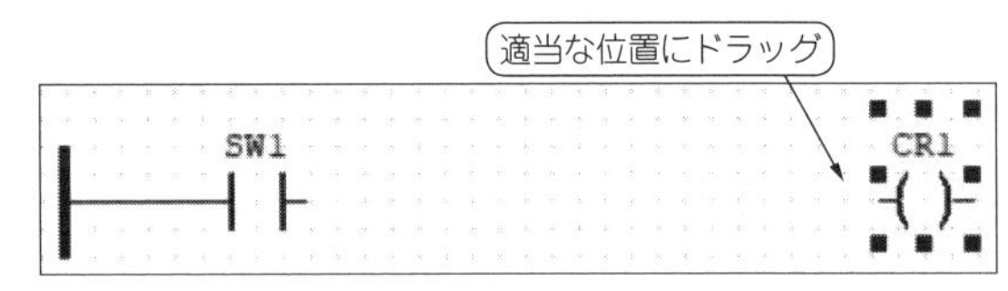

（c）作成したコイルと所望のデバイスを接続する

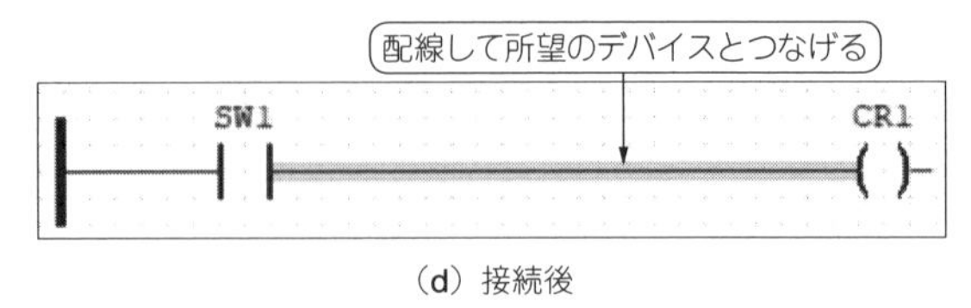

（d）接続後

図8　コイルの入力手順

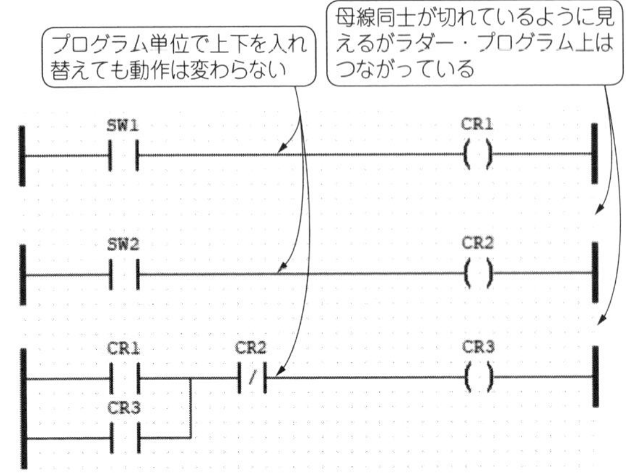

図9　ラダー・プログラムで作成した1ビット記憶保持プログラム

コイル編集ウィンドウが開くので，必要項目を選択して[OK]をクリックします．

ラダー・プラグラムの編集エリア上にできたコイルを適当な位置にドラッグして，コイルの配線部分クリック後にドラッグして配線を所望のデバイスとつなぎます．

● ラダー・プログラム単位で上下の入れ替えが可能

以上の手順を繰り返して記憶プログラムが完成します(**図9**)．**図9**を見ると，母線が縦方向に切れていますが，右母線同士，または左母線同士はプログラム的につながっているというイメージです．この左右の母

コラム1 PLCにおけるラダー・プログラムの実行手順

図AはPLC内部におけるラダー・プログラムの動作フローです．**図A**はPLCのハードウェアとラダー・プログラムを合わせて書いています．図の上側に並んでいるのが入力ピンです．下側に並んでいるのが出力ピンです．

● 内部レジスタの初期化

PLCがプログラムの実行を開始すると，まず内部レジスタが初期化されます．PLCによって停電記憶エリアを持っているものは初期化時に停電記憶を復帰します．

● 実行ループに入る

初期化が終わると，ラダー・プログラムの実行ループに入ります．実行ループでは，最初に入力ピンを読み込んでラッチに状態を保持します．この状態はループが次に頭に戻るまで保持されます．これは重要で，例えばラダー・プログラム内で%IX0.0を評価する箇所が何箇所かあっても，1回のスキャン処理では，全て%IX0.0の値は同じになります．また，スキャンの途中で%IX0.0がONからOFFに変化することはありません．

● ラダー・プログラムの評価

入力のラッチが完了するとラダー・プログラムの評価に入ります．ラダー・プログラムの評価は，**図A**中の矢印のように左から右へと1ステップずつ評価され，プログラムごとにコイルのON/OFFが内部レジスタにストアされます．途中の結果がストアされるのは内部レジスタのみで，途中の結果によってさみだれ式に出力がON/OFFすることはありません．

● 評価結果を出力ラッチに送る

ラダー・プログラムの評価が全て終わると，内部レジスタから一斉に出力ラッチに評価結果が送られます．

● 入力ピンのラッチへ移る

最後にループの先頭の入力ピンのラッチへと移ります．以上を無限ループで繰り返します．

この1回のループのことを1スキャンやスキャンと呼びます．スキャンを繰り返すので，全てのラダー・プログラムが同時並行で動いているように見えるのです．

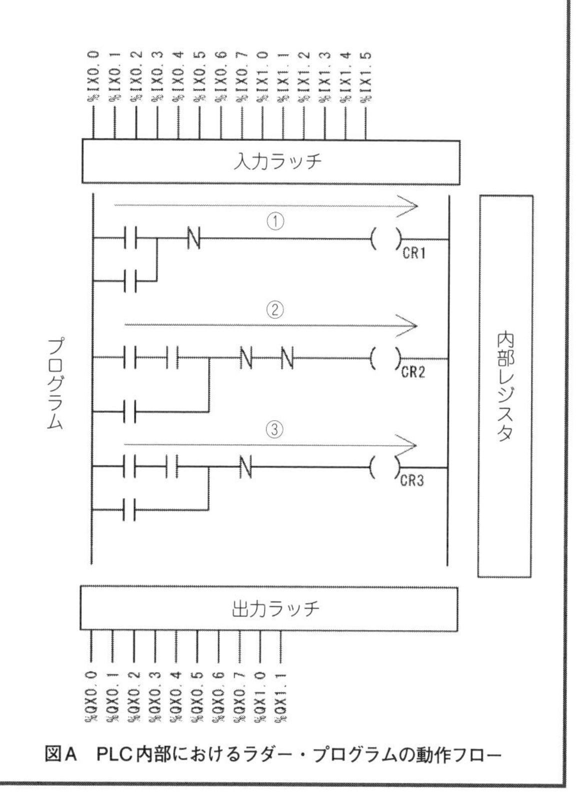

図A　PLC内部におけるラダー・プログラムの動作フロー

線に挟まれたプログラムが，それぞれ1つのラダー・プログラムのブロックです．プログラム単位で上下関係を入れ替えても原則的に動作に変わりはありません．

入れ替えをした場合，厳密には若干タイミングが変わる場合がありますが，エア・シリンダなどの比較的動作の遅いメカ部品の制御や人間の操作するスイッチの読み込みなどは，どこにあっても基本的に変わりはないと考えられます．簡単ですが，ラダー・プログラムの一例を入力することができたので，次章では，OpenPLC Editorのデバッガ機能を試してみます．

コラム2　ラズパイからモータや電磁弁を動かすためのキー・デバイス「リレー」

● リレーの動作

リレー(Relay)は漢字で書くと「継電器」です．双極単投双投(1A1AB)の回路記号を**図B**に示します．

リレーは，1つの電気信号で電磁石をONさせると接点が開閉し他の回路をつないだり切り離したりできます．**図C**は実際のリレーの電磁石が非励磁(OFF)のもの，**図D**が電磁石が励磁(ON)のものです．

図C，**図D**より，リレーがOFFのときは可動接点がB接点と接触しており，ONのときは可動接点がA接点と接触してB接点から離れています．このように一般的に電磁石がONで閉じる接点を「A接点(ノーマル・オープン)」，逆に電磁石がOFFで閉じる接点を「B接点(ノーマル・クローズ)」と呼びます．

図Cのリレーはミニチュア・リレーに分類されるものですが，リレーの仲間は種類が非常に多く電車のパワー・ユニットに使われる1個で何kgもあるものに比べれば，十分ミニチュアで通ります．

● リレーの構造

リレーの構造は，**図E**のように電磁石とスイッチの接点を組み合わせたもので，最も古い電機部品の1つです．構造は簡単ですが，多くのリレーを組み合わせて各種の演算を実行したり，制御回路を作ることもできる元祖ディジタル部品とも言うべきものです．

● 仕様書に書かれている4B3Aの意味

メーカのリレーの仕様書を見ると，「4A3B」(A接点4個とB接点3個という意味)などの接点構成が書かれています．また1Cと書かれているメーカもあり，これは1つの可動接点(1コモン)にA接点とB接点が付いているという意味です．2Cだとそれが2組あるという意味です．

電磁石のコイルはAC(交流)で励磁するものやDC(直流)で励磁するものがあり，励磁電圧は仕様書に「AC100V」などと書かれています．

● リレーに接続する負荷の種類は豊富

リレーは機械接点なので，負荷は直流/交流でもモータ/電磁弁などの誘導負荷でもLED/抵抗などの無誘導負荷でも定格以内なら気軽に使えます．また，実験などで手近にあるリレーの定格を多少オーバして使っても，少々寿命は縮みますがすぐに使えなくなることはありません．ただし，3Aの接点を並列接続して6Aとして使うといった使い方はできません．

複数の接点は同時に開閉する可能性は低く，先に接触する接点負荷が大きくなってすぐに接点が焼けてしまったり，逆に溶着して離れなくなったりします．

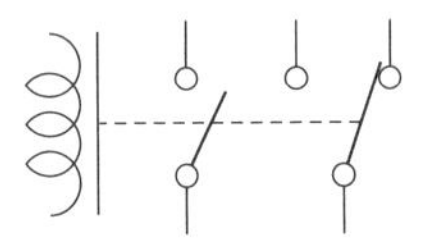

(a) トランジスタ技術

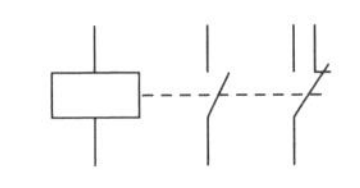

(b) IEC(国際電気標準会議)

図B　リレーの回路記号…双極単投双投(1A1AB)の例

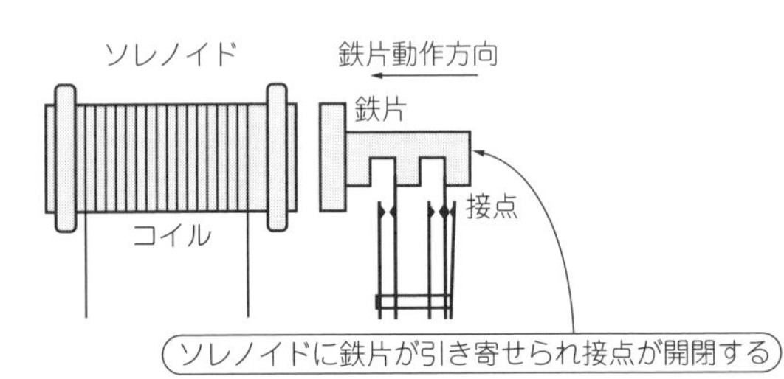

図E　電磁石とスイッチの接点を組み合わせればリレーができる

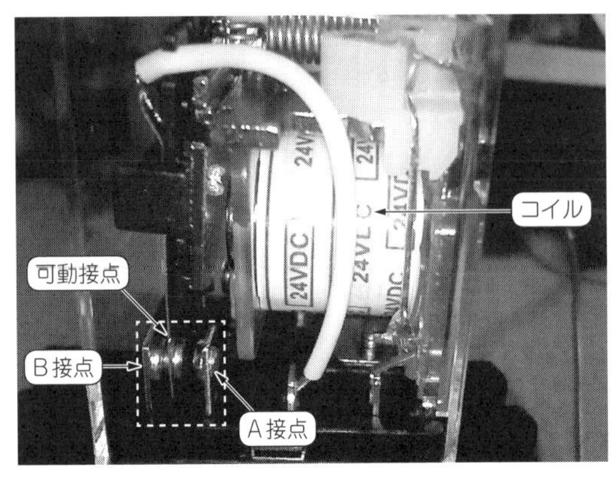

図C　リレーがOFF状態における可動接点はB接点と接触する

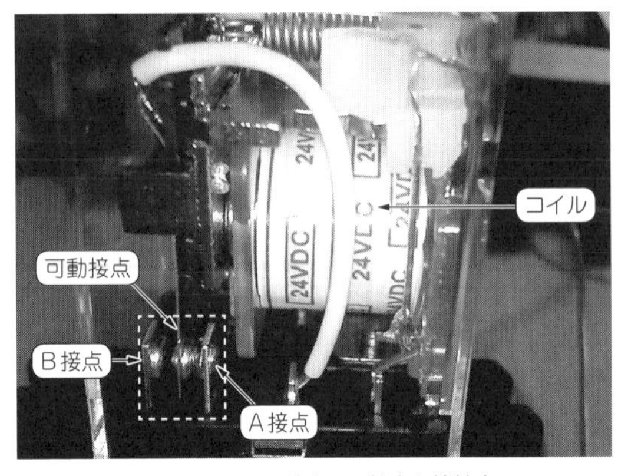

図D　ON状態になると可動接点はA接点と接触する

リレーやスイッチの挙動を追える

第5章 デバッグ機能でプログラムの動作を確認

第4章で入力した1ビットの記憶プログラムをOpenPLC Editorのデバッグ機能を使って動作確認してみます．デバッグ機能を使うことで，ハードウェアがない状態でもパソコン上でラダー・プログラムの実行をシミュレーションし，リレーやスイッチをON/OFFさせて挙動を確認したり，数値データを設定して動作確認したりすることが可能になります．

(a) 開始

(b) 停止

(c) コンパイルとラズベリー・パイへの転送

図1　デバッグで使う3種類のボタン

● OpenPLC Editorには2つのデバッグ機能がある

ハードウェアやプログラムを作る前に，ある程度動作の確認ができる便利な機能がデバッグです．OpenPLC Editorのデバッグ機能には，ラダー・プログラムのモニタ機能と変数モニタ機能の2つが備わっています．

ラダー・プログラムのモニタ機能は，ラダー・プログラムが複雑な場合は非力なパソコンで実行すると荷が重いかもしれません．そのような場合は，ラダー・プログラムのモニタを使用せず変数モニタのみでも実行できます．

● デバッグの流れ

デバッグは，ツール・バーのデバッグ開始ボタン[**図1(a)**]をクリックすることで，コンパイルを行った後に実行が開始されます．コンパイル時にエラーが出た場合は，変数やラダー・プログラムなどを確認して異常項目を修正します．デバッグ実行中は，ツール・バーのデバッグ開始ボタンがデバッグ停止ボタン[**図1(b)**]に変化するので，これをクリックしてデバッグを中止します．

コンパイル・ボタン[**図1(c)**]は，ラダー・プログラムをラズベリー・パイに転送するためのデータを作るためのボタンです．このボタンをクリックすると，ファイル・ダイアログが表示されるので，名前を付けてOKをクリックすると拡張子が`.st`というファイルが作られます．ターゲットにラダー・プログラムを転送する場合は，この`.st`の付いたファイルを指定します．ラダー・プログラムの転送については次章で解説します．

デバッグ1…プログラムのモニタ機能

図2(a)のようにOpenPLC Editorの左下窓にあるモニタ(instance0)のメガネ印をクリックすると，中央上窓にラダー・プログラム・モニタのタブが表示されます[**図2(b)**]．このタブのウィンドウがラダー・プログラム・モニタの表示です．ラダー・プログラム・モニタでは配線や接点，コイルが通電している状態は緑色で表示されます．ラダー・プログラム・モニタを終了したい場合は，タブを閉じるだけです．

● 強制ON/OFF機能を使う

ラダー・プログラム・モニタでは接点やコイル，入出力などを強制的にON/OFFさせてラダー・プログラムの動作確認ができます．**図3**は強制ON/OFF機能を使った動作確認の様子です．操作として以下があります．

▶リストを表示

ON/OFFしようとする接点やコイルを右クリックするとForce True(強制ON)，Force False(強制OFF)，Release Value(強制操作を終了)のリストが表示されます[**図3(a)**]．ここで，緑色に表示される部分は通電(ON)状態を表します．

▶SW1を強制ON

SW1を強制ONするとCR3もONになります[**図3(b)**]．ここで，強制ONするとSW1は薄い青色になります．

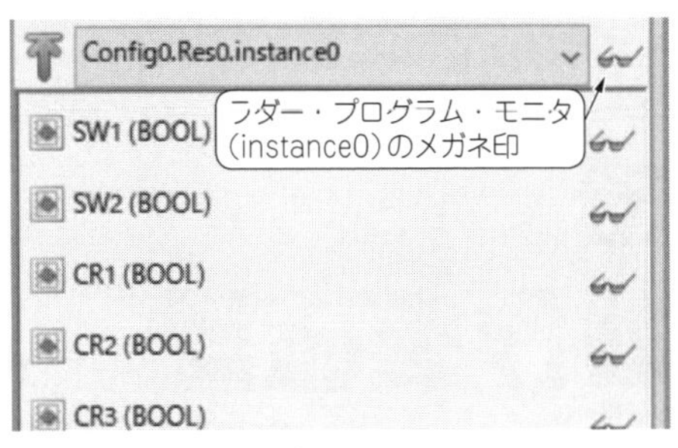

(a) ラダー・プログラム・モニタの
メガネ印をクリックする

test1　...s0.instance0 ×

ラダー・プログラム・モニタのタブ

Description:

#	名前	Class	種
1	SW1	Local	BOOL
2	SW2	Local	BOOL
3	CR1	Local	BOOL
4	CR2	Local	BOOL

(b) クリック後にタブが表示される．
このタブを閉じるとモニタは終了する

図2　モニタ機能を立ち上げる手順

▶ SW1を強制OFF

SW1を強制OFFすると，SW1が濃い青色に変化します．

▶ SW1の強制操作終了

強制操作終了後のSW1は黒色に戻ります．以上の操作から，ONする順番はSW1→CR1→CR3であることが分かります．また，SW1とCR1がOFFしても，いったんONしたCR3は自分の接点がONしてコイルをONにするので，ON状態を保持します．その後，この強制操作終了で終わります．

▶ SW2を強制ON

SW2を強制ONするとCR2がONし，下段のCR2のB接点がOFFしてCR3の保持プログラムが切れるのでCR3がOFFします［**図3(c)**］．この後，SW2を強制OFFしてもCR3はOFFのままになります．

図3からSW1，SW2とCR3の関係が理解できると思います．ラダー・プログラムはリレー・プログラムを模したものなので，理解しやすいのではないでしょうか．また，ラダー・プログラムが単純なぶん，機械動作や制御方法に神経を集中できると思います．

● プログラム単位の上下関係を入れ替えて動作確認

ここでラダー・プログラムの上下を入れ替えても動作に変化がないことを確認してみます．**図4**は**図3**に示したラダー・プログラムでSW1のラダー・プログラムを一番下に移動した場合です．これをラダー・プログラム・モニタでデバッグした結果は，ラダー・プログラムを入れ替えてもSW1，SW2とCR3の関係は変わりません[注1]．ただし，厳密にはラダー・プログラムを入れ替えてSW1をCR3のラダー・プログラムの下に持って行った場合，SW1のONからCR3がONするまでのレスポンスはスキャン1回分が余計にかかります．

このレスポンスの差は，エアシリンダの制御や人間が押すボタン・スイッチなどを考える場合は問題にならないでしょう．逆に言うと，より高度で応用的な速

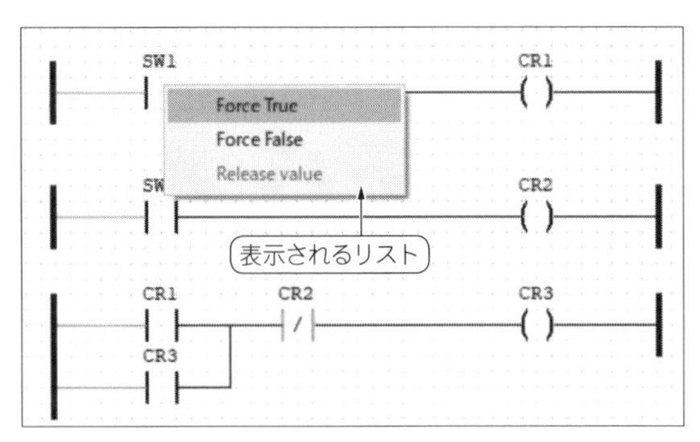

(a) 接点やコイルを右クリックするとリストが表示される

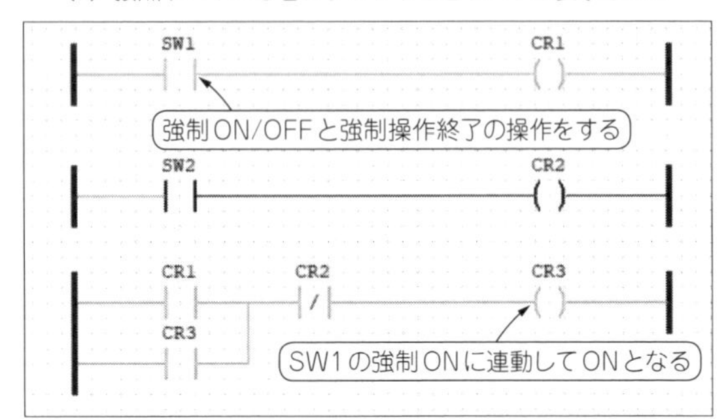

(b) SW1を強制ONするとCR3もONする

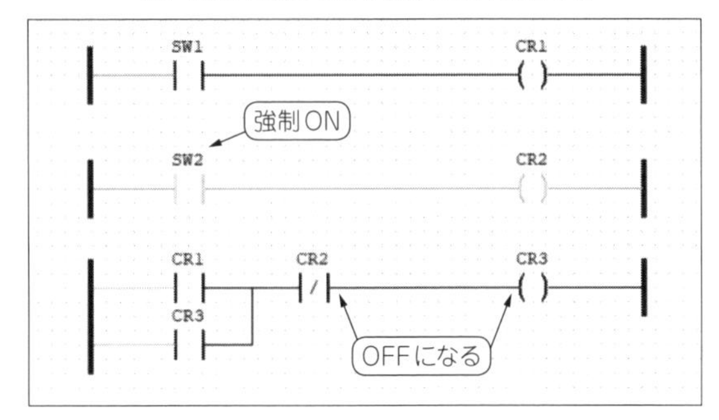

(c) SW2を強制ONするとCR3がOFFになる

図3　強制ON/OFF機能でラダー・プログラムの動作確認ができる

注1：スキャン時の評価順をうまく使ったラダー・プログラムは，入れ替えると動作しない場合があります．

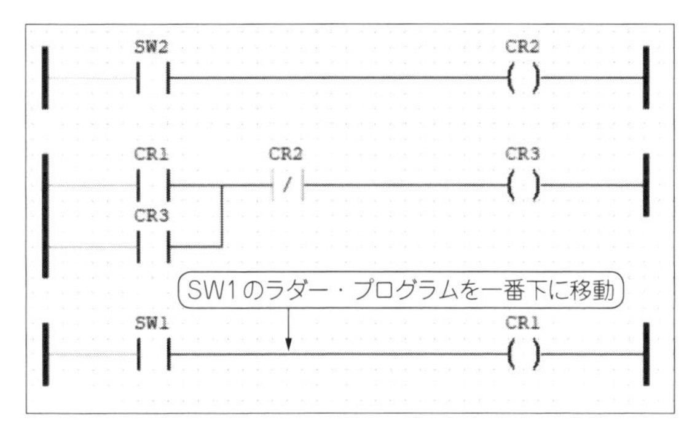

(a) ラダー・プログラムの上下を入れ替える

(b) SW1を強制ONするとCR1がONしてCR3もONする

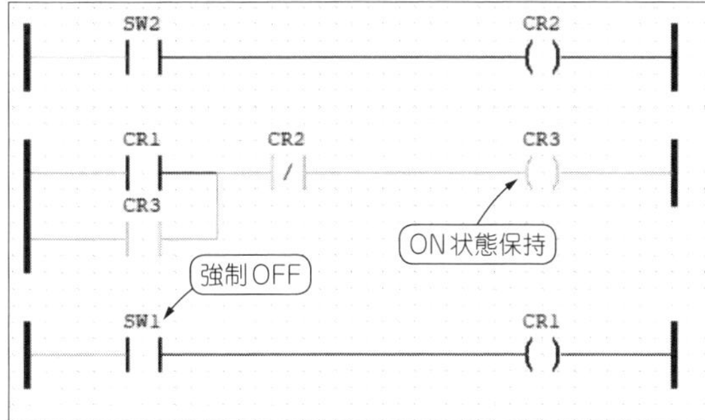

(c) SW1を強制OFFして強制操作終了後に
CR3がONして保持を維持

(d) SW2を強制ONするとCR2がONして
CR3がOFFとなり保持を解除する

図4　ラダー・プログラムの上下を入れ替えても動作は変わらない

いレスポンスを要求されたり，ラダー・プログラムを使い倒せるようになるとスキャンの順序が問題になるプログラムを意識的に組む場合もあります．ここから先は皆さん自身で研究してみてください．

デバッグ2…変数モニタ機能

OpenPLC Editorにはもう1つのデバッグ機能として変数のモニタ機能があります．**図5**は簡単に変数モニタ機能を解説したものです．

● 変数の表示

OpenPLC Editorの左下窓に表示されたリストから，モニタしたい変数の右側のメガネ・アイコン[**図5(a)**]をクリックすると，右上窓のDebuggerタブのウィンドウに**図5(b)**のようにその変数が表示されます．変数はリレーなどBOOLのビット・デバイスのものはTrue(ON)/False(OFF)で表示され，BYTE/WORDなどの数値データは数値として表示されます．

● 変数のグラフ表示

右上窓に表示された変数名をダブルクリックすると，**図5(c)**のように変数のグラフが表示されます．これは，複数のリレーなどビット・デバイス間の相互のタイミング確認ができるので，便利な機能です．

▶横軸の調整

グラフの横方向(時間軸)の幅は，**図5(d)**のように設定範囲が広いので適宜調整し，見やすい状態にして使用します．

▶グラフに表示されるアイコンの機能

図5(e)はグラフ設定アイコン群です．グラフ上にマウス・カーソルを置くと，このアイコン群が表示されます．**図5(e)**中のAのアイコンは，グラフを絶対値のグラフと現在値を中心とする±のグラフに切り替えます．リレーや接点など，BOOLの値なら‘0’か‘1’しかないので絶対値だけでよいのですが，BOOLの他にBYTE(8ビット符号なし数)，WORD(16ビット符号なし数)などを扱う場合は相対値グラフの方が都合が良い場合もあります．B，C，Dのアイコンは，グラフの縦軸の長さの設定で，B→C→Dの順でグラフの縦軸が長くなります．Eのアイコンはグラフ・データを文字ベースでクリップボードに読み込みます．

図5(f)にクリップボードのデータを貼り付けたものの一部を示します．データは，「スキャン；データ；」という数値データの繰り返しです．デバッガのシミュレーション時間が長くなると，数値データが多数列挙された大きなデータになります．

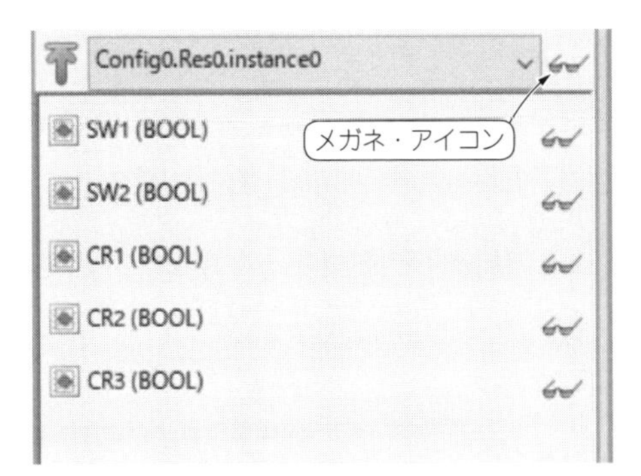

(a) モニタする変数のメガネ印をクリックする

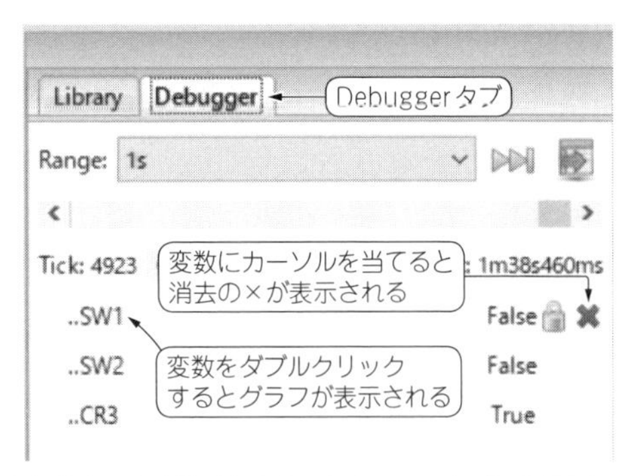

(b) 指定した変数が右上窓のDebuggerタブに表示される

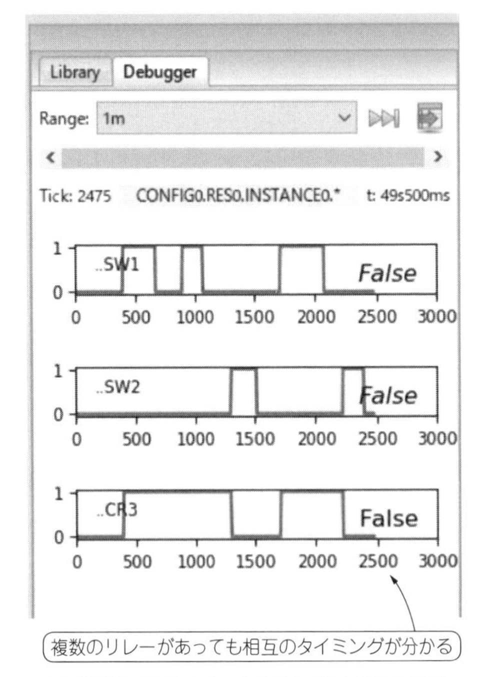

(c) 変数をダブルクリックするとグラフ表示になる

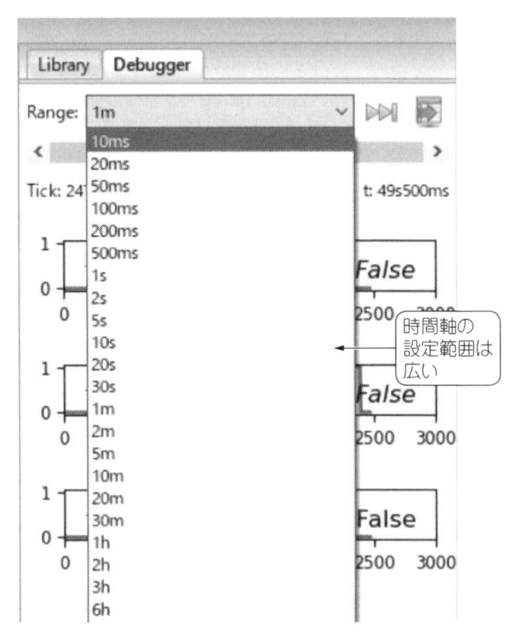

(d) Range項目をダブルクリックすると時間軸の設定リストが表示される

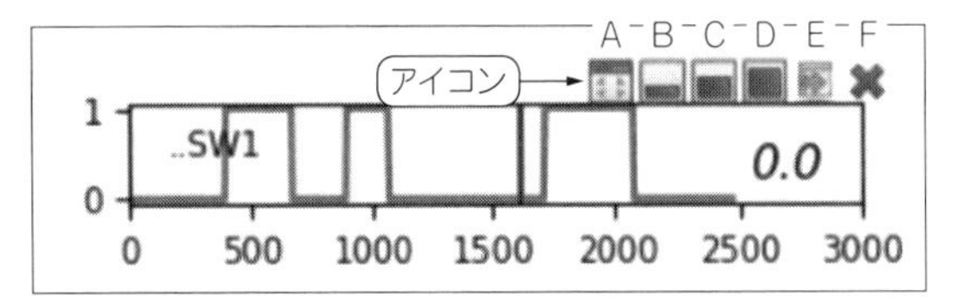

(e) グラフの上にカーソルを置くとアイコンが表示される

```
tick;CONFIG0.RES0.INSTANCE0.SW1;
2;0.000;
3;0.000;
4;0.000;
5;0.000;
6;0.000;
7;0.000;
8;0.000;
9;0.000;
```

(f) 抜き出したグラフ・データ

図5　変数はグラフでも確認できる

プログラムをラズベリー・パイで動かす

第6章 実行環境OpenPLC Runtimeをラズパイにインストール

本章では，第5章で入力したリレーを用いた1ビットの記憶保持プログラムをラズベリー・パイで実行する方法について紹介します．

<流れ>

- ラズベリー・パイにOSやOpenPLC Runtimeをインストール
- OpenPLCの動作確認
- ラズベリー・パイのWi-Fiルータ化
- PCからラズベリー・パイに転送するプログラムを作成
- ラズベリー・パイに転送

<サポート・ページのご案内>

ここで示すインストール関連の手順の一部をウェブ・ページでも紹介しています．不明点が生じた際にはそちらもご覧ください．

https://interface.cqpub.co.jp/2021plc00/

ラズパイにOSやOpenPLC Runtimeをインストール

● RaspberryPi OSとRaspberry Pi Imagerをインストール

最初に，ラズベリー・パイに基本ソフトウェアのRaspberryPi OSをインストールします．RaspberryPi OSの立ち上げの具体的な手順は多くのウェブなどで紹介されているので，ここでは簡単に解説します．筆者が使用したのは，2021-01-11-raspios-busterというバージョンです．このバージョンは執筆時点で最新のバージョンになっています．

まずは，ファイルをウェブ[注1]からダウンロードしてインストールします．このウェブの下の，2021-01-11-raspios-buster-armhf.zipをダウンロードして解凍します．解凍した4Gバイトほどのイメージ・ファイルを，Raspberry Pi Imager[注2]というソフトウェアを使ってmicroSDカードに焼きます．筆者は手近にあった32GバイトのSDカードを使いました．確認はしていませんが，最低8Gバイト程度あれば動くと思います．

写真1　準備…Raspberry Pi OSを立ち上げる際にキーボードと液晶ディスプレイを接続した

▶注意…SDカードに書き込むときは他のデバイスは外す

microSDカードに書き込むときは間違いを避けるためにターゲットのmicroSDカード以外のUSBメモリなどは全て外しておいた方がよいと思います．筆者は同時に挿していた別のUSBメモリの中身をパーにしてしまったので，ご注意ください．

● RaspberryPi OSの立ち上げ手順

RaspberryPi OSの立ち上げに際し，筆者は**写真1**のようにキーボードと液晶ディスプレイを接続しました．今回は最後にラズベリー・パイをWi-Fiルータとして立ち上げ直すのですが，その際にRaspberryPi OSの立ち上げやOpenPLCのダウンロードを同じWi-Fiで行っている場合，これらに使ったもともと(外

注1：http://ftp.jaist.ac.jp/pub/raspberrypi/raspios_armhf/images/raspios_armhf-2021-01-12/

注2：ダウンロードURL．
https://www.raspberrypi.org/software/

＜パソコンでの作業＞
①http://ftp.jaist.ac.jp/pub/raspberrypi/raspios_armhf/images/raspios_armhf-2021-01-12/からダウンロードしたRaspberryPi OSのZipファイルを解凍してイメージ・ファイルを得る
②Rasperry Pi公式サイトからRaspberry Pi Imagerをダウンロードしインストールする
③ダウンロードしたイメージ・ファイルを，Raspberry Pi Imagerを使ってmicroSDカードに書き込む
＜ラズベリー・パイでの作業＞
④microSDカードをラズベリー・パイ3B+または4に挿して，ディスプレイ，キーボード，マウス，ACアダプタを接続して電源を入れる「初期画面（Welcome to Raspberry Pi）」
⑤初期画面はそのまま［Next］ボタンを押す
⑥国地域設定はJapanとJananese，Tokyoを選択
⑦ログイン・パスワードは空白のまま［Next］ボタンを押す
⑧Set Up Screen画面では，そのまま［Next］ボタンを押す
⑨Select WiFi Networkでは接続先SSIDとパスワードを入力する
⑩Update Softwareは［Skip］ボタンを押す
⑪Setup　Completeは［Done］ボタンを押す

図1　ラズベリー・パイにRaspberryPi OSを導入する手順

＜ラズベリー・パイ上で＞
①LXTerminalを立ち上げる
＜以下，LXTerminal上で＞
②RaspberryPi OSのシステムを最新にする
```
sudo apt-get update↵
sudo apt-get upgrade↵
```
※途中「続行しますか？［Y/n］」と聞かれたらEnter
③OpenPLCをダウンロードする
```
git clone https://github.com/thiagoralves/
OpenPLC_v3.git↵
```
④OpenPLCをインストールする
```
cd OpenPLC_v3↵
./install.sh rpi↵
```
⑤インストールが終わったら必ずリブートする
```
sudo reboot↵
```

図2　OpenPLC Runtimeのインストール手順

部）のWi-Fiルータとの接続を切断したりと煩雑な作業をしなければなりません．慣れない方はSSHなど文字ベースではなく，GUIのほうが間違いが少ないと思います．

図1はRaspberryPi OSの立ち上げの手順を簡単に示したものです．初心者の方がここでつまずいて機会を逸してしまうのも残念なので，解説を入れておきます．

有線LANでネットにアクセスできる場合は関係ないですが，Wi-Fiでネットワーク・アクセスしなければならない場合は，⑧でWi-Fiをつないでネットワーク・アクセスを確立しておいた方がよいと思います．一通り初期設定を終えてRaspbianを立ち上げた後，OpenPLC Runtimeのインストール作業に移ります．

● OpenPLC Runtimeのインストール

ここからはしばらくLXTerminalでの作業になります．作業の流れを**図2**に示します．

● WiringPi最新版のインストール

LX Terminal上で下記のコマンドを実行し，WiringPi[注3]の最新版をオンラインでインストールします．

```
cd /tmp↵
wget https://project-downloads.
drogon.net/wiringpi-latest.deb↵
sudo dpkg -i wiringpi-latest.deb↵
```

インストールが終わったら，

```
gpio -v↵
```

を実行してバージョンの確認ができます．バージョンがV2.52以降であればOKです．これで再起動するとGPIOが動作するようになります．

OpenPLCサーバの動作確認

● ラズパイ上でOpenPLCサーバが動いているか確認

確認は，ローカル環境でRaspberryPi OSにバンドルされているブラウザのChromiumを使って行います．手順を以下に示します．

▶1，Chromiumを起動する

ショートカットを起動してChromiumを起動します．

▶2，IPアドレスを入力してサーバに接続

`127.0.0.1:8080`と入力し，OpenPLCサーバに接続します［**図3**(**a**)］．この中のIPアドレス，`127.0.0.1`は自分自身（RaspberryPi OSが走っているラズベリー・パイ）を指すアドレスで，`8080`はOpenPLCサーバのポート番号です．これらを，`127.0.0.1:8080`として呼び出すと自分自身（RaspberryPi OS）のOpen

注3：WiringPiのウェブ・サイト．
http://wiringpi.com/wiringpi-updated-to-2-52-for-the-raspberry-pi-4b

（a）青い地球儀のアイコンをクリックしChromiumを起動する．アドレス・バーに127.0.0.1:8080を入力

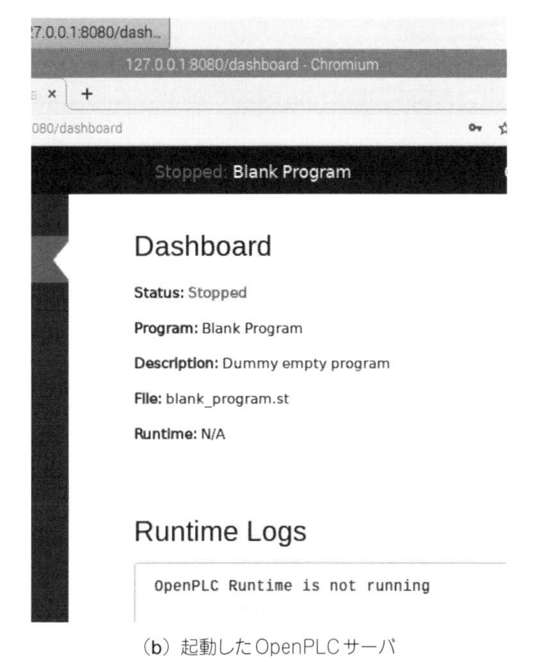

（b）起動したOpenPLCサーバ

図3　ラズベリー・パイ上でChromium（ウェブ・ブラウザ）を起動しOpenPLCサーバに接続
起動したChromiumに127.0.0.1:8080を入力して表示

①dnsmasqとhostapdをインストールする
```
sudo apt-get install dnsmasq hostapd ↵
```
②それぞれのサーバを止める
```
sudo systemctl stop dnsmasq ↵
sudo systemctl stop hostapd ↵
```
③/etc/dhcpcd.confをdhcpcd.conf.orgにコピーし，dhcpcd.confを編集する
```
cd /etc ↵
sudo cp dhcpcd.conf dhcpcd.conf.org ↵
sudo nano dhcpcd.conf ↵
```
※nanoエディタで編集時，Ctrl+Oで書き込み（保存），Ctrl+Xで終了する
→リスト1のようにdhcpcd.confを編集する
④/etc/dnsmasq.confをdnsmasq.conf.orgに名前を変更し新たにdnsmasq.confを作り編集する
```
cd /etc ↵
sudo mv dnsmasq.conf dnsmasq.conf.org ↵
sudo nano dnsmasq.conf ↵
```
→リスト2のようにdnsmasq.confを編集する
⑤/etc/default/hostapdをhostapd.orgにコピーし編集して1行追加する
```
cd /etc/default ↵
sudo cp hostapd hostapd.org ↵
sudo nano hostapd ↵
```
→リスト3のようにhostapdを編集する
⑥/etc/hostapd/hostapd.confを編集して作る
```
cd /etc/hostapd ↵
sudo nano hostapd.conf ↵
```
→リスト4のようにhostapd.confを編集する
⑦Wi-Fi接続を確認して他のルータとつながっている場合は切断する（その際にWi-FiをOFFにしない）
⑧サーバを起動する
```
sudo systemctl unmask hostapd ↵
sudo systemctl enable hostapd ↵
sudo systemctl start hostapd ↵
sudo systemctl enable dnsmasq ↵
sudo systemctl start dnsmasq ↵
```
⑨システムを再起動する

図4[1]　ラズベリー・パイをWi-Fiルータ化する手順
https://interface.cqpub.co.jp/2021plc01/も参考になる

PLCサーバをブラウザが呼び出して表示します．

▶3，ユーザ名とパスワードを入力

サーバの呼び出しが成功すると，ログイン窓が表示されます．デフォルトのユーザ名「openplc」とデフォルトのパスワード「openplc」と入力してloginをクリックします．

▶4，Dashboardの表示を確認

最後にサーバのDashboardが表示されるのを確認します（図3）．ここまで進めば，サーバは正常にインストールされています．確認作業はここまでです．本番はOpenPLC Editorが入っているパソコンからこのサーバに接続してプログラムの転送や各種設定を行います．

ラズパイのWi-Fiルータ化

● パソコンと直につながるのがメリット

ラズベリー・パイをWi-Fiルータ化すると，パソコンから直接ラズベリー・パイに接続できます．屋外で作業を行う場合に重宝します．また，ラズベリー・パイのWi-FiルータにSSHで接続して，RaspberryPi OSの変更なども簡単にできるので使ってみると意外と便利です．さらに，

- 接続はパソコンのWi-Fiアイコンをクリックして，表示される一覧の中の名前をクリックするだけ．
- 呼び出し用のアドレスも192.168.XXXX.1（XXXXは事前に決める任意の数字）なので忘れることも少ない．
- ラズベリー・パイを複数台OpenPLCとして使う場合は，ルータ名をOpenPlc1，OpenPlc2などとすることで，それぞれを簡単に識別できる．

といったメリットもあります．

● 4つの設定ファイルを作成/編集する

Wi-Fiルータ化はOpenPLCをインストールする際

リスト1　Wi-Fiルータ化で編集するファイル1（dhcpcd.conf）…最後の2行を追加する

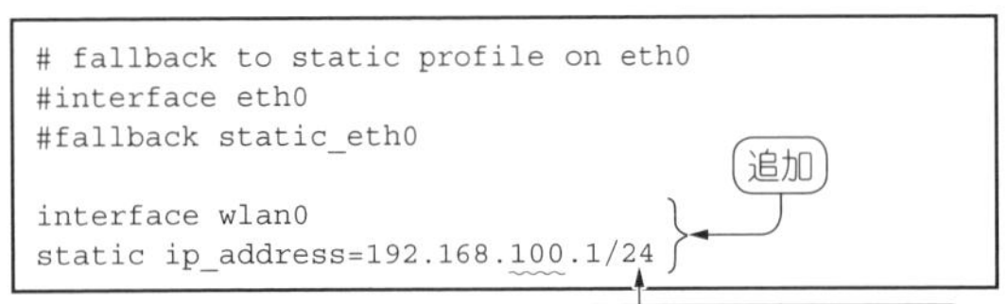

```
# fallback to static profile on eth0
#interface eth0
#fallback static_eth0

interface wlan0
static ip_address=192.168.100.1/24
```


リスト2　Wi-Fiルータ化で編集するファイル2（dnsmasq.conf）…元ファイルをリネームして新たに作成する

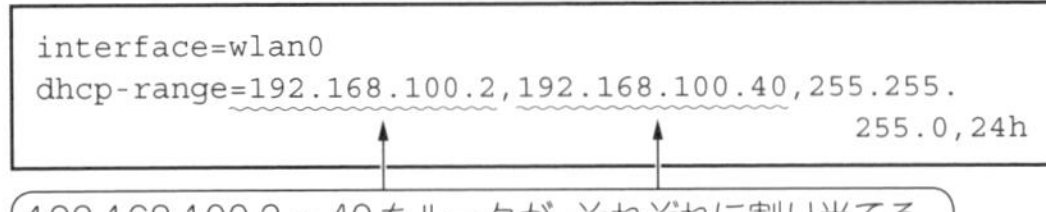

```
interface=wlan0
dhcp-range=192.168.100.2,192.168.100.40,255.255.
                                        255.0,24h
```


リスト3　Wi-Fiルータ化で編集するファイル3（hostapd）…中ほどの下線1行を追加する

```
# Defaults for hostapd initscript
⋮
#
#DAEMON_CONF=""
DAEMON_CONF=/etc/hostapd/hostapd.conf

# Additional daemon options to be appended to
hostapd command:-
⋮
#
#DAEMON_OPTS=""
```

（追加：DAEMON_CONF=/etc/hostapd/hostapd.conf）

に使った，LXTerminalで行います．この手順を**図4**に示します．筆者はnanoエディタを使用しましたが，使い慣れたものがあれば，適宜読み替えてください．

簡単に内容を説明すると，dnsmasqとhostapdという2つのサーバを導入することと，4つの設定ファイル（**リスト1～リスト4**）を編集することです．編集内容は，4つのファイル合わせて20行程度です．合計で1時間もあれば完了できる作業だと思います．

dhcpcd.conf（**リスト1**）とhostapd（**リスト3**）は，元ファイルに書き加えます．

dnsmasq.conf（**リスト2**）は元ファイルをリネームして，新たに作成します．

hostapd.conf（**リスト4**）はもともとファイルがないので新たに作成します．

● 外部ルータとの接続を切ってWi-Fi接続を確認する

作業が終わったらWi-Fi接続を確認し，外部のルータと接続しているようなら切断します．このときに切断するのは外部ルータとの接続だけです．Wi-Fiそのものを OFF してはいけません．

次に**図4**の⑧のようにサーバを1つ1つ起動していきます．このときに，エラー表示（failureやerror）が出なければ正常です．エラー表示が出るようであれば編集したファイルに間違いがないかよく確認します．また，Wi-FiがOFFになっていないことも確認します．

リスト4　Wi-Fiルータ化で編集するファイル4（hostapd.conf）…元ファイルがないため新しく12行記述

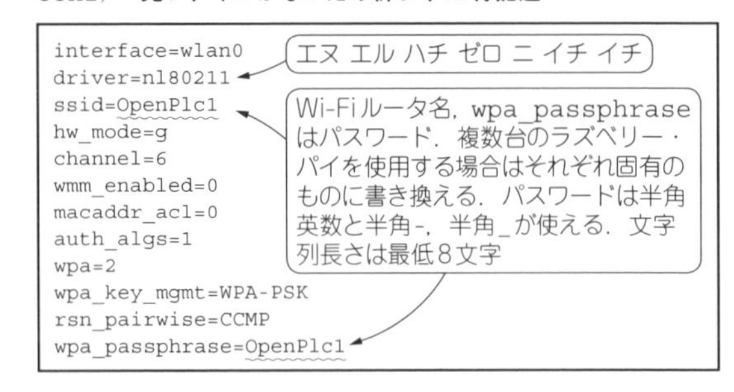

```
interface=wlan0
driver=nl80211
ssid=OpenPlc1
hw_mode=g
channel=6
wmm_enabled=0
macaddr_acl=0
auth_algs=1
wpa=2
wpa_key_mgmt=WPA-PSK
rsn_pairwise=CCMP
wpa_passphrase=OpenPlc1
```


リスト5　WifiRestart.shの中身

```
sleep 5
sudo systemctl stop dnsmasq
sudo systemctl stop hostapd
sleep 5
sudo systemctl start hostapd
sudo systemctl start dnsmasq
```

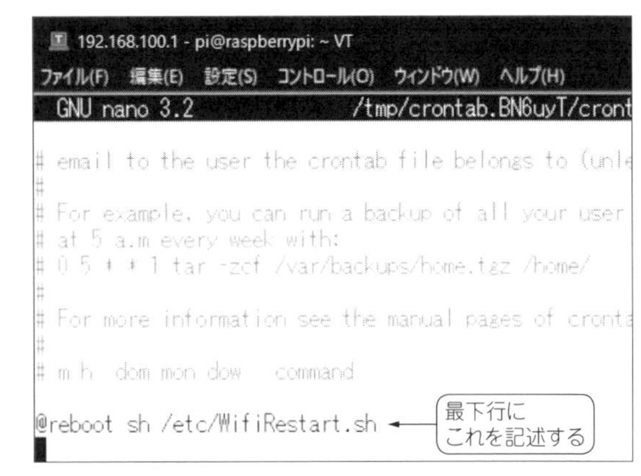

図5　Wi-Fiルータを認識しないときの対処法
crontab設定の最下行に1行記述して保存しエディタを閉じる

● Wi-Fiルータを認識しないときの対処法

Wi-Fiルータの設定をして再起動や電源による立上げを繰り返すと，Wi-Fiルータの識別名（OpenPlc1やOpenPlc4など）がターミナル用パソコンのWi-Fi一覧に見えたり見えなかったりする，という現象を示しました．

そのような個体は，RaspberryPi OSが立ち上がった後にWi-FiをOFFからONにすると安定してWi-Fi一覧に表示されますが，もしラズベリー・パイの電源を繰り返し入れ直したときにWi-Fi一覧に見えたり見えなかったりする場合は，以下の手順で/etcの中身を変更します．

1, /etcの中に**リスト5**のようなWifiRestart.shを作ります．
   sudo nano /etc/WifiRestart.sh
2, ターミナル上で“crontab -e”でcrontabの設定を編集します．初回は編集に使用するエディタの一覧が出るので，使い慣れたエディタを選択すると設定が表示されます．ちなみに，筆者はnanoエディタを使用しています．
3, **図5**に示すようにcrontab設定の最下行に以下を記述します．記述後は，ファイルを保存してエディタを閉じます．
   @reboot sh /etc/WifiRestart.sh
   ※nanoエディタで編集時，Ctrl+Oで書き込み（保存），Ctrl+Xで終了します

ラズパイにアクセスして設定を変更する

既に動作しているラズベリー・パイのOpenPLCサーバに，外部のパソコンからIP接続でアクセスして設定などを行います．IPアドレスは，筆者の場合ラズベリー・パイのWi-Fiルータに接続するので192.168.100.1を使った解説となりますが，それぞれ各自のIPアドレスに読み替えてください．

● OpenPLCサーバにログインしPLCを設定する手順

▶1, ラズパイの起動

まずは，ラズベリー・パイを起動します．

▶2, Wi-Fi一覧からルータ名を探して接続

hostapd.conf（**リスト4**）のSSIDで設定したWi-Fiルータ名を探して接続します．接続がラズベリー・パイのWi-Fiルータの場合は，Wi-Fiルータ名の一覧から，hostapd.confのSSIDで指定したルータ名を選び接続をクリックします．

パスワードは同じくhostapd.confのwpa_passphraseで設定したものです．

▶3, ブラウザを使ってサーバを呼び出す

Wi-FiまたはLANの接続が確立したらブラウザを立ち上げて，ブラウザにIPアドレス［Wi-Fiルータの場合はdhcpcd.conf（**リスト1**）のstatic ip_addressで指定したもの］とポート番号を，192.168.100.1:8080のように:（コロン）で区切って指定すると，OpenPLCサーバのログイン窓が表示されます．ユーザ名とパスワードは，動作確認のときと同じ「openplc」です［**図6**（**a**）］．

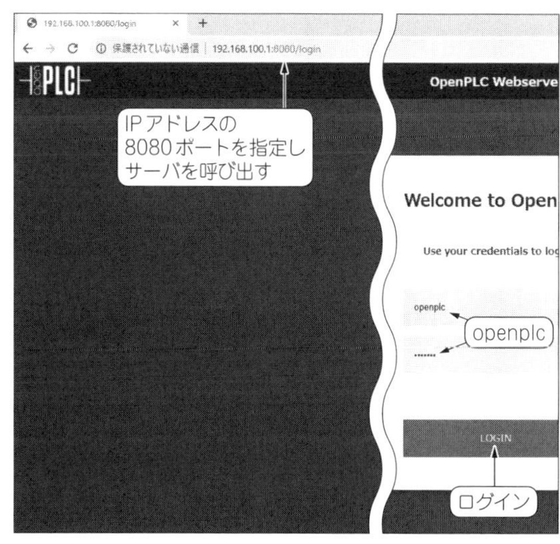

（a）ブラウザを使ってdhcpcd.confのstatic ip_addressで指定したIPアドレスの8080ポートを指定する

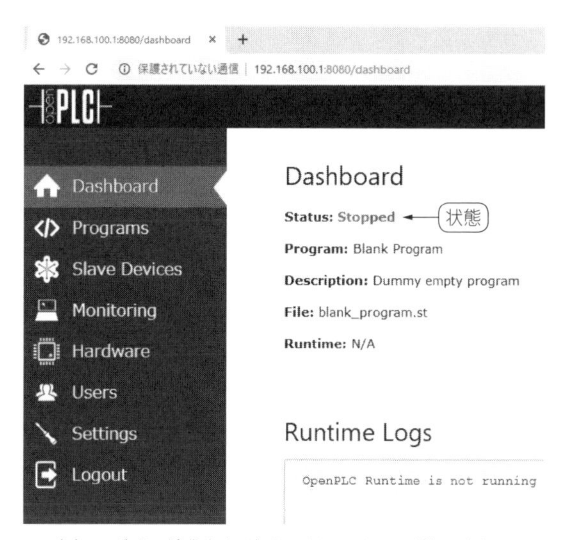

（b）ログインが成功するとDashboard画面が表示される

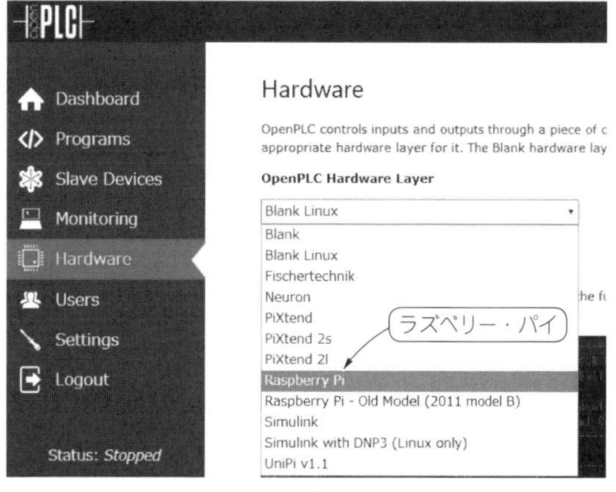

（c）ハードウェアにはラズベリー・パイを選択する

図6　外部からOpenPLCサーバにアクセスしてPLCを設定する手順

(a) ファイル名を入力して［コンパイル］ボタンをクリック

(b)［ファイル選択］ボタンをクリックして転送用のファイルを選択する

Programs

Here you can upload a new program to OpenPLC or revert back to a previo

Program Name	File
cyclick1	610205.st
test	358512.st
test1	966883.st
Blank Program	blank_program.

(c) あらかじめ複数のプログラムを登録しておくこともできる

Program Info

Name

test1

Description

テスト1プログラム　1ビット保持

(d) 名前と説明を入力したら［Upload Program］ボタンをクリック

図7　ラダー・プログラムをラズベリー・パイに転送する手順

▶4, Dashboard画面が表示されるのを確認

ログインが成功すると図6(b)のようなDashboard画面が表示されます．Dashboard画面はラダー・プログラムが走行中か否かをRunとStoppedという表示で表します．また，Runに関するログを画面下のエリアに表示します．このログは［copy logs］ボタンをクリックするとクリップボードにコピーできます．

▶5, 使用するハードウェアを選択する

画面左のHardwareをクリックして図6(c)のHardware画面を表示させて，OpenPLCに使うPLCの設定をします．具体的には，画面右中ほどにあるOpenPLC Hardware Layerのドロップ・ダウンをクリックして，ラズベリー・パイを選択し，画面下の［Save Changes］ボタンをクリックすると，コンパイル作業が始まります．

▶6, Dashboard画面に戻る

コンパイルが無事に終了したら［Goto Dashboard］ボタンを押してDashboard画面に戻ります．この後，念のためにもう1度Hardware画面に戻ってドロップ・ダウンにラズベリー・パイが表示されていることを確認します．

ここまでで外部パソコンからラズベリー・パイ上のサーバにアクセスして設定を変更することができました．

1ビット記憶保持プログラムをラズパイに転送する

第5章でOpenPLC Editorに入力したリレーの1ビット記憶保持プログラムをラズベリー・パイに転送して走らせます．OpenPLC Runtimeがターゲット上で走れば，ラダー・プログラムを転送して実行させることができるようになります．転送するにはまず，ラダー・プログラムをコンパイルして転送用のファイルを作る必要があります．

● 手順

▶1, ラダー・プログラムをコンパイルして転送用のファイルを作る

図7(a)のようにOpenPLC Editorにtest1のプロジェクトを読み込んでツール・バーのコンパイル・ボタンをクリックしてtest1を転送用にコンパイルします．コンパイルが始まる前には，ファイル・ダイアログでファイル名を要求されます．ファイル名は任意ですがここでは，混乱を避けるためにtest1とします．コンパイルが成功するとtest1プロジェクト・フォルダの中に`test1.st`というファイルができます．

▶2, 転送するファイルを指定

コンパイルが完了したらOpenPLCサーバのProgramのファイル選択ボタンで転送ファイルを選択します［図7(b)］．転送の際には，OpenPLCのサー

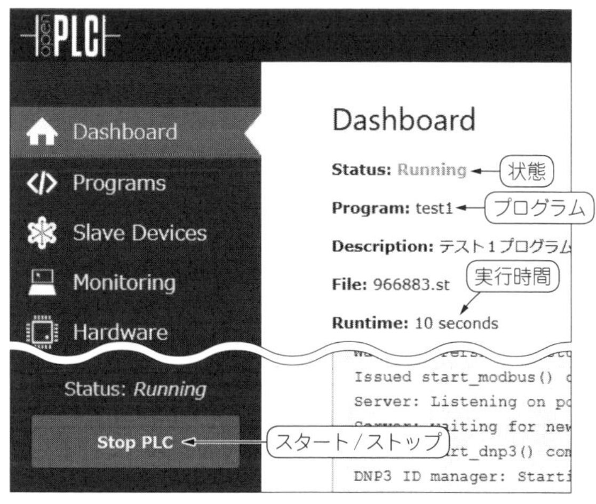

(a) 実行中のDashboard

Monitoring

The table below displays a list of the OpenPLC points used by the currently running program. By clicking in one of the listed points it is possible to see more information about it an different value.

Point Name	Type	Location	Forced	Value
SW1	BOOL	%IX0.3	No	FALSE
SW2	BOOL	%IX0.4	No	FALSE
CR1	BOOL	%QX2.0	No	FALSE
CR2	BOOL	%QX2.1	No	FALSE
CR3	BOOL	%QX0.0	No	TRUE

(b) プログラムを実行している間は変数などのモニタができる

図8　転送したラダー・プログラムを実行する

バでこの`test1.st`というファイルを指定して転送を行うことになります．

図7(c)のようにOpenPLCサーバにプログラムを複数登録することもできます．登録されているプログラム名をクリックするとプログラム・インフォメーション画面が表示されます．ここで，[Reload Program]ボタンをクリックすると実行プログラムを選択されているものに変更できます．[Remove Program]ボタンをクリックすると選択されているプログラムを削除できます．

▶3，転送する

転送前に，**図7(d)**の画面で登録名を半角英数文字で指定する必要があります．また，Descriptionの欄にプログラムの説明を書くことができます．ここには日本語を使うことができます．説明が不要ならば空白でも構いません．

次に，[Upload Program]ボタンで転送を開始します．転送中は，コンパイル経過が表示されコンパイルが成功した場合は最下行に，「successful」の表示が出ます．そこで，[Go to Dashboard]ボタンをクリックすることでDashboard画面に戻ります．

● Start/Stop PLCボタンでプログラムのRun/Stopを制御する

プログラムのRunとStopの切り替えは，**図8(a)**のように[Start/Stop PLC]ボタンをクリックすることで行います．このボタンはRunningの間は[Stop PLC]表示になり，Stopの間は[Start PLC]表示になります．プログラムのRunningやStopの状態は**図8(a)**のようにDashboard画面で確認ができます．

Dashboard画面には現在選択されているプログラムとその説明(Description)，そして実行時間が表示されます．また，プログラムを実行している間はMonitoringに表示を切り替えるとリレーや変数，入力などプログラムで使っているもののモニタができます[**図8(b)**]．特に入力の状態は，簡単なダミー・プログラムを作成し実行することで，アナログ入力を含めた状態がモニタできるので，しきい値を決めたりするために活用できます．

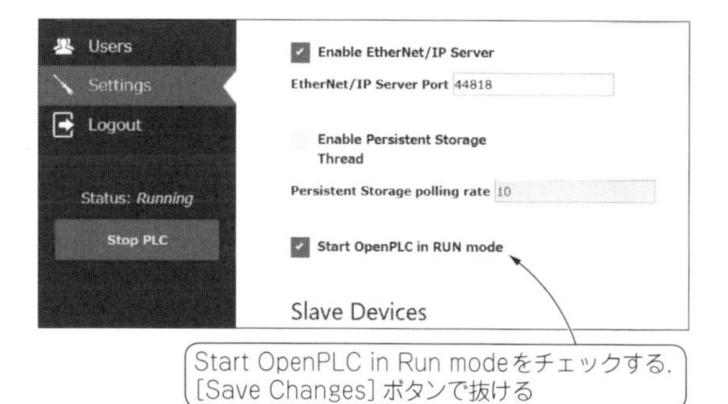

図9　起動時Runを有効にするにはSettings画面に入る

● ラズパイ起動時Runを有効にする方法

以上でパソコン上のブラウザからプログラムを走らせることはできましたが，このままではラズベリー・パイを立ち上げ直したらプログラムは停止してしまいます．そこで，サーバの設定でラズベリー・パイのスタート時にプログラムが走るように設定を変更します．設定の変更は，**図9**のようにSettings画面に入り，「Start OpenPLC in Run mode」にチェックを入れて[Save Changes]ボタンをクリックしてSettings画面を抜けます．

Start OpenPLC in Run modeでRunning状態のラダー・プログラムは，モニタリングしようとしても何も表示されないことがあります．このようなときは，いったんプログラムを止めてProgramsに入り，モニタリングしたいプログラムをクリックして[Reload Program]ボタンでプログラムをリロードしてからプログラムをRunしてください．

◆参考文献◆

(1) RaspberryPiでルーターを自作し無線AP化，@wannabe.
`https://qiita.com/wannabe/items/a66c4549e4a11491f9d5`

コラム 流体用電磁弁

● 回路記号

かんがいや散水に使う流体用電磁弁は，ほとんどが流体の入り口と出口が1つずつある2ポート電磁弁です．2ポート電磁弁の記号を**図1**に示します．記号は非通電時にスプリングで押されているスプールを表しているものです．

図中のIN，OUTは，配管を接続する位置を表しています．この例はノーマル・クローズなので，通電時に流体が流れます．流体用電磁弁は励磁電圧がAC100VやAC200Vのものが多いようです．交流電源で水を扱う場合，漏電ブレーカを使うなどして感電に対する対策をしっかりしておくことが重要です．

● 選定

電磁弁を選定する場合，考慮すべきことがあります．

1つめは動作圧力範囲です．水道に直接接続して使う場合，水道の水圧は大体0.15～0.74Mpaと言われているので，この圧力範囲で動作できるものを選ばなければなりません．

2つめはオリフィス径です．電磁弁は通常，配管用テーパねじで接続するようになっていますが，これはあくまで接続するねじ径です．これとは別に実際に水を通す部分の最小径をオリフィス径と言います．単位はmmで絞られた部分の直径を表しています．

図2は直動型流体バルブの断面図です．図中のスプールがソレノイドに引かれて上に上がると，矢印方向に流体が流れます．この例の場合，図で見て分かるように，接続ねじの直径よりもオリフィス径の方がだいぶ小さくなっています．これは重要なことで，そのバルブが流せる流量はオリフィス径によって決まってしまうことが多く，配管径や接続ねじ径の大きなものを選定してもオリフィス径が小さいとそこで流量は絞られてしまいます．このようにオリフィス径は案外小さいものもあるので大きな流量が必要な場合は注意が必要です．場合によっては複数並列に使うなどの工夫が必要になる場合もあるでしょう．バルブのタイプとそのオリフィス径は，直動型で1mm～10mmです．バルブにかかる元圧を利用して弁を動作させるパイロット式と言われる電磁弁で10mm～30mm，散水弁と呼ばれる散水専用の大型のもので50mm程度です．

散水弁は動作圧力が0.5Mpa以下のものもあるので水道の水圧が高いと止めきれない場合が出てきそうです．

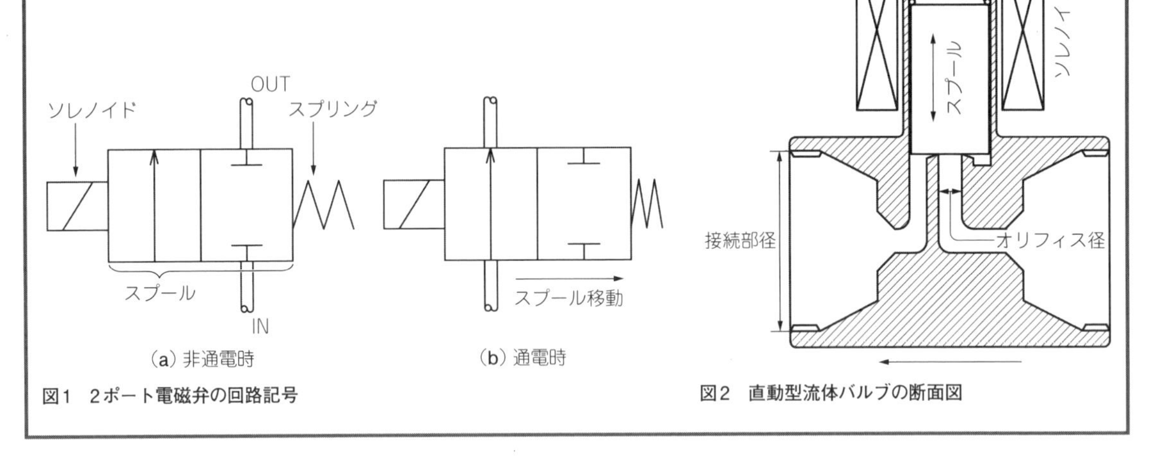

図1 2ポート電磁弁の回路記号

図2 直動型流体バルブの断面図

第2部

ラズパイPLCを実践仕様に育てる

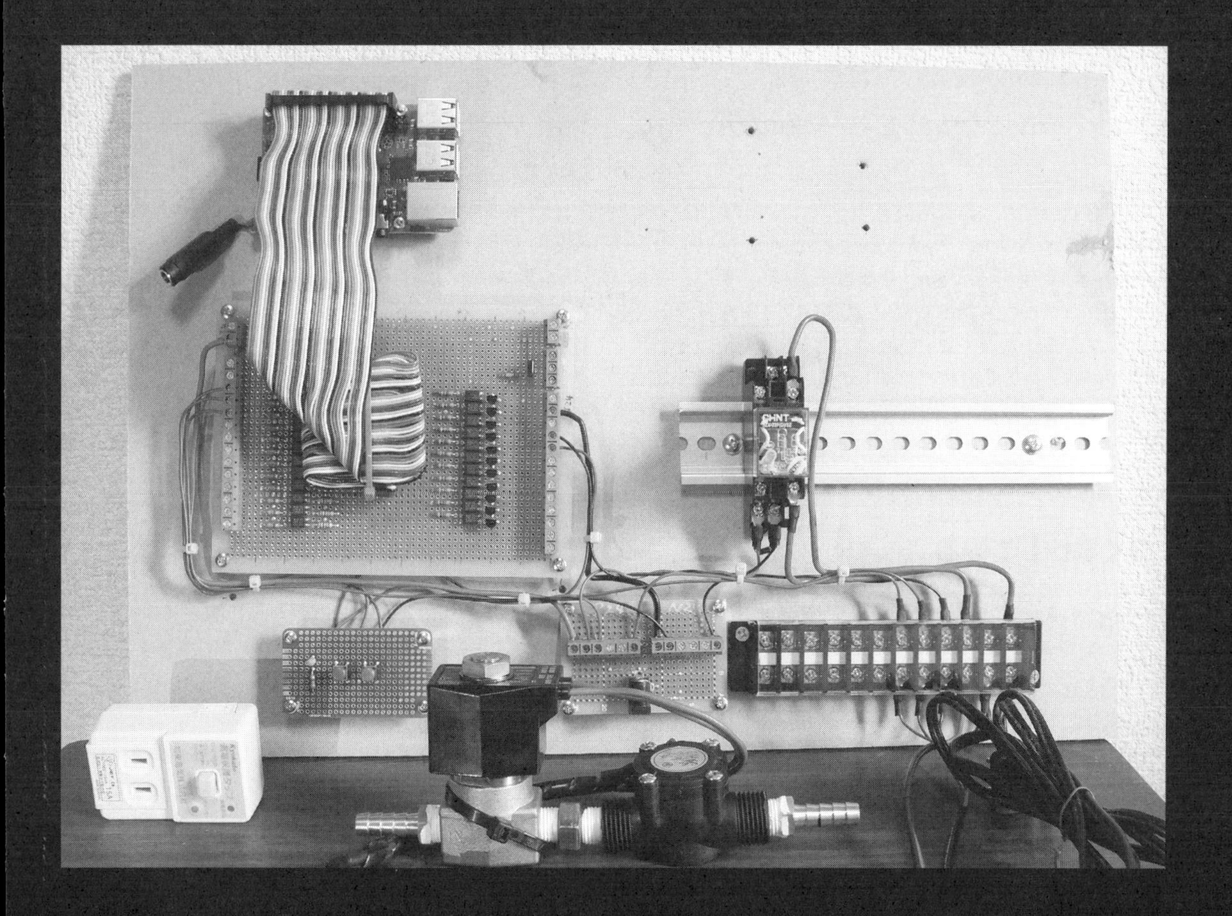

本書で解説している各サンプル・プログラムは下記URLからダウンロードできます.

https://www.cqpub.co.jp/interface/download/V/PLC.zip

ダウンロード・ファイルはzipアーカイブ形式です．解凍パスワードはrpiplcです.

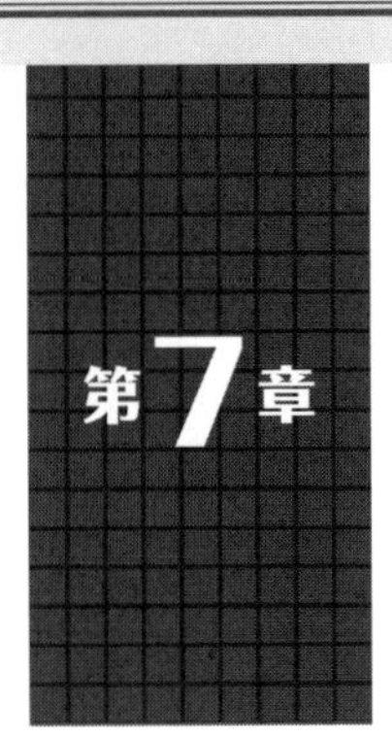

2個のスイッチと3個のLEDをつないで練習開始

ステップ1…初めてのI/O

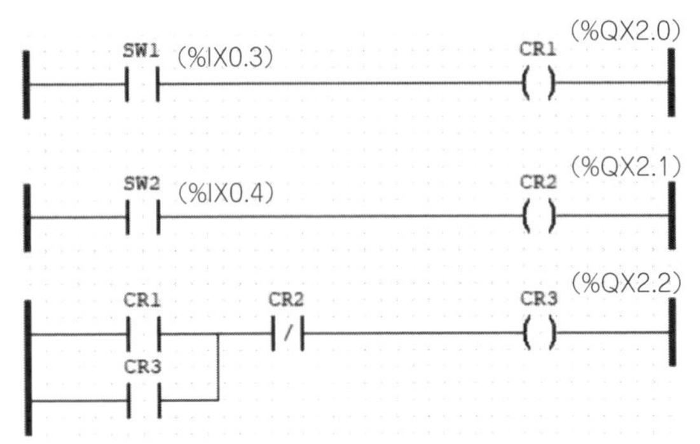

図1　ラダー・プログラムで作成した1ビット記憶保持プログラム

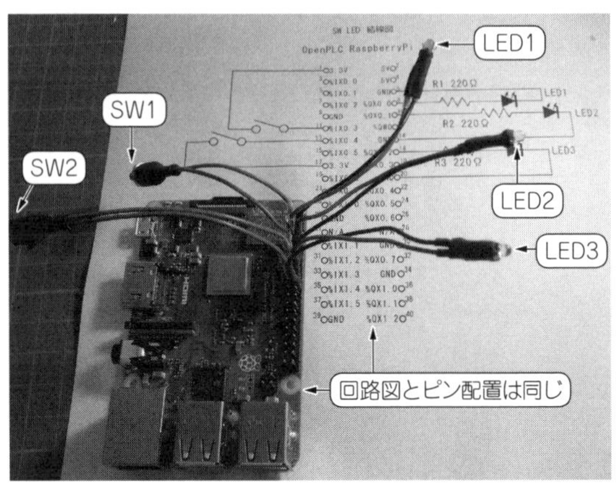

写真1　筆者自作の治具を使ってラズベリー・パイのピンヘッダにスイッチとLEDを結線

ラズベリー・パイに2個のスイッチと3個のLEDを接続後，ラズベリー・パイに転送したtest1プログラム（第6章）を実行し，動作を確認します．また，ラダー・プログラムを扱うのに必要なレジスタやファンクション，扱えるデータの種類について解説後，それらの知識を元に「スイッチを押したらLEDが点滅するラダー・プログラム」を作ります．なお，第7章と第8章ではDC24Vアイソレート I/O基板（第9章で解説）を接続しません．

軽く動かしてみる

● スイッチとLEDをラズパイに接続する

第6章までの作業でOpenPLCサーバにtest1のラダー・プログラム（**図1**）がロードされている状態なので，実行してモニタリングしてみます．ラダー・プログラムの実行前に，2個の入力用スイッチと3個のLEDを，**図2**のようにラズベリー・パイのI/Oコネクタに，ブレッドボードなどを使って結線します．

写真1は，筆者が製作した治具を，**図2**の結線図通りにラズベリー・パイに取り付けたものです．**写真1**のピンヘッダの左列のスイッチは上からSW1，SW2です．右列のLEDも上からLED1，LED2，LED3です．LEDは3個付けましたが，test1の確認だけならば%QX0.0につながった1個だけでも大丈夫です．ただし，test1の確認ができたら引き続きこの外部回路を使ってラダー・プログラムの組み方について解説を行うので，できればLEDは3個付けてください．

図2に示した結線図と**図1**で示したラダー・プログラムとを比較すると，いずれもハードウェアとして外部入力や出力があります．それ以外にラダー・プログラムには内部リレーがあります．この場合，%QX2.0，%QX2.1が内部リレーです．ラダー・プログラム上では，これら内部リレーと外部入出力は表記の差はありません．

● ラダー・プログラムを実行してみる

準備ができたら，サーバのStart PLCボタンでラダー・プログラムを実行します．Dashboardの表示がrunningになったらMonitorに切り替えてください．このとき，しばらく待ってもモニタの表示が出ないようなら，いったん，Stop PLCでラダー・プログラムを止めて，ラダー・プログラムをリロードしてください．SW1を押すとLED1がONし，SW2を押すとLED1がOFFするのが正しい動作です．**写真2**はSW1を押したときのラズベリー・パイとモニタ画面です．モニタ画面のレスポンスは1秒程度とかなり遅いです．入出力のSW1，CR3だけでなく内部リレーのCR1も緑色表示になってONしています．

そもそもラダー・プログラムが生まれる前は，実体

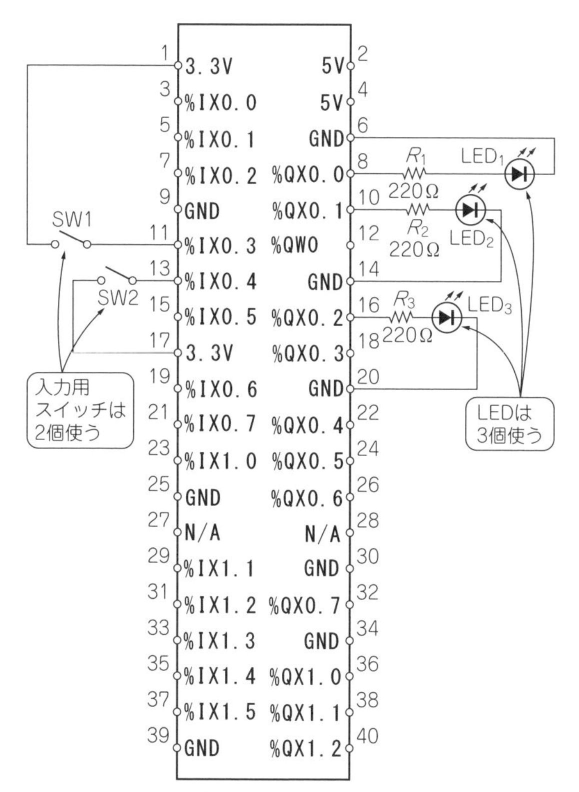

図2　初めてのLチカの準備
2個の入力用スイッチと3個のLEDをこのようにラズベリー・パイのI/Oコネクタに結線する

のあるリレー・デバイスを使って，順番のある動きが作られていました．ラダー・プログラムは，結局はリレーを絵に描いたようなものです．従って，そのリレーには，装置のI/O端子につながる「IOリレー」と，PLC内部で動作を生み出すための仮想的な「内部リレー」があります．

初めてのI/Oの基礎1…レジスタ

● OpenPLCによる名前定義

OpenPLCのリレーやレジスタの名前には規則性があります．**図3**がその名前の規則性を示すものです．まず左端の%は，名前やレジスタを表示する際に必ず付ける文字です．

そして次に来るのが出力を表すQ，入力を表すIまたは内部レジスタを表すMです．

3文字目はビット幅を表します．リレー(BOOL)を表すX，ワードを表すW，ダブル・ワードを表すD，ロング・ワードを表すLがあります．

その後に続く数字はリレーやレジスタの位置(ロケーション)を表します．小数点が付いている場合，小数点以上がチャネルを，小数点以下がビットを表します．

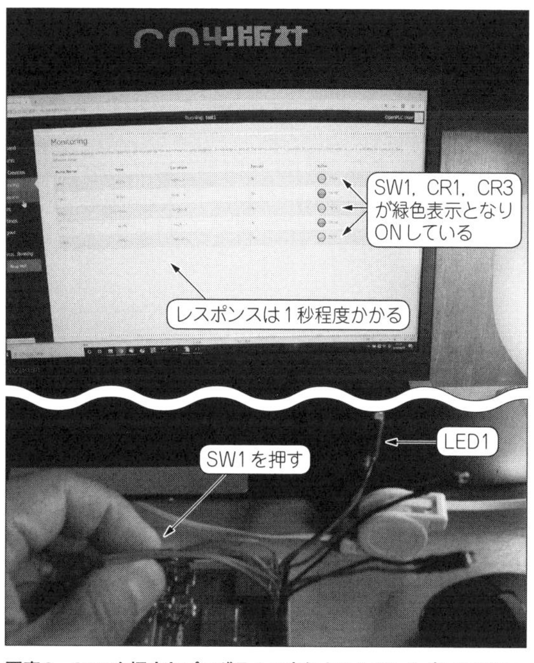

写真2　SW1を押すとプログラムは実行されるがレスポンスは遅い

この小数点表記を用いるのはビット・デバイスであるリレーだけです．その他は小数点表記のない数値を用いてロケーションを表します．例えば%QX1.3は出力リレーの1チャネル3ビット目という意味です．また%IX0.2は入力リレー0チャネル2ビット目を表します．

また%QW0は出力ワード(PWM出力)0番を表します．%IW101は入力ワード(アナログ入力)101番を表します．

▶内部レジスタ%M

ここまでは入力と出力の区別がありますが，%MW0，%MD10，%ML11などといった内部レジスタには入力や出力の区別はありません．これらMに属するレジスタは主に関数演算の途中経過などをストアするために用います．

OpenPLCは多くのデータ・タイプを持っていますがこれらのデータ・タイプのビット幅と，ストアする

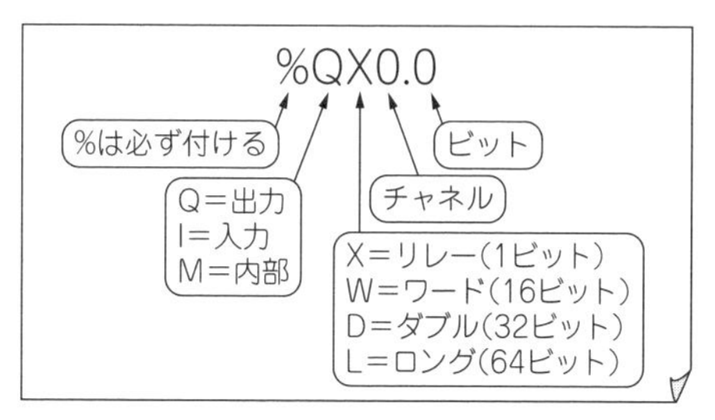

図3　OpenPLCのリレーやレジスタの名前には規則性がある

表1　内部レジスタの一覧

用　途	名　前	アドレス範囲	書き込み	使用範囲
1ビット入力	%IX	0.0～99.7	不可	GPIO入力のアドレスのみ使用
1ビット出力	%QX	0.0～99.7	可	GPIO出力以外のアドレスは内部リレー
16ビット入力	%IW	0～99	不可	GPIO入力のアドレスのみ使用
16ビット出力	%QW	0～99	可	GPIO出力以外のアドレスは内部レジスタ
16ビット内部	%MW	0～1023	可	内部レジスタのみ
32ビット内部	%MD	0～1023	可	内部レジスタのみ
64ビット内部	%ML	0～1023	可	内部レジスタのみ

(a) OpenPLCのアドレス範囲

用　途	名　前	アドレス範囲	書き込み	使用範囲
1ビット入力	%IX	0.0～1.5	不可	0.0, 0.1はプルアップ入力
1ビット出力	%QX	0.0～1.2	可	－
16ビット出力	%QW	0	可	－

(b) ラズベリー・パイ(PLCユニットI/O)

用　途	名　前	アドレス範囲	書き込み	使用範囲
1ビット入力	%IX	100.0～100.4	不可	－
1ビット出力	%QX	100.0～100.3	可	－
16ビット入力	%IW	100～105	不可	－
16ビット出力	%QW	100～102	可	－

(c) Arduino Uno(リモートI/O)

用　途	名　前	アドレス範囲	書き込み	使用範囲
1ビット入力	%IX	100.0～102.7	不可	－
1ビット出力	%QX	100.0～101.7	可	－
16ビット入力	%IW	100～115	不可	－
16ビット出力	%QW	100～111	可	－

(d) Arduino Mega(リモートI/O)

用　途	名　前	アドレス範囲	書き込み	使用範囲
システム・タイム	%ML	1024	不可	OSの現在時(DT)
スキャン・カウント	%ML	1025	不可	起動から今までのスキャン回数
通信エラー・カウント	%ML	1026	不可	起動から今までの通信エラー回数

(e) 特殊用途

先のビット幅は同じにしなければなりません．例えば実数REALは32ビットなので%MDにストアしなければなりません．また，長実数LREALは64ビットの%MLにストアします．%Mの仲間のイメージは普通のマイコンなどの配列と同じです．例えば%MWはC言語の配列ではuint16_t MW[1024]と同じと考えられます．同じように%MLはuint64_t ML[1024]です．

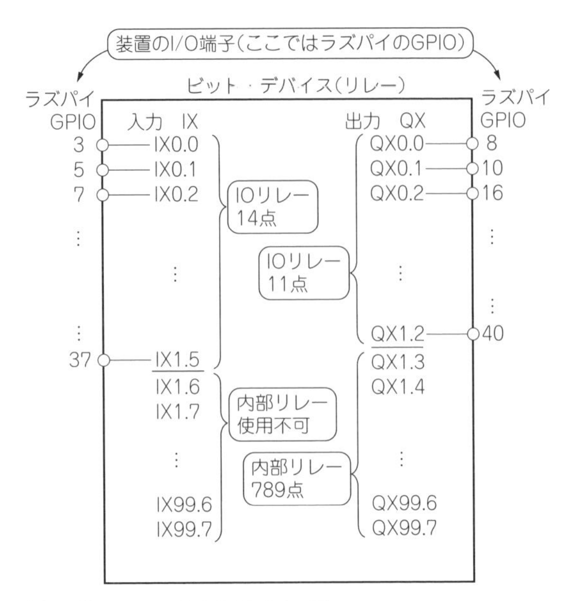

図4　リレー%QXと%IXのイメージ

▶出力%Qや入力%I

このように%Mの仲間は理解しやすいのですが入出力の%Qや%Iは事情が異なります．**図4**はリレー%QXと%IXのイメージを表したものです．

リレーには「内部リレー」と「IOリレー」があると，これまでに何度か書きました．IOリレーとは**図4**のようにリレーのうち，装置のI/O端子につながっている部分をIOリレーと言って区別しています．

例えば図中でGPIOにつながっている%QX0.0のコイルをプログラムでON/OFFすると，ラズパイGPIOの8番ピンの“H”/“L”が切り替わります．同じように内部リレーの%QX1.3のコイルをON/OFFしてもラズパイGPIOやその他に変化はありません．あくまでPLC内部のQX1.3がON/OFFするだけなので，プログラム内でしか意味を持ちません．これがIOリレーと内部リレーの差です．

内部リレーはプログラムの中間結果にしか使えないのですが，プログラムの多くはこの中間結果をつなぐ形で複雑な動作を表現していきます．

ここで注意しなければならないのは，入力%IXの場合です．入力%IX0.1の接点をプログラム内で使ってGPIOの5番ピンにスイッチなどをつないで，スイッチで“H”/“L”を切り替えると，プログラム内の%IX0.1の接点がON/OFFします．ただし%IXは接点しかなく，コイルは使えないのでGPIOにつながっていない部分は常にOFFしか読み出せません．という

表2　ファンクション・ブロック

ファンクション	入　力	出　力	説明
SR	S1=bit，R=bit	Q=bit	セット優先フリップフロップ，自己保持代替可能
RS	S=bit，R1=bit	Q=bit	リセット優先フリップフロップ，自己保持代替可能
SEMA	CLAIM=bit RELEASE=bit	Q=bit	多重アクセス禁止用セマフォ　CLAIM優先
R_TRIG	CLK=bit	Q=bit	立ち上がりエッジ（Rising Edge），リレー-（P）-と同じ
F_TRIG	CLK=bit	Q=bit	立ち下がりエッジ（Falling Edge），リレー-（N）-と同じ
CTU	CU=bit（カウント） R=bit（リセット） PV=INT（上限値）	Q=bit（カウント終了） CV=INT	アップ・カウンタ，R入力でカウント＝0，CU入力でカウント，カウント＝PVでカウント終了→Q=ON CVはカウント・モニタ用
CTU_DINT CTU_LINT CTU_UDINT CTU_ULINT			CTUのバリュエーション,32ビットINT，64ビットINT，符号なし32ビットINT，符号なし64ビットINT
CTD	CD=bit（カウント） LD=bit（ロード） PV=INT（上限値）	Q=bit（カウント終了） CV=INT	ダウン・カウンタ，LD入力でカウント=PV，CD入力でカウント・ダウン，カウント＝0でカウント終了→Q=ON， CVはカウント・モニタ用
CTD_DINT CTD_LINT CTD_UDINT CTD_ULINT			CTDのバリュエーション，32ビットINT，64ビットINT，符号なし32ビットINT，符号なし64ビットINT
CTUD	CU=bit（アップカウント） CD=bit（ダウンカウント） R=bit（カウント=0） LD=bitPV=INT（上限値）	QU=bit（Upカウント終了） QD=bit（Dnカウント終了） CV=INT	アップ-ダウン・カウンタ，CUでアップ・カウント，CDでダウン・カウント，Rでカウント＝0，LDでカウント＝上限値
CTD_DINT CTD_LINT CTD_UDINT CTD_ULINT			CTDのバリュエーション，32ビットINT，64ビットINT，符号なし32ビットINT，符号なし64ビットINT
TP	IN=bitPT=TIME	Q=bitET=TIME	タイマ（パルス），INの立ち上がりからPTの時間だけQがON，INはQより長くても短くてもQの長さには無関係， ETは経過時間モニタ用
TON	IN=bitPT=TIME	Q=bitET=TIME	タイマ（ONディレイ）INの立ち上がりからPT時間経過後にQがONする，その後INがONの間QはON，INがPTより早くOFFするとQはONしない
TOFF	IN=bitPT=TIME	Q=bitET=TIME	タイマ（OFFディレイ）INの立ち上がりと同時にQがONその後INの立ち下がりからPT時間経過後QがOFFする．INがPTより早くONに戻るとQはOFFしない

（a）スタンダード・ファンクション・ブロック（Standard Function Block）

ことで%IXの内部リレーは使えません．使えない余計な%IXが存在するのはIEC 61131-3の仕様であるとともに入出力ビット構成が変わった場合の互換を保つために必要なことだと思います．

これは%QWや%IWの場合も同じで，%QWのうちGPIOにつながっていない部分は内部レジスタと同じように使用できますが%IWのうちGPIOにつながっていない部分は使えません．

● OpenPLCとラズパイの対応

リレー・エリアについては先に説明しましたが，OpenPLCにはリレーの他にもレジスタ・デバイスがあります．**表1**にラズベリー・パイも含めた内部レジスタの一覧を示します．

1ビット・デバイスはリレーです．入力リレー（%IX）や入力レジスタ（%IW）は，GPIOにつながっているものはGPIOの値が読み出され，それ以外は読み込んでも0が読み出されるだけです．

出力リレー（%QX）や出力レジスタ（%QW）は，GPIOにつながっているものは出力に，それ以外は内部リレー（%QX）や内部レジスタ（%QW）として使用できます．

他にも，内部レジスタとして16ビット（%MW），32ビット（%MD），64ビット（%ML）がそれぞれ1024個ずつあります．これらは，演算結果やデータ・ストア領域として使用できます．

ラズベリー・パイ本体には，GPIO入力が%IX0.0～%IX1.5の14点，GPIO出力が%QX0.0～%QX1.2の11点あり，さらにアナログ出力として%QW0の1点を持っています．また，第11章以降でArduino Unoを

表2　ファンクション・ブロック（つづき）

ファンクション	入力	出力	説　明
RTC	省略		時刻読み出し（ダミー関数，% ML1024を使う）
INTEGRAL	省略		積分値
DERIVATIVE	省略		微分値
PID	省略		PID制御関数
RAMP	省略		RAMP関数
HYSTERYSYS	省略		実数ヒステリシス

（b）追加ファンクション（Additional Function Block）

ファンクション	入力	出力	説　明
型変換関数群（数が多いので省略）	省略		変換ファンクションは以下のスタイル． NN_TO_MM（NNとMMはデータ・タイプ） 例… INT_TO_REAL　数が多いので詳細省略 エディタのヘルプ，データ・タイプ表を参照

（c）変換（Type　Conversion）

ファンクション	入　力	出　力	説　明
ABS	IN=ANY_NUM	OUT=ANY_NUM	絶対値
SQRT	IN=ANY_NUM	OUT=ANY_NUM	平方根
LN	IN=ANY_NUM	OUT=ANY_NUM	自然対数
LOG	IN=ANY_NUM	OUT=ANY_NUM	常用対数
EXP	IN=ANY_NUM	OUT=ANY_NUM	指数
SIN	IN=ANY_NUM	OUT=ANY_NUM	三角関数
COS	IN=ANY_NUM	OUT=ANY_NUM	三角関数
TAN	IN=ANY_NUM	OUT=ANY_NUM	三角関数
ASIN	IN=ANY_NUM	OUT=ANY_NUM	逆三角関数
ACOS	IN=ANY_NUM	OUT=ANY_NUM	逆三角関数
ATAN	IN=ANY_NUM	OUT=ANY_NUM	逆三角関数

（d）数値処理（Numerical）

ファンクション	入　力	出　力	説　明
ADD	N1=ANY_NUM N2=ANY_NUM Nn = ANY_NUM	OUT= ANY_NUM	加算 OUT= N1+N2+…+Nn
MUL	N1=ANY_NUM N2=ANY_NUM Nn = ANY_NUM	OUT= ANY_NUM	乗算 OUT= N1 × N2 × … × Nn
SUB	N1=ANY_NUM N2=ANY_NUM	OUT= ANY_NUM	減算 OUT=N1 − N2
DIV	N1=ANY_NUM N2=ANY_NUM	OUT= ANY_NUM	除算 OUT=N1/N2
MOD	N1=ANY_INT N2=ANY_INT	OUT= ANY_INT	剰余 OUT=N1%N2
EXPT	N1=ANY_REAL N2=ANY_INT	OUT= ANY_REAL	指数 OUT=$N1^{N2}$
MOVE	N1=ANY_NUM	OUT= ANY_NUM	代入 OUT=N1

（e）演算処理（Arithmetic）

ファンクション	入　力	出　力	説　明
ADD_TIME	N1=TIME N2=TIME	OUT= TIME	時間どうしの加算 OUT=N1+N2
ADD_TOD_TIME	N1= TIME_OF_DAY N2_TIME	OUT= TIME_ OF_DAY	時刻と時間の加算 OUT=N1+N2
ADD_DT_TIME	N1=DATE N2=TIME	OUT= DATE	日付と時間の加算 OUT=N1+N2
MULTIME	N1=TIME N2=ANY_NUM	OUT= TIME	時間の乗算 OUT=N1 × N2
SUB_DATE_DATE	N1=DATE N2=DATE	OUT= DATE	日付と日付の減算 OUT=N1 − N2
SUB_TOD_TOD	N1= TIME_OF_DATE N2= TIME_OF_DATE	OUT= TIME	時刻から時刻を減算（結果は時間） OUT=N1 − N2
SUB_TOD_TIME	N1= TIME_OF_DATE N2=TIME	OUT= TIME_ OF_DATE	時刻から時間を減算 OUT=N1 − N2
SUB_DT_TIME	N1=DATE N2=TIME	OUT= DATE	日付から時間を減算 OUT=N1 − N2
DIVTIME	N1=TIME N2 = ANY_NUM	OUT= TIME	時間を数で除算 OUT=N1/N2

（f）時間演算（Time）

ファンクション	入　力	出　力	説　明
SHL	IN=ANY_BIT N=ANY_INT	OUT= ANY_BIT	左シフト OUT = IN<<N
SHR	IN=ANY_BIT N=ANY_INT	OUT= ANY_BIT	右シフト OUT = IN>>N
ROR	IN=ANY_BIT N=ANY_INT	OUT= ANY_BIT	右ローテート… 右シフト＋最下位ビットを最上位ビットへ
ROL	IN=ANY_BIT N=ANY_INT	OUT= ANY_BIT	左ローテート… 左シフト＋最上位ビットを最下位ビットへ

（g）シフト関数（Bit Shift）

ファンクション	入　力	出　力	説　明
AND	N1=ANY_BIT N2=ANY_BIT Nn=ANY_BIT	OUT= ANY_BIT	論理積 OUT=N1 AND N2 AND … AND Nn
OR	N1=ANY_BIT N2=ANY_BIT Nn=ANY_BIT	OUT= ANY_BIT	論理和 OUT=N1 OR N2 OR… OR Nn
XOR	N1=ANY_BIT N2=ANY_BIT Nn=ANY_BIT	OUT= ANY_BIT	排他的論理和 OUT=N1 OR N2 OR… OR Nn
NOT	IN=ANY_BIT	OUT= ANY_BIT	否定 OUT=NOT（IN）

（h）Bitごとの論理関数（Bit Wise）…
XOR以外はラダー回路で代替したほうが簡単

ファンクション	入力	出力	説明
SEL	G=bit N0=ANY N1=ANY	OUT=ANY	二者選択 OUT=N0 if G=0 OUT=N1 if G=1
MAX	N1=ANY N2=ANY Nn=ANY	OUT=ANY	最大値 OUT = Max of (N1, N2…Nn)
MIN	N1=ANY N2=ANY Nn=ANY	OUT=ANY	最小値 OUT = Min of (N1, N2…Nn)
LIMIT	MN=ANY IN=ANY MX=ANY	OUT=ANY	幅制限 MN≦OUT≦MAX
MUX	K=ANY_INT N0=ANY N1=ANY Nn=ANY	OUT=ANY	マルチプレックス OUT=N0 if K=0 OUT=N1 if K=1 OUT=Nn if K=n

(i) 選択(Selection)

ファンクション	入力	出力	説明
GT	N1=ANY N2=ANY Nn=ANY	OUT=bit	＞(Greater Than) OUT= ON if (N1＞N2＞…＞Nn)
GE	N1=ANY N2=ANY Nn=ANY	OUT=bit	≧(Greater or Equal) OUT= ON if (N1≧N2≧…≧Nn)
EQ	N1=ANY N2=ANY	OUT=bit	＝(EQual) OUT = ON　if (N1=N2)
LT	N1=ANY N2=ANY Nn=ANY	OUT=bit	＜(Lower Than) OUT = ON　if (N1＜N2＜…＜Nn)
LE	N1=ANY N2=ANY Nn=ANY	OUT=bit	≦(Lower or Equal) OUT = ON　if (N1≦N2≦…≦Nn)
NE	N1=ANY N2=ANY	OUT=bit	≠ (Not Equal) OUT = ON　if (N1≠N2)

(j) 比較(Comparison)

リモートI/Oとすることで，アナログ入力6点，アナログ出力4点，ビット入出力それぞれ5点と4点を追加できます．リモートI/O基板としてArduino Megaを接続すると，アナログ入力16点，アナログ出力12点，ビット入出力をそれぞれ24点と16点追加できます．

初めてのI/Oの基礎2…ファンクション

● かなり高度な処理が可能になる

ラダー・プログラムは簡単などと書きましたが，一応，かなり高度な処理もできるようになっていて，数学関数などのファンクションも持っています．**表2**はファンクションの一覧です．

ファンクションについてはひとつひとつをここで詳しく取り上げることはしませんが，**表2**の中に簡単に説明しておきます．**表1**，**表2**，**表3**，**表4**はセットになっていると便利なのでここに一緒に示します．

表2はOpenPLCエディタの右上窓のlibraryタブ

ファンクション	入力	出力	説明
LEN	省略	省略	文字列の長さ
LEFT	省略	省略	左文字列の切り出し
RIGHT	省略	省略	右文字列の切り出し
MID	省略	省略	中間文字の切り出し
CONTACT	省略	省略	文字列の結合
CONTACT_DATE_TOD	省略	省略	日付時刻文字列取得
INSERT	省略	省略	文字列の挿入
DELETE	省略	省略	文字列の削除
REPLACE	省略	省略	文字列の置き換え
FIND	省略	省略	文字列の検索

(k) 文字列(Character String)

表記	内容
ANY_BIT	LWORD, DWORD, WORD, BYTE, BOOL
ANY_INT	LINT, DINT, INT, SINT,ULINT, UDINT, UINT, USINT
ANY_REAL	LREAL, REAL
ANY_NUM	ANY_INT, ANY_REAL
ANY	全て

(l) ANY表記の中身

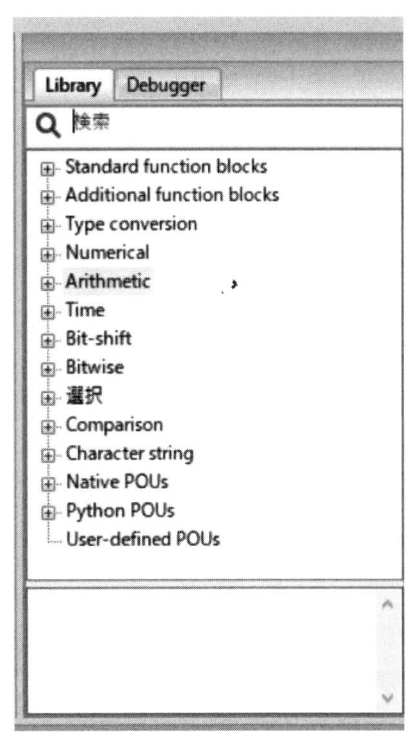

図5　OpenPLCエディタの右上窓のlibraryタブに表示されるファンクションのヘルプ

に，図5のように表示されるファンクションのヘルプに沿っているので，見比べて参考にしてください．また，一部のファンクションについては述べていないので，知りたい方はネットなどでIEC61131-3の仕様書を調べてください．ファンクションについては他の言語と同じように，一生使わないようなものも多く含まれています．

● わりとよく使うのはコレ

表2にいろいろ示してはありますが，よく使うのは(a)のスタンダード・ブロックです．タイマはとてもよく使います．タイマにはTON（オン・ディレイ・タイマ），TOF（オフ・ディレイ・タイマ），TP（パルス・タイマ）があります．タイマの時定数はPT入力に時間表記で指定します．例としてTONは入力INがONになるとPTで指定した時間の後に出力QがONします．指定した時間以内に入力がOFFになるとQはONしません．

カウンタも使用頻度が高いです．カウンタはCTU（アップ・カウンタ），CTD（ダウン・カウンタ）があります．これらは計数がINT型整数で行われます．ほかにCTU_DINT（倍整数版アップ・カウンタ）など，変数の型による多くのバリュエーションがあります．アップ・カウンタはR入力ONで，内部数値が0に，QがOFFにリセットされ，CU入力の立ち上がりでカウントを1つアップします．そして，内部カウントがPVで設定した数に達すると，出力QがONになります．内部カウントを参照したい場合は，CVに変数を接続すると内部カウント値が変数に入ります．ダウン・カウンタはLD入力ONで内部カウンタにはPVの値がセットされ，出力QはOFFにリセットされます．入力CDの立ち上がりで内部カウンタを1つ減じます．内部カウンタが0になると出力QがONになります．

比較 Comparisonも必要なファンクションです．GT（N1>N2），GE（N1≧N2），EQ（N1=N2），LT（N1<N2），LE（N1≦N2），NE（N1≠N2）それぞれ比較成立なら出力QがONです．

Arithmeticには数値の演算がありますが，特にMOVEは数値を変数にセットするためによく用います．

ファンクションの説明はIEC61131-3の仕様を見てもよく分からないものもあります．また，思いどおりに動かないこともあるので，簡単なプログラムを組んで，エディタのシミュレート機能を使って確認したほうが良いでしょう．

● ファンクションの引数の型に関して

▶引数として取りうるデータの種類

ファンクションのヘルプを見ると，入力や出力にそのファンクションの引数や出力として取りうるデータの種類が書いてあります．

例えばbitは，1ビットのリレーなどのデータを意味します．変数や引数の型に関してIEC61131-3では混用にはかなり厳しいので注意します．引数にはANY_BITやANY_INTなどと書かれていますが，ANY_BITはLWORD，DWORD，WORD，BYTE，BOOLを意味します．

IEC61131-3ではBOOL以外のANY_BITはビット列（Bit String）として数値とは明確に区別して扱います．WORD，BYTEなど，I/Oにより近い表現はビットの並び，つまりビット列として捉えます．

これらのビット列はANDやORなどの論理演算は行えますが，加減乗除などは行えません．これに対してANY_INT（整数）は，LINT,DINT，INT，SINT，UINT，UDINT，UINT，USINTがあり，これらは整数の数値として捉えてビット列ではありません．これらの数値は加減乗除の対象とできますが論理演算はできません．

そして整数は符号付きと符号なしがあります．またANY_REAL（実数）はREAL，LREALで符号付きしかありません．

ここでもう1つ，ANY_NUM（数値）というカテゴリも出てきます．ANY_NUM（数値）はANY_INTとANY_REALを全て含んだものです．この辺を頭にいれてファンクションをざっと見渡すと，加算（ADD）やサイン（SIN）などの数学処理はANY_NUM（数値）を扱い，シフト（SHL）や論理積（AND）などはANY_BIT（ビット列）を扱っていることが分かります．そしてANYだけは全ての型を引数や出力にできます．

▶型変換（Type conversion）

たぶん，ファンクションを使うと，たびたび引数や出力の指定でエディタの結線が赤くなってエラーを起こすと思います．関数は取りうる引数の型が厳密に決められているので明確に型変換を使ってやらないということを聞いてくれません．ファンクションのヘルプでType conversionを引くと，実に多くのファンクションが出てきます．しかし，ファンクション名は簡単で「変換前_to_変換後」となっているだけです．

▶文字列（Character string）

IEC61131-1では，文字列を1バイト文字，2バイト文字ともに使用できます．PLCではほとんど文字列を扱うことはないと思いますが，文字列関係のファンクションがあるので表に挙げてあります．引数などの詳細が知りたい方はネットなどに出ているIEC61131-3の仕様書を参照してください．

ファンクションの数はC言語などと比べたら圧倒的に少ないです．ラダー・プログラムは，得意な分野や機械要素の制御，プロセス管理，安全性の確保に関するもので，主にビット演算を多用するようなものに使うのがよいと思います．演算処理や統計処理，そしてラダー・プログラムが持っていないファイル・システムを使用したデータ蓄積処理などは，パソコンなどで処理するのがよいです．ファンクションについて，今の段階では「このようなものもある」程度に見ておけばよいと思います．

● OpenPLCでの数値処理は他の言語と連携する

OpenPLCにはModbusというオープンで規格化された通信手段が組み込まれています．ModbusではOpenPLC動作中に内部のレジスタやリレーの状態をパソコンで読み出したり書き換えたりできます．ですから，多くの数値処理が必要な場合，Modbusを通したパソコン上のPythonやC++といった言語との連携を考えるのが本筋かと思います．

● ファンクションの使用方法

手順を以下に示します．

1，ファンクション·ボタンをクリックする［図6(a)］．
2，OpenPLC Editorの中央上窓の適当な位置をクリック→Block Property窓が開く
3，窓内のTypeペインからファンクションを選ぶとプレビューに図形が表示される［図6(b)，(c)］

ファンクションにはオプションで，「Execution Control」のチェックを入れることでイネーブル(EN)入力が付けられます．このイネーブル入力を付けない場合，常にラダー・プログラムの中でそのファンクションは実行され続けます．イネーブル入力付きでは，イネーブルをONすることでそのファンクションが実行されます．ですから，必要なときだけファンクションを使うことができます．

イネーブル入力を付けると，ENO出力も同時に追加されます．このENOは「EN = ON」のことで，ファンクションが正常に動作していることを示すレスポンス出力です．ENOは必ずしも使う必要はありません．使う場合は内部リレー・コイルなどで受けます．

▶イネーブルが役立つケース

例えば，レジスタを1ビット・シフトすることを考えます．イネーブルなしでシフトを使った場合，スキャンごとにシフトが実行されてすぐにレジスタは0になってしまいます．そこで，イネーブルを付けてこれを立ち上がりエッジ接点で駆動すれば，接点がONするごとに1つずつレジスタがシフトされるという具合に働きます．

▶ファンクション名が必要なケース

内部で変数を使うようなファンクションの場合，固有のファンクション名を付けて登録します．ファンクション名は，OpenPLC Editorがデフォルトの名前を

(a) ファンクション・ボタン

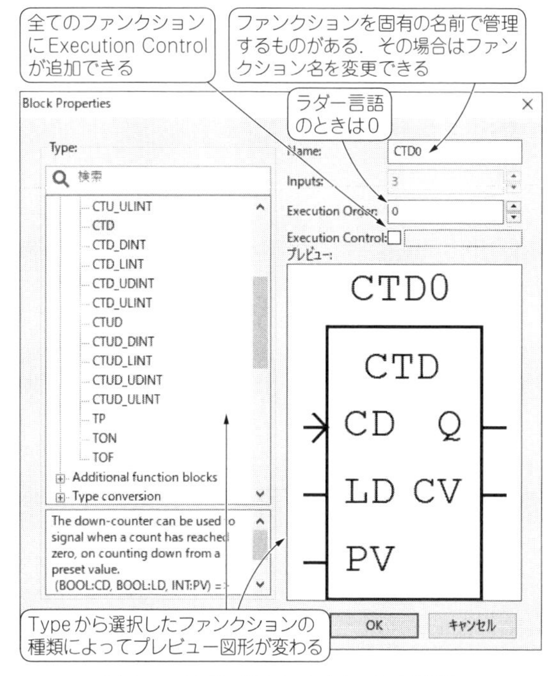

(b) Typeペインからファンクションを選ぶとプレビューに図形が表示される

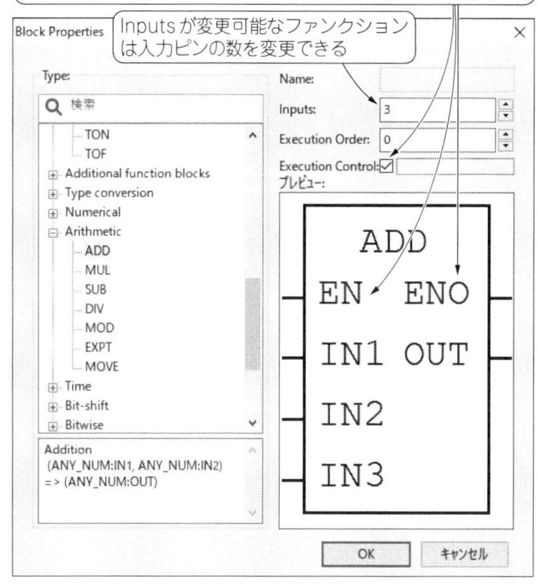

(c) 入力ピンの数を変更するなどできる

図6 ファンクションの入力手順

付けてくれますが必要な場合は名前を変更できます．

ファンクションの名前を変更する場合は，他の名前と重複しないようにします．また，ファンクションの入力は本数が固定されているものと，入力本数を可変できるものがあります．加算など入力本数が可変のものは，Input入力が有効になるので必要に応じて入力本数を変更します．

初めてのI/Oの基礎3…扱うデータの種類

● ラダー・プログラムの規格「IEC 61131-3」で扱えるデータ

IEC 61131-3のラダー・プログラムには，幾つかのデータの種類があります．**表3**に一覧を示します．文字列を除くデータはビット幅と符号の有無で大別されます．ビット幅は，1，8，16，32，64ビットの計5種類です．

表3　ラダー・プログラムの規格「IEC 61131-3」で扱えるデータ

No	名前 (Keyword)	データ・タイプ	ビット幅	符号付き
1	BOOL	Boolean，コイル接点など	1	no
2	SINT	短整数(Short Integer)	8	yes
3	INT	整数(Integer)	16	yes
4	DINT	倍整数(Double Integer)	32	yes
5	LINT	長整数(Long Integet)	64	yes
6	USINT	符号なし短整数 (Unsigned Short Integer)	8	no
7	UINT	符号なし整数 (Unsigned Integer)	16	no
8	UDINT	符号なし倍整数 (Unsigned Double Integer)	32	no
9	ULINT	符号なし長整数 (Unsigned Long Integer)	64	no
10	REAL	実数(Real numbers)	32	yes
11	LREAL	長実数(Long Reals)	64	yes
12	TIME	時間(Dulation)	−	−
13	DATE	日付(Date only)	−	−
14	TIME_OF_DAY，TOD	時刻(Time of Day only)	−	−
15	DATE_AND_TIME，DT	日付時刻 (Date and Time of day)	−	−
16	STRING	文字列(Variable-lenght, single-byte character String)	8×n	−
17	BYTE	ビット列8ビット長 (Bit string of length8)	8	no
18	WORD	ビット列16ビット長 (Bit string of length16)	16	no
19	DWORD	ビット列32ビット長 (Bit string of length32)	32	no
20	LWORD	ビット列64ビット長 (Bit string of length64)	64	no
21	WSTRING	ワイド文字列 (Variable-length double-byte character string)	16×n	−

データの中には，

- 16ビットではINT(符号付き整数)，UINT(符号なし整数)，WORD(ビット列が16ビット長)の3種類
- 32ビットではDINT(倍精度整数)，UDINT(符号なし倍精度整数)，DWORD(符号なし32ビット整数)，REAL(32ビット実数)の4種類
- 64ビットではLINT(64ビット符号付き整数)，ULINT(64ビットの符号なし整数)，LWORD(符号なし64ビット整数)，LREAL(64ビット実数)の4種類

があります．

● レジスタの宣言で必要なこと

表1の中の内部レジスタに，%MW(16ビット)，%MD(32ビット)，%ML(64ビット)とあります．ラダー・プログラムで使用するレジスタを宣言する場合，レジスタのビット幅とデータ・タイプのビット幅を合わせる必要があります．例えば，%MW0にはINTを宣言して使うことができます．同じように%ML1にはLREALやLINTを宣言できます．

● ファンクションの入出力で扱うデータ

表2に示すファンクション一覧を見ると，入力や出力にそのファンクションの取り得るデータの種類が書いてあります．例えば「bit」，これは，1ビットのリレーなどのデータを意味します．以下ではANY_BITやANY_INT，ANY_REAL，ANY_NUMについて解説します．

▶ANY_BIT

ANY_BITは，BOOL，BYTE，WORD，DWORD，LWORDを意味します．IEC 61131-3では，BOOL以外のANY_BITはビット列(Bit String)として扱います．シフト(SHL)や論理積(AND)などの機械制御に近いファンクションは，ANY_BIT(ビット列)で扱います．

パソコンなど人間に近いものは1バイト，1ワードなどの単位で扱った方が自然ですが，機械に近いPLCは1バイトもばらばらの1ビットが8つとして扱えた方が自然なのかもしれません．パソコンのデータでは，1ワードを左に2ビット・シフトすると数値的には4を掛けたのと同じですが，機械制御ではただ4ビット左にずれたと考えるのが自然です．そんなわけでWORD，BYTEなどI/Oにより近い表現はビットの並び，つまりビット列としてとらえるのは自然なことです．

▶ANY_INT

ANY_INT(整数)は，SINT，INT，DINT，LINT，USINT，UINT，UDINT，ULINTがあり，これらは

表4　時間や日付，数値の表記方法

項　目 (Feature Description)	正表記 (long prefix)	略表記 (short prefix)	表記例
時間(TIME)	TIME#，time#	T#，t#	TIME#5d3h10m6s19ms，T#200ms，T#25h10m(時間には日，時，分，秒，ミリ秒つまりd，h，m，s，msが使える)
日付(DATE)	DATE#，date#	D#，d#	DATE#2019-10-1，D#2020-02-12
時刻(TIME OF DAY)	TIME_OF_DAY#，time_of_day#	TOD#，Tod#	TIME_OF_DAY#11:20:35.44，TOD#12:10:02.0，tod#10:10:10.10
日付時刻 (DATE AND TIME)	DATE_AND_TIME#，date_and_time#	DT#，dt#	DATE_AND_TIME#2019-08-11-15:30:20.03，Dt#2018-10-05-16:20:25.0

(a) 時間や日付

項　目 (Feature Description)	正表記 (long prefix)	略表記 (short prefix)	表記例
INT(整数)	−	−	-123，123_456(数字区切り)，+986
REAL(実数)	E，e	−	-1.34E-12または-1.34e-12，1.0E+6または1.0e+6，1.234E6または1.234e6
2進	2#	−	2#1111_1111(255 10進)，2#1110_0000(224 10進)
8進	8#	−	8#377(255 10進)，8#340(224 10進)
16進	16#	−	16#FF(255 10進)，16#E0(224 10進)
BOOL注1	TRUE，FALSE	1，0	1，0 TRUE，FALSE
型付き表記	型(#n進)#数値	−	DINT#5(DINTタイプで10進　5)，UINT#16#9AF(UINT 16進 9AF)，BOOL#1 BOOL#0 BOOL#TRUE

注1：BOOLのTRUE=1，FALSE=0

(b) 数値

整数であり，ANY_BITのようなビット列ではありません．パソコンに近い表現というべきでしょうか．整数は符号付きと符号なしがあります．

▶ ANY_REAL

ANY_REAL(実数)は，REAL，LREALで符号付きしかありません．ANY_REALは，ANY_INTよりもパソコン的と言ってよいと思います．

▶ ANY_NUM

ANY_NUM(数値)は，ANY_INTとANY_REALを全て含んだものです．加算(ADD)やサイン(SIN)などのパソコン的な算術演算処理はANY_NUM(数値)で扱います．

● 時間や日付の表し方

表3に示したデータ・タイプの一覧表やファンクションの入力を見て，TIME，DATE，TIME_OF_DAY，DATE_AND_TIMEなどの表記があるのに気が付いたでしょうか．IEC 61131-3では時間(日付や日時)は普通の変数やデータとは別扱いのデータ・タイプとして扱われます．ですからこれらは直接，変数(内部レジスタ)などに入れて扱うことはできません．

時間などを扱う一番手軽な方法は，数値ボックスの中に直接時間などを書き込むことです．**表4**は表記方法を一覧にしたものです．ここに書かれている内容は以下の通りです．

▶ TIME

TIMEは時間の長さを表します．これは主にタイマの設定などに使います．表記はTIME#かT#(小文字可)のキーワードを頭に付けて以下のような文字列で表します．文字列には，d(日)，h(時)，m(分)，s(秒)，ms(ミリ秒)などの文字が使えます．

- 500ミリ秒：TIME#500ms
- 5日4時間10分8秒19：T#5d4h10m8s190ms

▶ DATE

DATEは日付を表します．表記はDATE#，D#(小文字可)のキーワードを頭に付けて以下のような文字列で表します．

- 2019年11月2日：DATE#2019-11-02
- 2020年5月5日：D#2020-05-05

▶ TIME_OF_DAY

TIME_OF_DAYは1日のうちの時刻を表します．表記はTIME_OF_DAY#かTOD#(小文字可)のキーワードを頭に付けた以下のような文字列で表します．

- 9時15分20秒22：TIME_OF_DAY#09:15:20.22
- 22時12分35秒00：TOD#22:12:35.00

▶ DATE_AND_TIME

DATE_AND_TIMEは日付と時刻を1つで表すものです．表記はDATE_AND_TIME#かDT#(小文字可)のキーワードを頭に付けた以下のような文字列で表します．

表5　文字列と特殊文字の表記方法

例	説　明
$$	$を表す
$'	'を表す
$L　or　$l	LF（ライン・フィード）
$N　or　$n	NEW LINE
$P　or　$p	フォーム・フィード
$R　or　$r	CR（キャリッジ・リターン）
$T　or　$t	タブ
$"	"を表す

（a）特殊文字

例	説　明
''	空の文字列（長さ0）
'A'	1文字文字列　A
' '	1文字文字列　空白
'$''	1文字文字列　'
'"'	1文字文字列　"
'RL'	2文字文字列　CR LF
'0A'	1文字文字列 LF
'$$1.00'	5文字文字列　$1.00
''AE' ''SC4$CB'	2つは同じ2文字文字列

（b）シングル・バイト文字列

例	説　明
""	空の文字列（長さ0）
"A"	1文字文字列　A
" "	1文字文字列　空白
"'"	1文字文字列　'
"$""	1文字文字列　"
"RL"	2文字文字列　CR LF
"$$1.00"	5文字文字列　$1.00
""AE" "SC4$CB""	2つは同じ2文字文字列

（c）ダブル・バイト文字列

例	説　明
STRING#'OK'	シングル・バイト2文字文字列

（d）シングル・バイト型指定文字列

例	説　明
WSTRING#'OK'	ダブル・バイト2文字文字列

（e）ダブル・バイト型指定文字列

- 2019年10月10日11時15分10秒00：TIME_AND_DAY#2019-10-10-11:15:10.00
- 2020年5月10日22時12分30秒25：DT#2020-05-10-22:12:30.25

日付や時間は特別な内部データなので，変数に保持したい場合は変換（Type Conversion）ファンクションで型変換をして変数に置く必要があります．

● 数値と文字列の表記方法

▶数値の表記

数値を直接数値として書く場合は，**表4**のように書き表すことができます．数字などの間にアンダ・バーを置くと，カンマの代わりに，桁区切りとして使うことができます．特に2進表記ではこれが役に立つでしょう．

▶文字列の表記

IEC 61131-3では，文字列として1バイト文字および2バイト文字ともに使用できます．PLCでは文字列を使うことは少ないと思いますが，**表5**に文字列と特殊文字の表記方法について示します．

初めてのI/O

■ 1，タイマ設定時間後にLEDが点灯

レジスタの内部構成やファンクション，データ・タイプの解説が終わったところで，スイッチとLEDをラズベリー・パイに結線したものを使ってラダー・プログラムを動かしてみましょう．まずはファンクションの中からタイマを使ったラダー・プログラムを作ってみます．

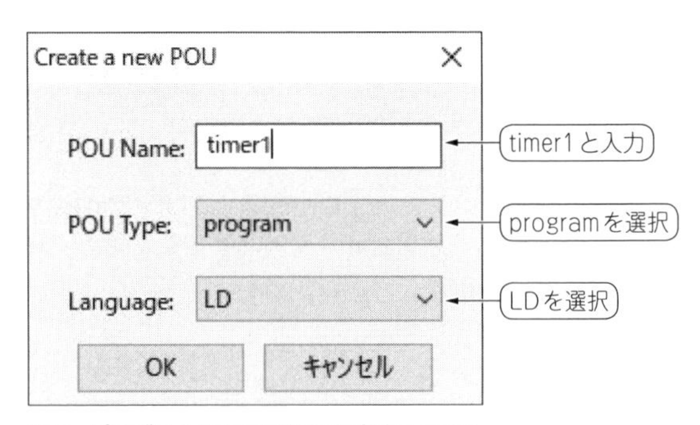

図7　プログラム作りの最初に設定するPOU

● 1，フォルダの作成/指定とPOUの設定

OpenPLC Editorで新規作成を選び適当な場所にTimer1フォルダを新たに作り，そのTimer1フォルダを指定します．Create a new POU（Program Organization Unit）ダイアログのPOU nameはtimer1として，Languageは当然LD（ラダー）です（**図7**）．

● 2，スイッチとLEDのI/O設定

I/Oの設定は**表6**を参考にしてください．ここでは，ラズベリー・パイにつながっているスイッチとLEDを全部登録しています．

表6　スイッチとLEDのI/Oアドレスの設定内容

#	名 前	Class	種 類	Location
1	SW1	Local	BOOL	%IX0.3
2	SW2	Local	BOOL	%IX0.4
3	LED1	Local	BOOL	%QX0.0
4	LED2	Local	BOOL	%QX0.1
5	LED3	Local	BOOL	%QX0.2

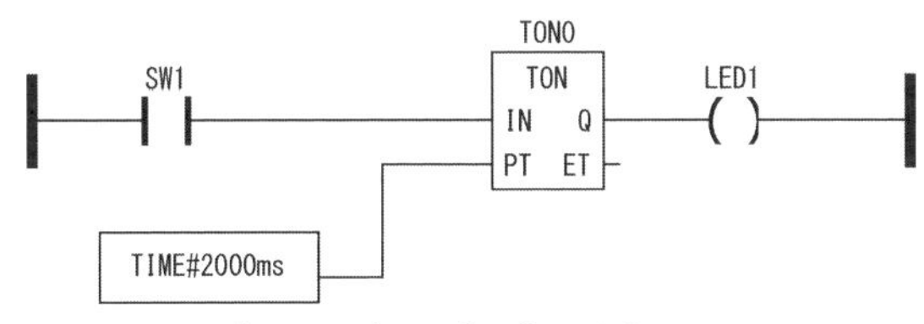

図8　タイマを使ったラダー・プログラムを作る

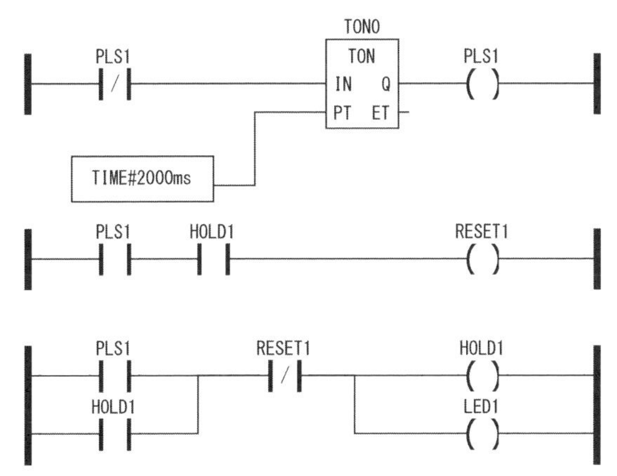

図9　ラダー・プログラムを改造しLEDが点滅するのを確認する

● 3，プログラム

最初は1つのラダー・プログラムのみです（図8）．SW1のA接点でTON（ONディレイ・タイマ）を起動します．TONはファンクションで入力しますがファンクション・テーブルのStandard Function Blockの中の下の方にあります．タイマの設定時間は2000msにしました．タイマの出力は直接LED1を駆動します．

● 4，エラーの確認

ラダー・プログラムを作成したら，OpenPLC Editorのシミュレータを起動してコンパイル・エラーが起きていないかを確認します．ここで，コンパイル・エラーが起きるようであれば入力内容やI/O設定を確認してください．簡単なラダー・プログラムなので入力に間違いがなければコンパイルは通るはずです．

● 5，アップロード用ファイルの作成

シミュレーションによるコンパイルが無事終了したら，ツール・バーの下矢印のようなコンパイル・ボタンでアップロード用の*.stファイルを作ります．

表7　新たにラダー・プログラムを追加した場合のI/O設定内容

#	名 前	Class	種 類	Location
1	SW1	Local	BOOL	%IX0.3
2	SW2	Local	BOOL	%IX0.4
3	LED1	Local	BOOL	%QX0.0
4	LED2	Local	BOOL	%QX0.1
5	LED3	Local	BOOL	%QX0.2
6	PLS1	Local	BOOL	%QX2.0
7	RESET1	Local	BOOL	%QX2.1
8	HOLD1	Local	BOOL	%QX2.2
9	PLS2	Local	BOOL	%QX2.3
10	RESET2	Local	BOOL	%QX2.4
11	HOLD2	Local	BOOL	%QX2.5
12	PLS3	Local	BOOL	%QX2.6
13	RESET3	Local	BOOL	%QX2.7
14	HOLD3	Local	BOOL	%QX3.0
15	TON0	Local	TON	
16	TON1	Local	TON	
17	TON2	Local	TON	

● 6，ファイルをアップロードして動作確認

後はラズベリー・パイ上のサーバにブラウザで接続して，ラダー・プログラムをアップロードしてラン（Start_PLC）させるとラダー・プログラムが動きます．SW1を2秒以上ONさせるとLED1が点灯するか確認してみてください．

■ 2，タイマを使ってインターバル・パルスを発生させLEDを点滅

● ラダー・プログラムを改造する

次にこのタイマを使ってインターバル・パルスを発生させてみます．LED1を点滅させます．そのためにSW1とLED1をラダー・プログラムから削除してI/O設定に内部リレー3つを追加登録します．

PLS1：%QX2.0
RESET1：%QX2.1
HOLD1：%QX2.2

そして，図9のようにラダー・プログラムを改造します．設定を表7に示します．

この回路ではHOLDはタイマの定数2000msでON/OFFを繰り返します．点滅周期は4sです．TON0はPLS1のB接点で駆動されています．そしてTON0の出力でPLS1が駆動されています．これはインターバル・パルスを作る定番回路です．最初はPLS1＝OFF（B接点＝ON）なのでTON0は起動状態でタイム・カウントします．TON0がタイムアップするとPLS1＝

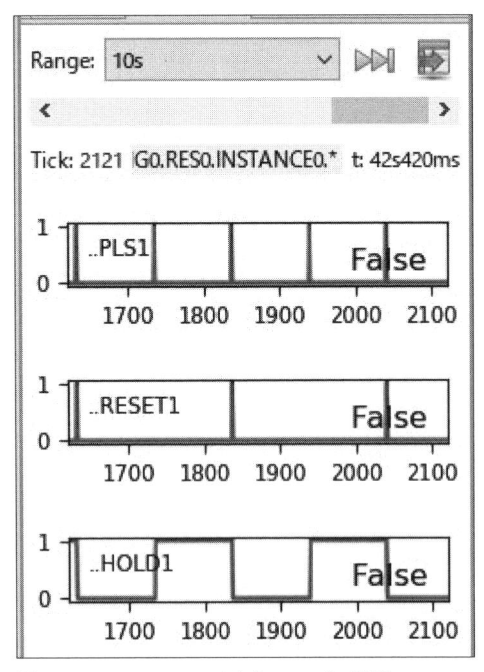

図10 OpenPLC Editorのシミュレータで確認

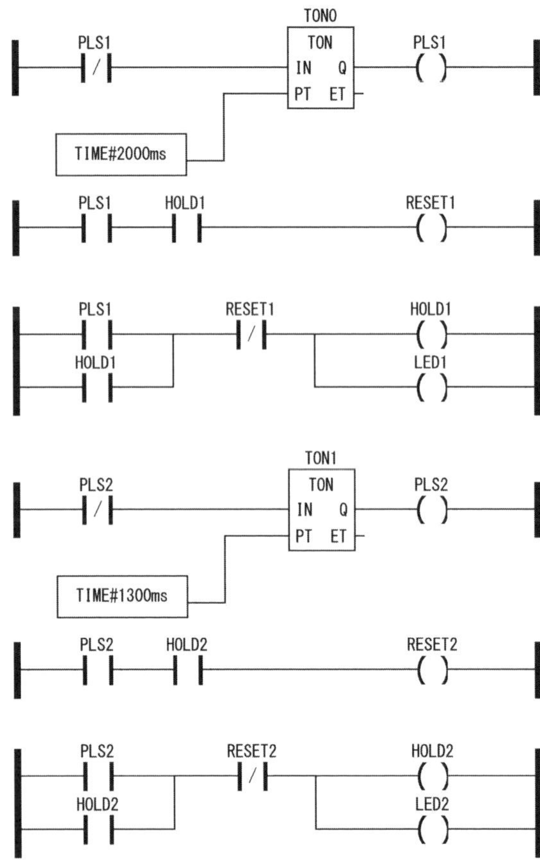

図11 改造1…LEDを追加して非同期で点滅させる

ONになります．すると，次のスキャンでPLS = ON (B接点 = OFF)なのでTON0はリセットされ，TON0出力 = OFF→PLS1 = OFFとなるので，最初の状態に戻ってTON0がタイム・カウントを始めます．結果的にPLS1は一定時間ごとに1スキャンだけONすることになります．

次の回路のRESET1はPLS1とその次の回路のHOLD1の条件を見てHOLD1のリセット条件を作ります．

次の回路の出力HOLD1は自分の接点で駆動されているので自己保持リレーになっています．実際の動きはPLS1→HOLD1保持→「PLS1とHOLD1が同時にONしていればRESET1でHOLD1の保持解除」という動きをします．

● シミュレーション

エディタにシミュレータが付属しているのでシミュレーションをしてみましょう．結果を図10に示します．シミュレーション結果のグラフではPLS1は2秒刻みでONパルスを発生しています．

RESET1はPLS1パルスの1つ置きに同じタイミングでパルスを発生しています．HOLD1はPLS1に同期して1回おきにON/OFFを繰り返しています．

計画通りに動作しているようです．このプログラムをラズベリー・パイに送ってランさせるとLED1が点滅します．

■ 3，LEDを追加してばらばらの周期で点滅させる

これまで作ったラダー・プログラムを改造してLEDを2個にします．そして2個のLEDの点滅周期を変えてみます．ここでバックアップを取る場合は，Timer1のフォルダを丸ごとコピーして，フォルダ名をTimer1back1などとしたら，それが丸ごとバックアップ・フォルダになります．

● 1，内部リレーとLEDの名前を変更する

現在のラダー・プログラムをマウスで大きくドラッグして，全てを丸ごと選択します．そして，編集→コピーします．次に，現在のラダー・プログラムの下の方で右クリックをして貼り付けます．このとき，一部のラダー・プログラムが元のラダー・プログラムにかぶってしまうようなら，セレクト・マークが付いているうちにもう1度ドラッグして適当な位置まで引っ張ります．この状態ではタイマの名前だけが元のラダー・プログラムと変わっていますが，リレーの名前はそのままです．これでは困るので次に，

PLS2：%QX2.3
RESET2：%QX2.4
HOLD2：%2.5

と，先ほどの続きの%QX2.3から3つの内部リレーを登録して，貼り付けたラダー・プログラムのリレーをそれぞれ新しく登録したものに入れ替えます．この作業は，前に入れたHOLD1：%QX2.2の上にカーソルを置いて＋ボタンをクリックすると，自動的にHOLD2：%QX2.3，HOLD3：%QX2.4，…というようになるので，作業が少し楽になります．内部リレーの名称変更が終わったら，点滅させるLEDの名前もLED1からLED2に変更します．

● 2，タイマ設定時間を変更

次に，TON1のタイマ定数を1300msに変えてみます．

● 3，LEDがばらばらに点滅するのを確認

コピー&ペーストで作ったラダー・プログラムのリレー名などを修正したものを**図11**に示します．最初に作ったラダー・プログラムのLED1の点滅とコピーしたラダー・プログラムのLED2の点滅周期は，ばらばらになります．

● ラダー・プログラムは非同期処理に強い

図11に示すラダー・プログラムですが，2つの別々のラダー・プログラムが組み込まれているのと同じように見えます．これがラダー・プログラムの非同期性です．このような非同期動作を作るのは，非同期な要素が増えれば増えるほど手続き型言語では処理が大変になっていきます．ラダー・プログラムでは，同じような処理を必要な回数を書くだけでこのようなことを実現できる場合が多いです．

■ 4，さらにLEDを追加して非同期で点滅させる

改造例の最後として**図12**に示すようにもう1つ同じラダー・プログラムを追加してLED3を点滅させます[注1]．最後のタイマ定数は700msとしました．複数のタイマがあるときは，タイマ定数を互いに素(2つの整数の最大公約数が1)な関係や割り切れにくい数に設定すると，ラダー・プログラムの非同期性がより一層実感できます．このような非同期の点滅は，マイコンの手続き型の言語で作るのは，ちょっと大変だと思います．ラダー・プログラムであれば，このようにコピー&ペーストして，定数を書くだけで実現できます．

ちなみに，タイマはここで使ったTONの他にTOFF，TPの3種類があります．できればSW1を使って**図8**のような簡単なラダー・プログラムを組み，それぞれのタイマの動作を確認してみるとよいでしょう．

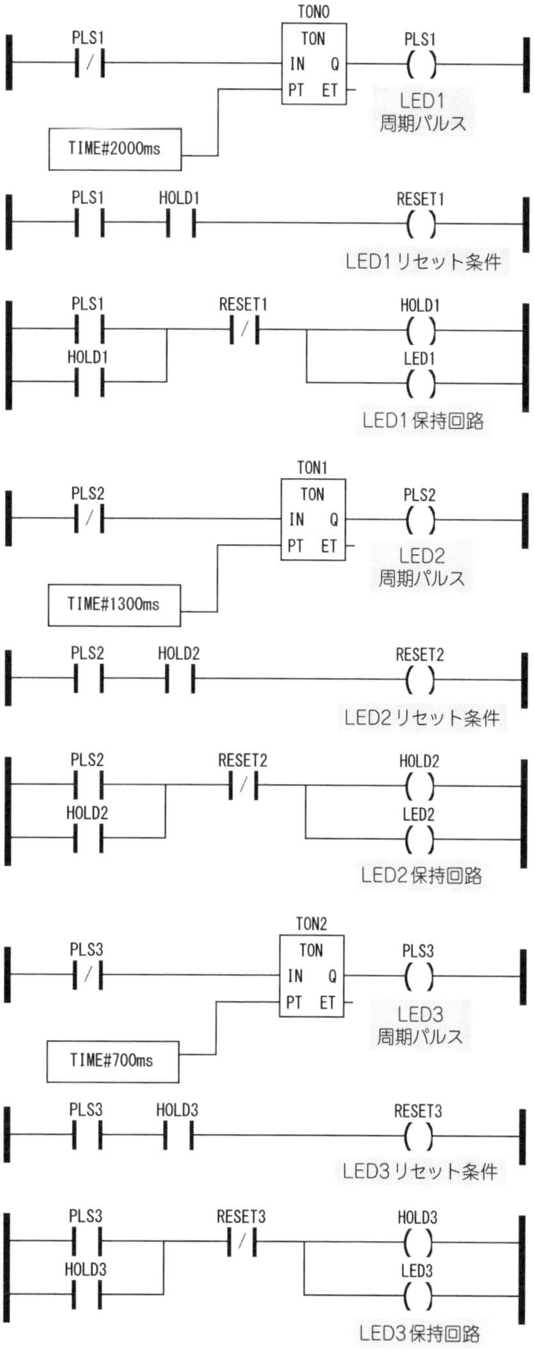

図12　改造2…さらにLEDを追加して非同期で点滅させる

注1：リレーの名前を登録するときに＋アイコンで自動的にリレーをインクリメントしながら割り振ると，%QX2.6，%QX2.7ときて，次が%QX2.8となってしまいます．リレーの小数点以下の数字は8ビットなので0～7までしかありません．これを超えた場合は，%QX3.0というように手動で次のチャネルの先頭に修正してください．

AND/OR回路から数値演算やタイマ時間設定まで

第8章 ステップ2…多彩な動きを作るためのロジック回路

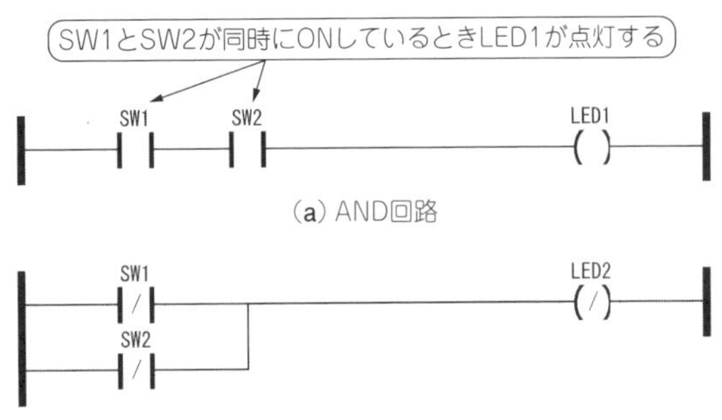

(a) AND回路

(b) OR回路に見えるがド・モルガンの法則からAND回路となる

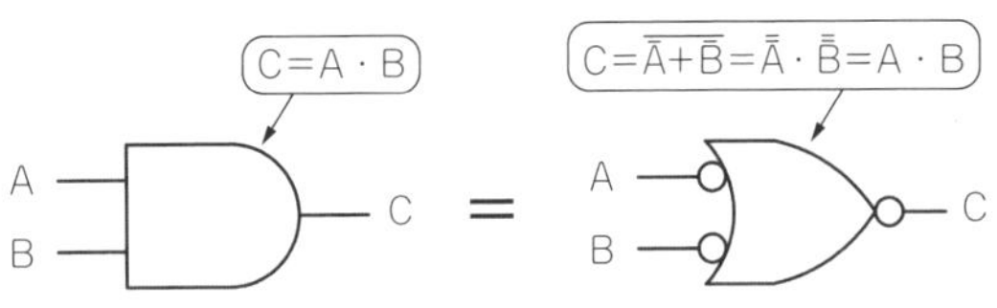

(c) AND回路をOR回路で構成するならこう

図1　ラダー・プログラムで論理回路を作る…AND回路

本章では論理回路の作成および数値演算を利用したラダー・プログラムを紹介します．作成する論理回路はAND回路やOR回路といった基本的な論理回路に加え，フリップフロップ回路も作成します．論理回路の作成以外にも，数値演算を利用した2つのラダー・プログラム例を紹介し動作の確認をします．

組み合わせ回路

● ラダー・プログラムの作成から動作確認まで

▶ステップ1：プロジェクト・フォルダの作成

OpenPLC Editorを起動して新規にLogic1というフォルダを作ります．その下に新規のプロジェクトをLogic1という名前で作ります．Languageは「LD」です．

▶ステップ2：I/Oアドレスを登録しラダー・プログラムを入力

LEDやスイッチのハードウェアは第7章のままなので，同じようにSW1とSW2，LED1とLED2，LED3のI/Oアドレスを登録します．その後，目的のラダー・プログラムを入力していきます．

▶ステップ3：ラズパイにファイルをアップロード

ラダー・プログラムが入力できたら，ラズベリー・パイにファイルをアップロードして動作を確認します．

● AND回路を作る

基本的な論理回路であるAND回路をラダー・プログラムで作成し動作を確認します．作成したラダー・プログラムは**図1**(**a**)に示します．

これを見るとSW1，SW2を両方ONしている間だけ，LED1が点灯する動作だと分かります．つまりSW1とSW2がAND回路に接続されているラダー・プログラムです．

図1(**a**)のAND回路の下に**図1**(**b**)のラダー・プログラムを追加して書きます．そして，このラダー・プログラムをラズベリー・パイにアップロードして動作を確認すると，LED1もLED2も同時に点灯するのが確認できます．これはド・モルガンの法則が成立しているためです．一般的にMIL記号では，**図1**(**c**)のように書いて説明しますが，この法則はラダー・プログラムでも通用します．一般に数式というものは理想条件の中では，どこまでも現実に合致するものです．

● OR回路を作る

OR回路のラダー・プログラムを入力して動作確認してみます．**図2**(**a**)はOR回路と同じ動作をするラダー・プログラムです．OpenPLC Editorで**図1**(**a**)と**図1**(**b**)のラダー・プログラムを消して**図2**(**a**)のラダー・プログラムを入力してラズベリー・パイにアップロードします．SW1かSW2のどちらかをONするとLED1が点灯します．**図2**(**a**)のOR回路の下に**図2**(**b**)のOR回路を追加します．そしてラズベリー・パイにアップロードして動作を確認すると，LED1とLED2が同時に点灯するのを確認できます．

● AND回路とOR回路の組み合わせ

図3(**a**)は応用的なラダー・プログラムです．OR回路が2つ積み重なっているようなラダー・プログラムですが，論理記号で表すと，**図3**(**b**)のようになり

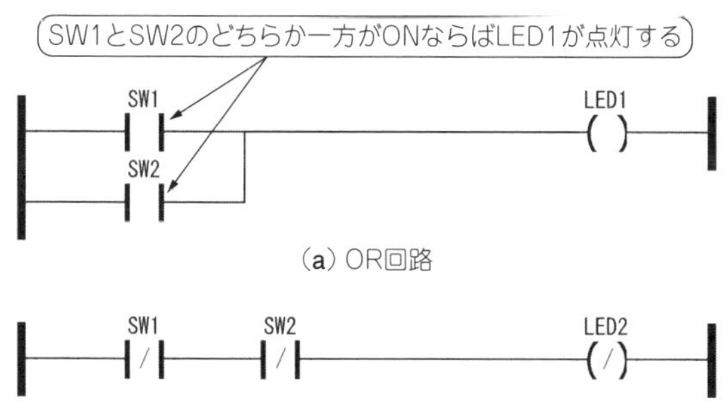

(a) OR回路

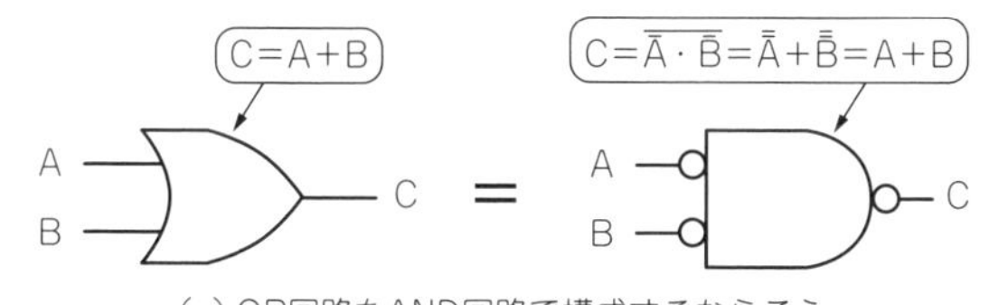

(b) AND回路に見えるがド・モルガンの法則からOR回路となる

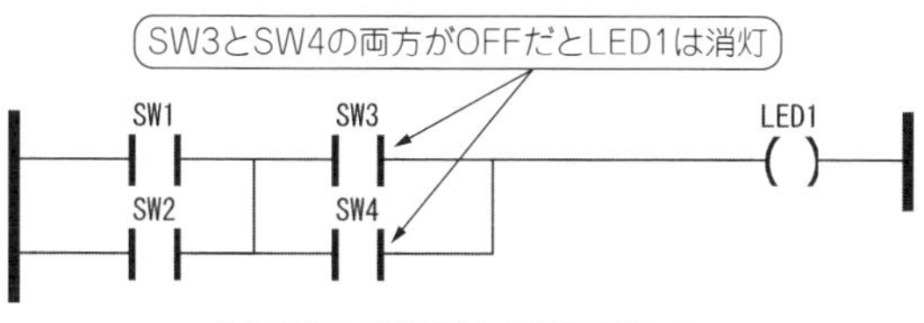

(c) OR回路をAND回路で構成するならこう

図2　ラダー・プログラムで論理回路を作る…OR回路

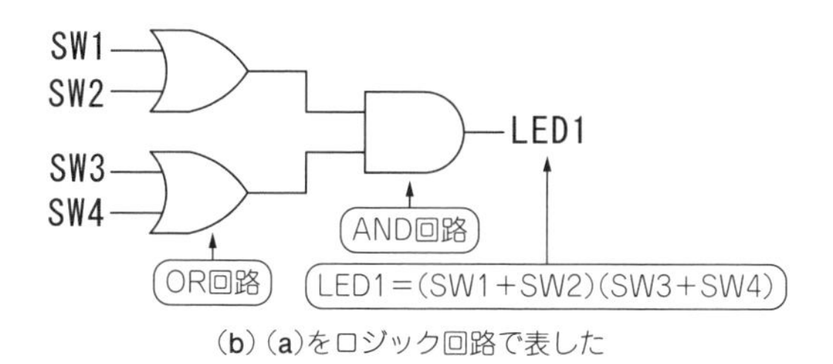

(a) 2つのOR回路をAND接続した

SW1
SW2
SW3
SW4
LED1
AND回路
OR回路
LED1=(SW1+SW2)(SW3+SW4)

(b) (a)をロジック回路で表した

図3　OR回路を2つ重ねた回路

ます．このような回路は，例えばXとYの2組のシリンダの両端にあるリミット・センサのどちらかが互いにONしている状態(シリンダがどちらかの端にある)を確認するときに利用します．

順序回路

● フリップフロップ回路の基本「SRフリップフロップ回路」

図4(a) にSR(セット/リセット)フリップフロップ回路と同じ動作をするラダー・プログラムを，**表1**にI/O設定内容を示します．リセットは初期条件でLED1を点灯するためのものであり，立ち上がりエッジ・コイルになっています．このように左母線で直接駆動するとリセットの初期条件は暗黙的にOFFなので

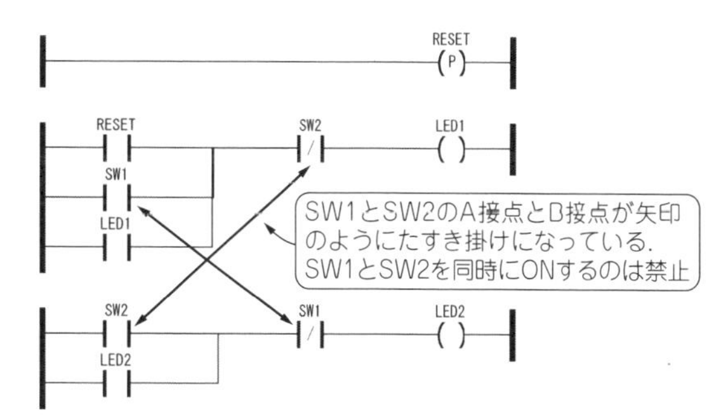

(a) SRフリップフロップ回路

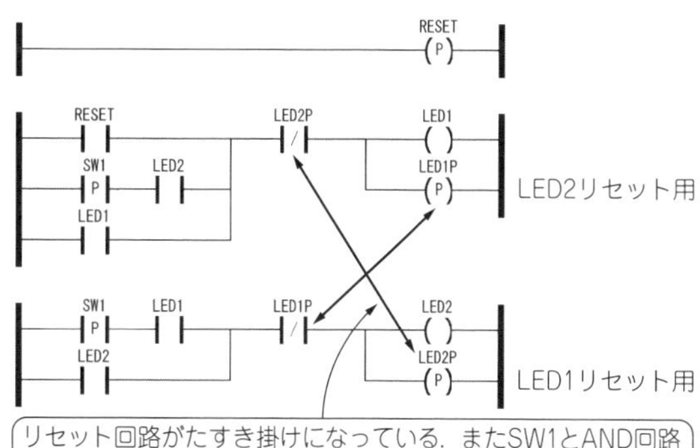

(b) Tフリップフロップ回路

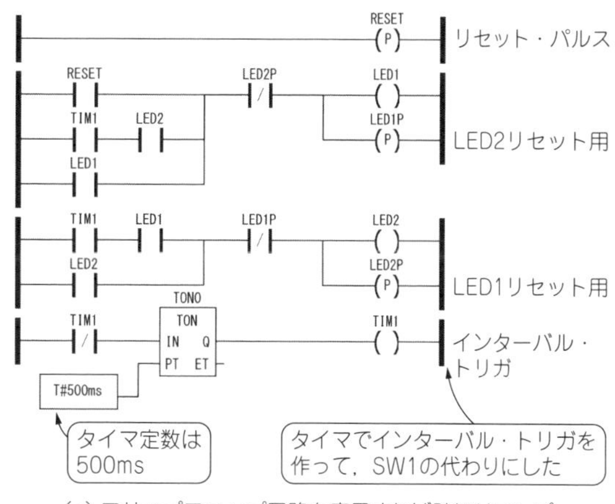

(c) フリップフロップ回路を応用すれば踏切りランプ(LEDを自動で交互に点灯)も作れる

図4　フリップフロップ回路もラダー・プログラムで作れる

でプログラムが起動すると，すぐにONするこのコイルに立ち上がりエッジが生じます．そして，立ち上がりエッジ・コイルのリセットは起動時の1スキャンだけONします．このようにコイルを直接母線で駆動するのは，メーカ製のPLCでは許されないものもあるので気をつけてください．

このラダー・プログラムは，SW1とSW2のA接点

表1　SRフリップフロップのI/O設定内容（Classはlocal）

#	名　前	種　類	Location
1	SW1	BOOL	%IX0.3
2	SW2	BOOL	%IX0.4
3	LED1	BOOL	%QX0.0
4	LED2	BOOL	%QX0.1
5	LED3	BOOL	%QX0.2
6	RESET	BOOL	%QX2.0

表2　Tフリップフロップの I/O設定内容（Classはlocal）

#	名　前	種　類	Location
1	SW1	BOOL	%IX0.3
2	SW2	BOOL	%IX0.4
3	LED1	BOOL	%QX0.0
4	LED2	BOOL	%QX0.1
5	LED3	BOOL	%QX0.2
6	RESET	BOOL	%QX2.0
7	LED1P	BOOL	%QX2.1
8	LED2P	BOOL	%QX2.2

表3　順次実行をするラダー・プログラムのI/O設定内容（Classはlocal）

#	名　前	種　類	Location
1	SW1	BOOL	%IX0.3
2	SW2	BOOL	%IX0.4
3	LED1	BOOL	%QX0.0
4	LED2	BOOL	%QX0.1
5	LED3	BOOL	%QX0.2
6	RESET0	BOOL	%QX2.0
7	NEXT0	BOOL	%QX2.1

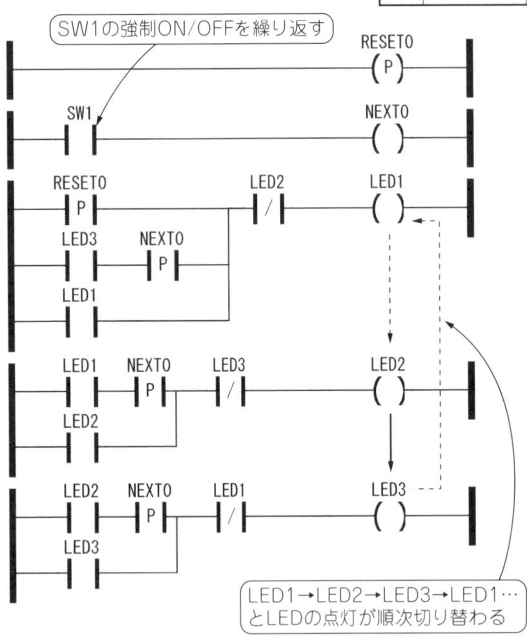

図5　順次実行するラダー・プログラムを使えばLEDを順番に点灯させることができる

とB接点が保持プログラムにたすき掛けのように入っていて相反する形で働きます．一般のSRフリップフロップもそうですが，このプログラムもSW1，SW2を両方同時にONするのは禁止です．両方ONした後にうまく（1スキャン以内）両方同時にOFFするとLED1，LED2とも不点灯という状態ができてしまいます．

● トリガを基準に出力を決める「Tフリップフロップ回路」

図4（b）はT（トリガ）フリップフロップ回路と同じ動作をするラダー・プログラムです．また，**表2**にI/O設定内容を示します．トリガのSW1をONするごとにLED1とLED2の点灯が切り替わります．このラダー・プログラムは，LED1とLED2に並列に立ち上がりエッジ・コイルLED1P，LED2Pを追加してたすき掛けに使い，LED1とLED2の保持がリセットされるようになっています．肝心の点灯条件は，SW1の立ち上げとLED1 = ONがANDになってLED2の点灯条件に，またSW1の立ち上げエッジとLED2 = ONがANDになってLED1の点灯条件になっています．このラダー・プログラムはLED1とLED2が交互に点灯するようになっています．

▶まるで踏切りランプ…LEDが自動で交互に点灯するラダー・プログラム

例えば踏切についている2つの赤ランプのように自動で交互に点灯するようにならないでしょうか．ラダー・プログラム例を**図4（c）**に示します．前に出てきたタイマによるインターバル・パルスをSW1の代わりに使うのです．このように，ラダー・プログラムは手軽にプログラムを変更できます．

● LEDを順次点灯させる「順次実行プログラム」

順次実行プログラムは，次々と保持されたリレーをバトンタッチするように状態を遷移させていきます．ここでは，LEDの点灯がSW1をON/OFFするたびに代わっていくようにしてあります．本来この順次実行プログラムは別の使い方があるのですが，その解説は後にして，このLED順次点灯を試してみてください．

ラダー・プログラムを**図5**に示します．I/O設定は**表3**の通りです．ラズベリー・パイで実行するとSW1をON/OFFするたびにLEDが順次点灯します．シミュレータで実行しSW1を強制ON/OFFするとLEDの保持が1つずつ次のLEDの保持に切り替わり，次のLEDが保持されると前に点灯しているLEDの保持が切れるという仕組みになっているのが分かります．

そして，最後のLEDが点灯した次は最初のLEDに戻ります．パタパタ変化するカラクリのようです．このカラクリは，その気になればいくらでもLEDを増やすことができます[注1]．このようなプログラムの仕組みを頭の隅に置いておくと，機械動作の制御などで役立ちます．SW1の代わりにインターバル・パルスを使うと自動的に3つのLEDが順次点滅します．

注1：正確には出力リレーの数が上限です．

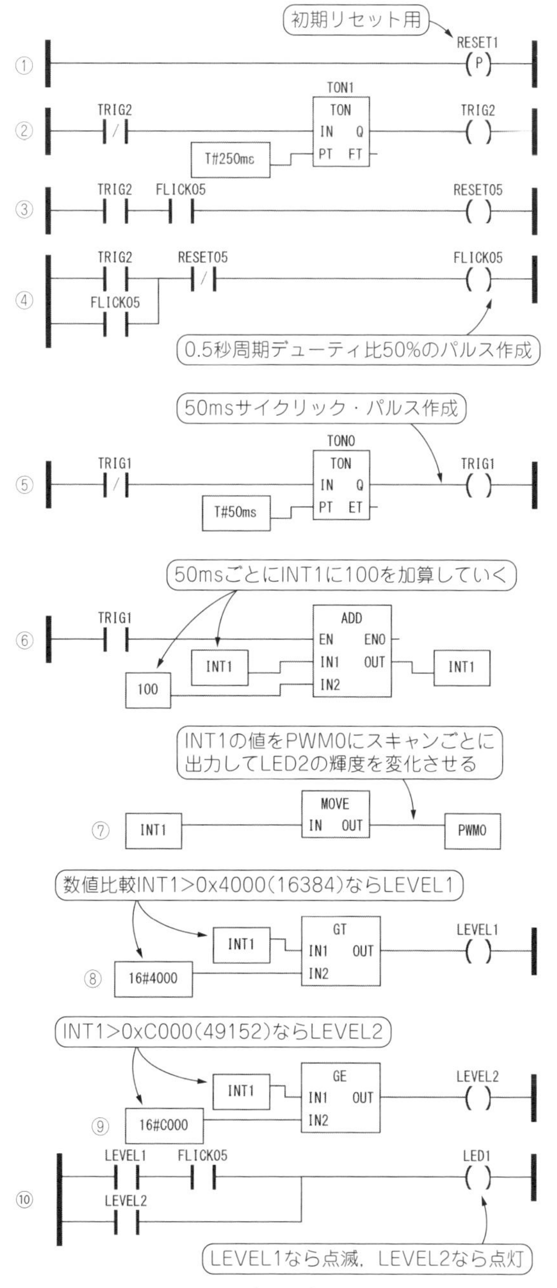

図6　数値演算を利用したラダー・プログラム1…数値の加算/比較を使ってLED2の輝度変更，LED1の点灯/点滅を実現

数値演算

数値はアナログ入出力を扱うためには必須です．**図6**および**図7**に示すサンプルのラダー・プログラムは少し複雑です．今まで解説してきた内容に加えて数値加算と数値比較があります．また，今までの応用としてLEDの点滅/点灯の切り替え，押しボタン・スイッチの押し下げ時間による使い分けなどが主なテーマになっています．

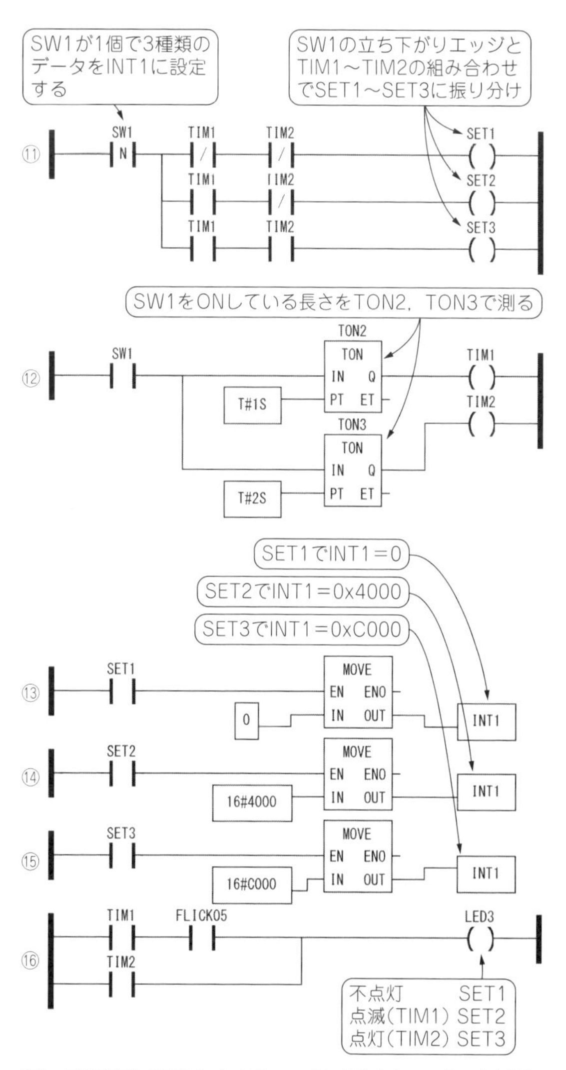

図7　数値演算を利用したラダー・プログラム2…スイッチを押している時間に応じて異なる数値をINT1に代入する

● プログラムのI/O設定

このラダー・プログラムをラズベリー・パイで実行する前に，LED2の接続先を10ピン(%QX0.1)から12ピン(%QW0)に変更してください．PWM(パルス幅変調)の変化に従ってLED2の輝度の変化が確認できます．また，このプログラムのI/O設定は**表4**の通りです．

● プログラムのあらまし

図6および**図7**に示すラダー・プログラムは，UINTの変数INT1を50msごとに100ずつ加算し，同時にPWM0に出力してLED2の輝度を変化させます．また，INT1の値が0x4000を超えるとLED1は点滅し

表4
数値を使ったラダー・プログラムのI/O設定内容（Classはlocal）

#	名　前	種　類	Location
1	SW1	BOOL	%IX0.3
2	SW2	BOOL	%IX0.4
3	LED1	BOOL	%QX0.0
4	LED2	BOOL	%QX0.1
5	LED3	BOOL	%QX0.2
6	RESET1	BOOL	%QX2.0
7	TRIG1	BOOL	%QX2.1
8	TIM1	BOOL	%QX2.2
9	TIM2	BOOL	%QX2.3
10	TIM3	BOOL	%QX2.4
11	TRIG2	BOOL	%QX2.5
12	FLICK05	BOOL	%QX2.6
13	RESET05	BOOL	%QX2.7
14	LEVEL1	BOOL	%QX3.0
15	LEVEL2	BOOL	%QX3.1
16	SET1	BOOL	%QX3.2
17	SET2	BOOL	%QX3.3
18	SET3	BOOL	%QX3.4
19	INT1	UINT	%MW0
20	PWM0	UINT	%QW0
21	TON0	TON	
22	TON1	TON	
23	TON2	TON	
24	TON3	TON	

0xC000を超えるとLED1は点灯し，INT1における加算の進行状況をLED1でモニタできます．ここまでは1つのブロックで，これだけでも動作します．

次は，スイッチとタイマを使ったINT1の書き換えです．SW1を短く押して離すと，INT1は0にセットされます．SW1を約1sから2sの間押してLED3を点滅させて離すとINT1には0x4000がセットされます．さらにSW1を2秒以上押し続けてLED3を点灯させて離すとINT1には0xC000がセットされます．以降ではラダー・プログラムの具体的な動作を解説します．

● 数値の加算/比較を使ってLEDを制御する

以下に図6に示したラダー・プログラムの具体的な動作を解説します．

▶①：起動リセット

ラダー・プログラムは起動リセットです．

▶②③④：共用パルスの作成

②③④の3つのラダー・プログラムで0.5sサイクル，デューティ比50％のパルスFLICK05を作っています．このパルスは，LED点滅用の共用パルスです．このプログラムでは，LEDの点滅が2カ所ありますが，このFLICK05を共用しています．

▶⑤：サイクリック・パルスの作成

⑤はタイマを使って50msサイクリック・パルスを作っています．

▶⑥：数値加算

⑥のファンクションADD（加算）は，EN（イネーブル）オプション入力が付いています．このイネーブルを⑤で作ったパルスで駆動します．このパルスは，50msごとに1スキャンだけONするので，このパルスごとにINT1に100ずつ加算されます．

▶⑦：値のコピー

⑦のMOVでINT1をPWM0に出力（コピー）します．このファンクションMOVは，イネーブルがないのでスキャンごとにMOV（コピー）が実行されます．

▶⑧⑨：数値比較

⑧のファンクションは，GT（Greater Than）です．記号で書くと，不等号記号の「<」です．⑨はGE（Greater or Equal）は，不等号記号で書くと「≦」です．これらの比較ファンクションでLEVEL1とLEVEL2をON/OFFします．これらのファンクションも，イネーブルがないのでスキャンごとに実行されます．

▶⑩：LEDの点灯/点滅

⑩はLED1を点灯させるラダー・プログラムです．LEVEL1と先に作ったFLICK05のAND回路で駆動されているのでLEVEL1で点滅します．また，LEVEL2はLEVEL1とFLICK05をまたぐ形でOR接続されているので，LEVEL2がONするとLED1は点灯になります．

● スイッチの押下時間に応じた数値を代入する

次に図7に示したプログラムの動作を解説します．

▶⑪⑫：SW1のON時間による振り分け

⑪⑫でSW1のON時間による振り分けを行っています．振り分けは，SW1の立ち下がりエッジのタイミングで行いますが，このときTIM1，TIM2の状態で振り分けます．この⑪と⑫を入れ替えると，このラダー・プログラムはうまく動きません．理由は，このラダー・プログラムの上下を入れ替えると，SW1の立ち下がりエッジが発生する時点でTIM1，TIM2は全てOFFになってしまうためです．

▶⑬⑭⑮：数値の代入

⑬⑭⑮はSET1，SET2，SET3に応じてINT1に数値をMOVでセットするプログラムです．これらのMOVは先にでてきたものとは違って，イネーブル入力があります．このイネーブルをSET1，SET2，SET3で駆動することで必要な数値をINT1にコピーします．

▶⑯：LEDの点灯/点滅

⑯はLED3を点灯させるプログラムです．TIM1はFLICK05とANDなので点滅します．TIM2は，「TIM1 AND FLICK05」をまたいでOR接続なので，優先的に点灯になります．

ラズベリー・パイからリレーを駆動しAC100Vを
ON/OFFするために

第9章 ステップ3…DC24V アイソレートI/O基板を作る

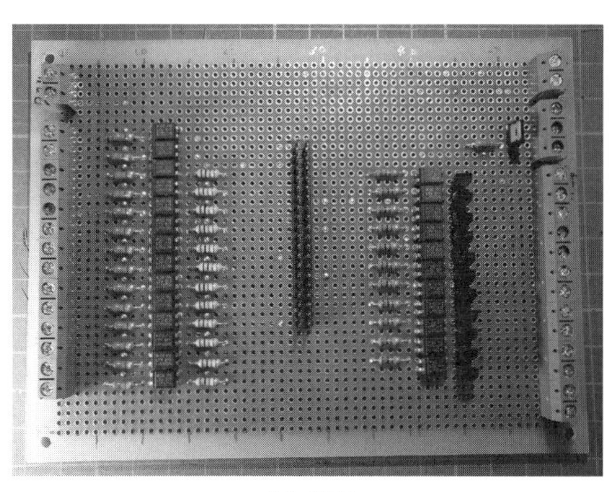

(a) 表面

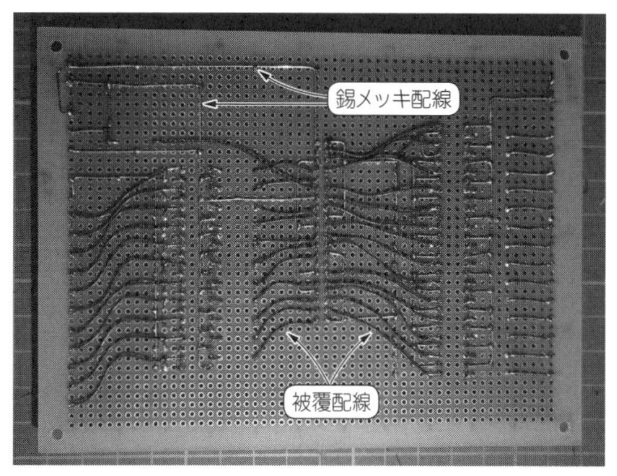

(b) 裏面

写真1　ラズベリー・パイからリレーなどを駆動するためにはこのDC24VアイソレートI/O基板が必須となる［プリント基板(生板)を配布中］

ラズベリー・パイのGPIO端子は3.3V，数mAしか出力できません．このままではAC100VをON/OFFするためのリレーを駆動できません．そこで，ラズベリー・パイに外付けするDC24VアイソレートI/O基板(**写真1**)を製作します．

まずはI/O基板の回路の働きを解説した後，ユニバーサル基板上での部品配置や配線方法，製作のコツについて述べます．

DC24Vにした理由

● メーカ製PLCのI/OにはDC24Vが使われている

一般的にメーカ製のPLCには，フォトカプラでアイソレート(絶縁)したDC24VのI/O端子が多く用いられています．DC24Vという電圧は，電子回路やCPUではあまり用いられることはありません．

CPUなど高速なスイッチングを行うデバイスでは，消費エネルギーが少なく，高速動作が可能なのでなるべく低い電圧で動かすのがトレンドですが，電磁弁やリレーなどの電磁系デバイス，小型のモータなどを動かすには，小さくてもそれなりの電力が必要になります．

● 必要な電流/スイッチング素子が小さくて済む

必要な電力が同じである場合，24Vは5Vや12Vに比べて必要な電流が小さくて済み，また，出力トランジスタなどのスイッチング・デバイスも小さなもので済みます．AC100VやAC200Vはさらに必要な電流が減りますが，トランジスタなどI/Oに使うスイッチング・デバイスに大げさなものが必要になり，さらに感電のリスクなども増加します．このような理由からDC24VがI/Oには妥当な電圧と言えます．

DC24VアイソレートI/O基板の回路

図1にDC24VアイソレートI/O基板の回路を示します．以降では，この回路図の入力側と出力側の回路の動きを見ていきます．**表1**に部品表を示します．

● 入力回路側

入力側のコモンはP24(＋24V)です．入力回路24V側は，電流制限用の3.3kΩを各フォトカプラのLED側に入れただけです．逆電圧保護用のダイオードは入っていないので逆電圧をかけないように気をつけてください．

ラズベリー・パイの入力(%IX0.2～%IX1.5)側は，

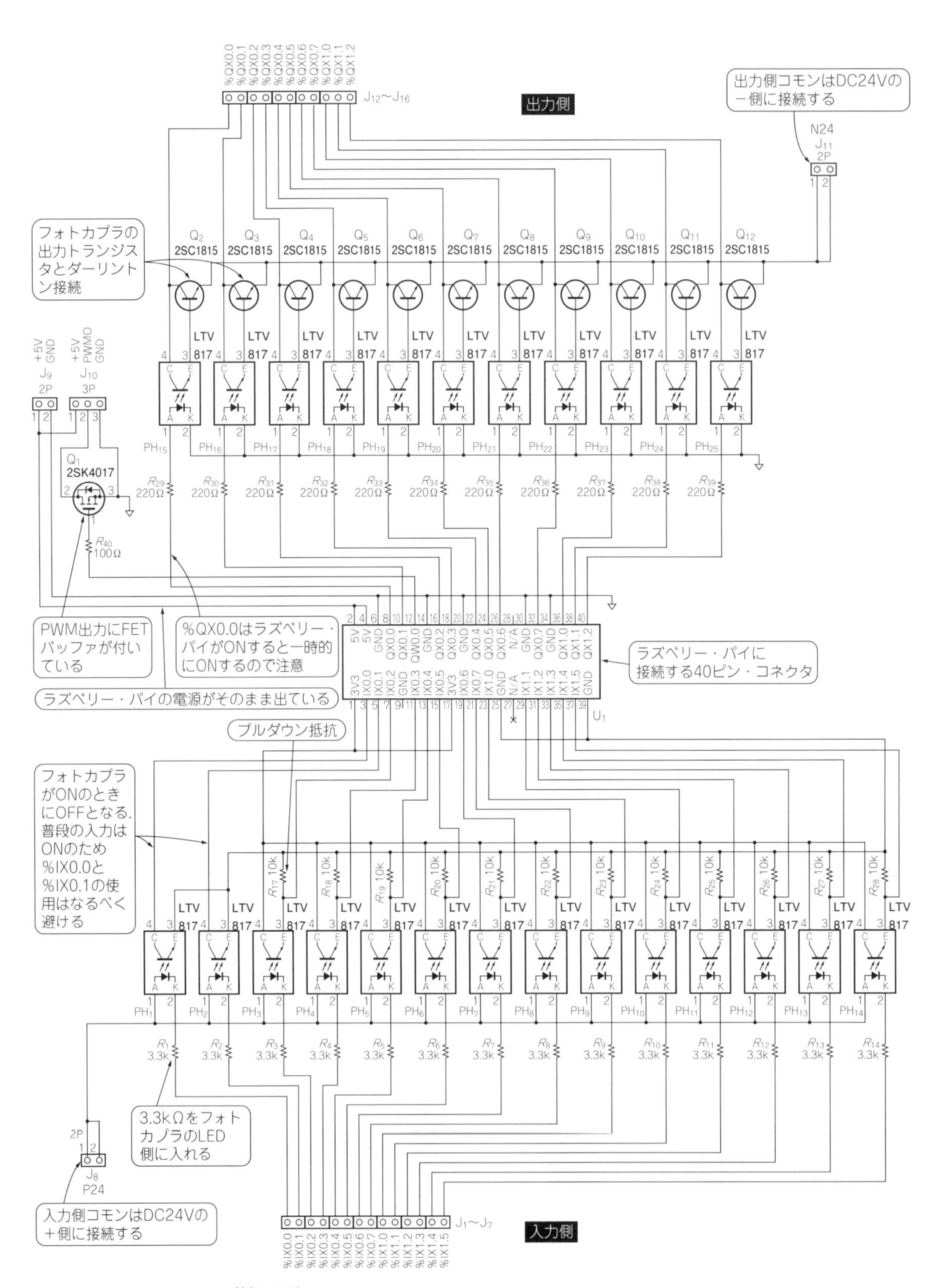

図1　DC24Vアイソレート I/O 基板の回路

表1　DC24Vアイソレート I/O基板に搭載する部品（部品セットを秋月電子通商で販売中，gk-15645で検索）

品　名	メーカの部品名	メーカ型番	メーカ名	使用数	配布中のプリント基板におけるリファレンス番号	購入先注	代替品	合計金額（参考）［円］
端子台2P	TerminalBlocks 5.08mm（2P）	TB111-2-2-U-1-1	AlphaPlus	14	J1～J9，J11～J15	A	ピン間5.08，ピン径<1.2	280
端子台3P	TerminalBlocks 5.08mm（3P）	TB111-2-3-U-1-1		2	J10，J16	A	ピン間5.08，ピン径<1.2	60
コネクタ2P	XHコネクタ 2P（ベース付ポスト）	B2B-XH-A	日本圧着端子	1	J17	A	2.54mmピン・ヘッダ	10
フォトカプラ	フォトカプラ	LTV817	LITEON	25	PH1～PH25	A	TLP621，PC817	375
FET	Nchパワー MOSFET	2SK4017	東芝	1	Q1	A	（V_{th}≦3）IRLU3410BPF	30
トランジスタ	トランジスタ	2SC1815		11	Q2～Q12	A	2SC945，M28S	200
抵抗	炭素被膜抵抗	3.3k　1/4W	FAITHFUL LINK INDUSTRIAL	14	R1～R14	A		100
		10k		12	R17～R28	A		100
		220Ω		11	R29～R39	A		100
		10～470Ω		1	R40	A	220Ωで代替	
40Pピン・ソケット	2.54mm Female Header Dual row，2x20	FH-2x20SG	Useconn Electronics	1	U1	A	MFH2X20SG-2	80
I/O基板固定用スペーサ（M3，20mm）	黄銅スペーサー（Ni）M3 L=20	ASB-320E	廣杉計器	4		H	M2.6～M3 L=20mm以上	144
基板連結用スペーサ（M2.6，11mm）	黄銅スペーサー（Ni）M2.6 L=11	ASB-2611E		4		H	M2.6 L=10mm～12mm	152
M2.6なべねじ	ナベ小ネジ（金属）黄銅Ni メッキ M2.6	B-2606		8		H		64
M3なべねじ	ナベ小ネジ（金属）黄銅Ni メッキ M3	B-0306		8		H		64
ファン	FAN	RDL3010S5	X-FAN	1			ファン・サイズ 25～30mm角	
							総合計金額（参考）［円］	1,759

注：Aは秋月電子通商，Hは廣杉計器の略

上記ファンの価格を含まない

10kΩでプルダウンしてフォトカプラの出力でラズベリー・パイの3.3Vにつり上げるようになっています．従って，これらの入力はフォトカプラがONで入力ONとなります．

また，%IX0.0と%IX0.1についてフォトカプラの使い方が他のものとは違っています．理由は，ラズベリー・パイの入力がこの2つだけ強くプルアップされていて，プルダウン抵抗で“L”を確保するためには，かなり低い値の抵抗でプルダウンする必要があるためです．ここを無理やりプルダウンするのは妥当ではないと思うので，この2つの入力だけフォトカプラの入力がONのときに入力レベルが“L”になるように接続してあります．従って，%IX0.0，%IX0.1は普段は接続される記号がON（フォトカプラがON）のときに入力OFFとなります．前章までのプログラムで入力を%IX0.0，%IX0.1を使用せずに%IX0.3，%IX0.4を使っていたのもこのためです．

▶ %IX0.0，%IX0.1の使用は避ける

他の入力は，普段OFFなので混乱を避けるために%IX0.0，%IX0.1はなるべく使用しない方が賢明ですが，どうしても入力が足りないなどの理由で使用する場合はB接点として使用するのがよいでしょう．

● 出力回路側

出力回路については，全てのフォトカプラの出力トランジスタを外付けのトランジスタとダーリントン接続しています．他にも%QW0のPWM出力にMOSFETバッファを付けてあります．この出力MOSFET（2SK4017）の定格ドレイン電流は5Aです．V_{th}（しきい値電圧）が1.2～2.5Vと小さいので代替品は少ないと思います．ラズベリー・パイはI/O電圧が3.3VなのでV_{th}が4Vのものは使えないと考えた方が良いと思います．

出力は，J10の3P端子台に5VとGNDとともにPWM出力を出してあります．5Vはラズベリー・パイの電源がそのまま出してあるので，小さな電流のLEDなどを

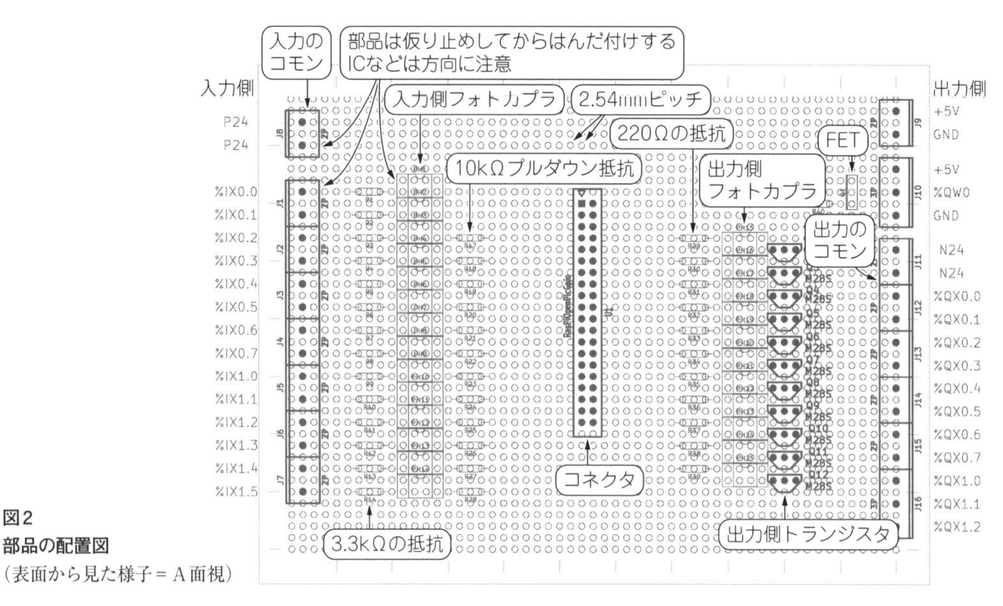

図2
部品の配置図
（表面から見た様子＝A面視）

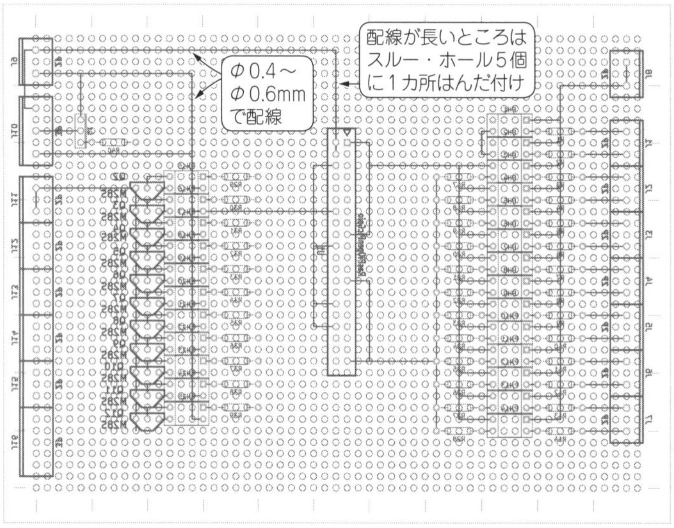

図3
錫メッキ配線図
（裏面から見た様子＝B面視）

つなぐ場合はこの5VとPWMの間にLEDをつなげば点灯できますが，大電流のLEDや電球などをつなぐ場合は外部電源の－（マイナス）をGNDに接続して，その外部電源の＋（プラス）とPWMの間にLEDをつなぎます．

▶出力回路側での注意点…一時的にONするピンがある

出力についての注意点として，%QX0.0はラズベリー・パイの電源をONした時に一時的にONになります．手持ちの3個のラズベリー・パイ3B+が全て同じなので，少なくとも筆者手持ちのラズベリー・パイのロットはそうなっているようです．他の出力は，電源ONからずっとOFFのままでした．

ただし，システムが立ち上がるまでの出力の挙動は仕様で保証されているわけではなさそうなので，ロットや個体差があるかもしれません．電源ONからシステムが立ち上げるまでの出力の挙動はソフトウェアでは監視できないので，事前によく確認してONになることがあるようなら，24V電源を立ち上げるタイミングを5Vより遅れさせるなどのハードウェアでの対応が必要になります．この辺がラズベリー・パイを使う上での限界だと思います．

基板を製作する

● 手軽に買えるユニバーサル基板を使う

使用したユニバーサル基板は，秋月電子通商で売られているAタイプ（155×114mm）です．基板の丈夫さという点で片面ではなく両面スルー・ホール・タイプを使う方がよいと思います．片面だと，配線を1回で決めないで何度か修正するとパターンが簡単に剥が

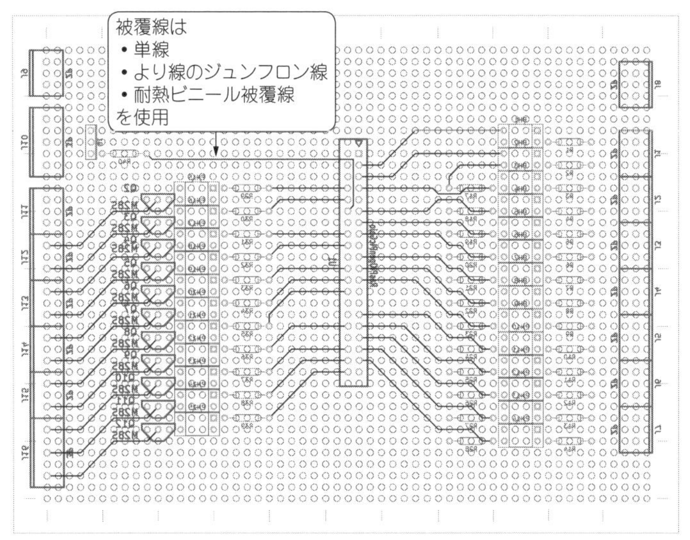

図4
被覆線を使った配線図
（裏面から見た様子＝B面視）

れてしまいます．他にも，端子は秋月電子通商で売られている5.08mmピッチのものを使用しました．ピン数が少ないので5mmピッチのものを使っても支障はないと思います．

● ラズパイ接続に使うコネクタはピン・ソケットで代用した

図1にある中央のCN1がラズベリー・パイにつなげるフラット・ケーブル・コネクタです．手元にヒロセ電機のHIFシリーズの40ピン・コネクタがあればよいですが，筆者は20ピン×2列のピン・ソケットで代用しました．ピンヘッダの場合は，ウォールがないので挿すときに向きやズレがないように気をつけてください．

● 部品の配置…部品は仮止めしてからはんだ付けする

図2は部品配置図です．まずこの配置図の通りに穴数を数えながら部品を仮止めします．仮止めは，ICなどの主要な部品の位置や方向が間違った場合，外しやすいように1本の足だけはんだで軽く止めます．そして，全部の部品を仮止めして間違いがないことを確認してから全ての部品の足をはんだで基板に固定します．

● 配線作業1…錫めっき線の配線

図3は錫（すず）めっき線の配線図です．配線は基板裏から行うので見やすいように裏面印刷してあります．φ0.4～φ0.6程度の錫めっき線で配線します．その際に，錫めっき線が長く伸びる所は，スルー・ホール5個に1カ所程度はんだ付けをします．また，角の部分もはんだ付けをして不要に錫めっき線が浮き上がらないように配線します．

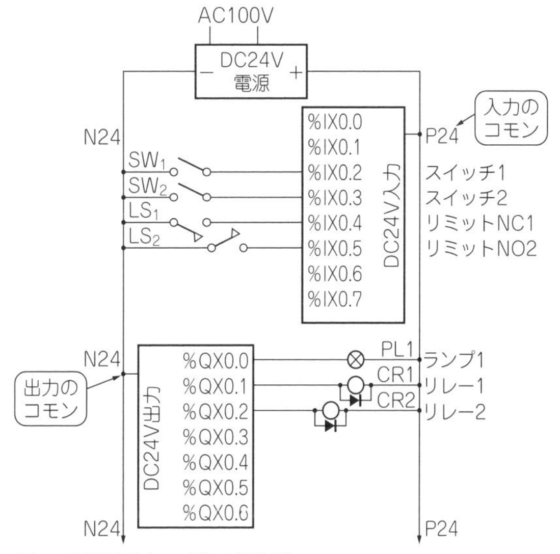

図5　基板外部（24V側）の回路例

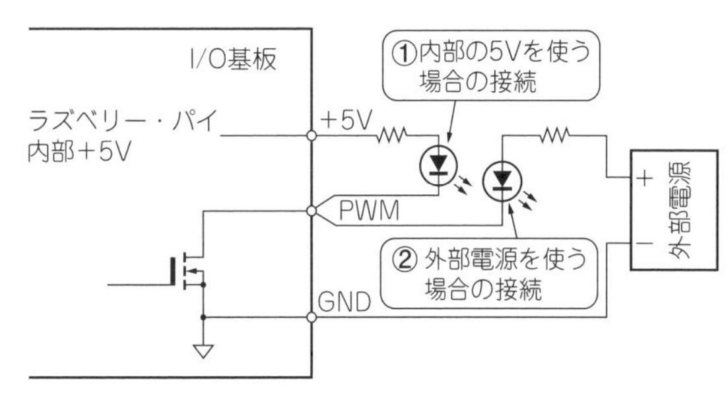

図6　PWMの接続方法．使う電源によって接続を変える

● 配線作業2…被覆線での配線図

図4は被覆線での配線図です．これも裏面印刷です．被覆線は，単線やより線のジュンフロン線，AWG

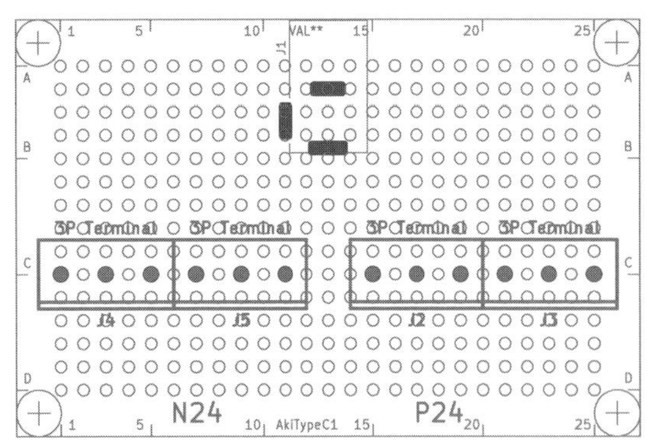

(b) 基板上の部品配置(表面)

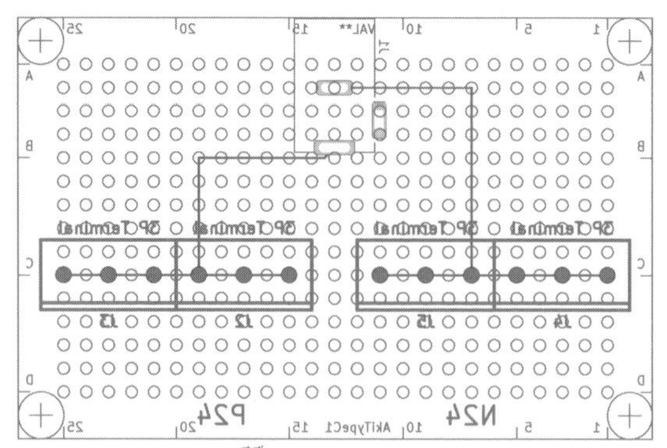

(c) 錫(すず)メッキ配線図(裏面)

(d) 完成写真(表面)

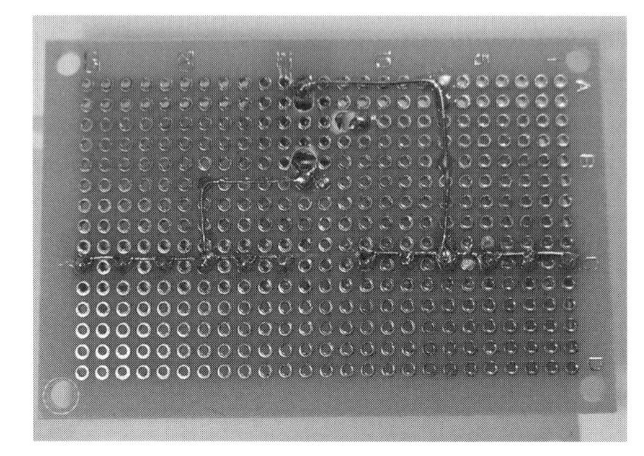

(e) 完成写真(裏面)

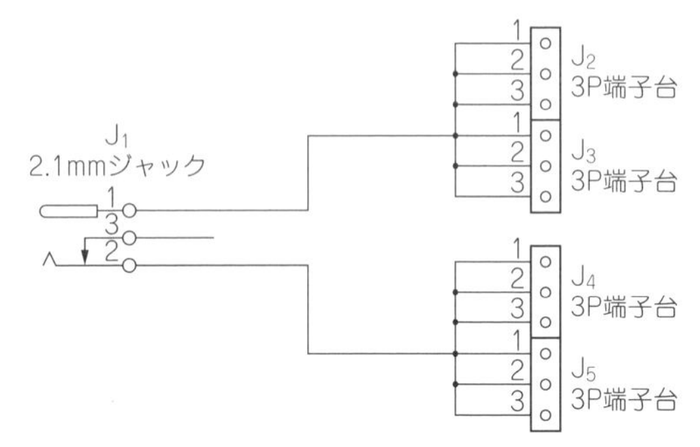

(a) 配電基板の回路図

図7　製作した配電基板の回路と配線図

24～30程度の耐熱ビニール被覆の線を使います.

● 配線作業3…外部基板の配線

外部基板(24V側)の回路例を**図5**に示します. **図1**からも分かるように, 入力のコモンはP24(+24V)です. また, 出力のコモンはN24(24V-GND)です. 24Vの電源ラインを縦長の用紙の両側にラダー図の母線のように引いて, **図5**のようにI/Oにつながるものを書き込むと入出力の関係が理解しやすくなります. 実際の配線では, 24Vの+側も－側も多く使うので, 電源を展開した端子を多めに用意するとよいでしょう.

QW0(PWM)の接続を**図6**に示します. 内部の5Vを使う場合は**図6**①の方法で接続します. 大きなLEDを使う場合は, 十分な電力を供給できる外部電源を使って**図6**②のように接続します.

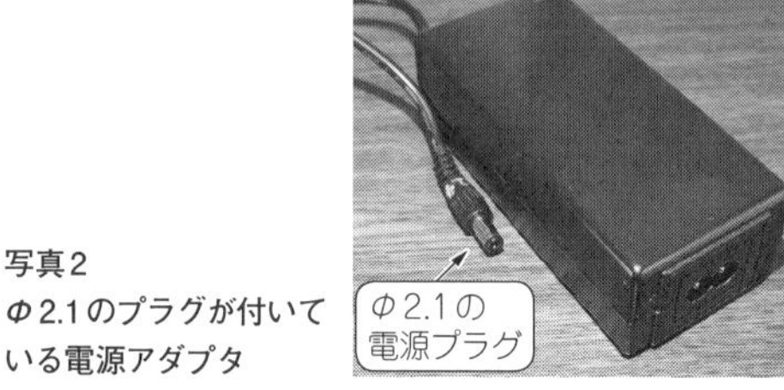

写真2
φ2.1のプラグが付いている電源アダプタ

給電用の配電基板の製作

24V電源系は端子台に展開して給電してもよいですが, 筆者は**図7**のような配電基板を用意しました. というのは, 今回用意した24V電源がφ2.1の電源プラグが付いている**写真2**のような品なので, 直接, 端子台で受けにくかったからです.

電源ジャックのMJ179PHは, そのままユニバーサル基板に接続できないので, φ3程度のドリルで適当なスルー・ホールを広げて取り付けます. 配線そのものは簡単なので解説は割愛します.

液体バルブと流量センサを使って一定量の水を供給する

第10章 ステップ4…AC100VのON/OFFにトライ

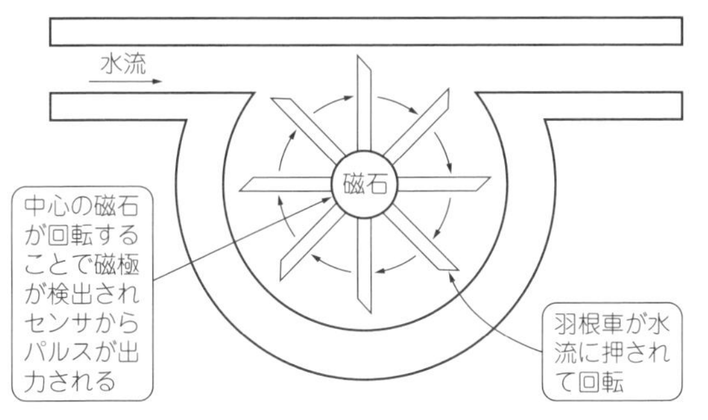

図1　流量センサの内部構造…流量はパルスで出力される

前章で製作したDC24VアイソレートI/O基板を使ってAC100VのON/OFFにトライします．まずは，製作した基板の出力でリレーを駆動します．

その後，リレーによってAC100Vの流体ソレノイド・バルブを駆動して水道水の吐出を確認します．次に**写真1**(a)のように流体バルブの直後にパルス出力の流量センサを付けて，定量吐出の確認をします．

実験で使うアナログ回路やラダー・プログラムの動作，実験上の注意点も交えながら解説します．

実験で使うもの

● 流量センサと流体バルブを組み合わせる

写真1(b)は今回使用する流体バルブと流量センサです．使用する流体バルブは，B31-02-3-AC100V(CKD)直動です．流量センサはYF-S201(帝江)という製品をaitendoで購入しました．

写真1(b)で連結用にねじが切ってありますが，これは外ねじだけなので，流体バルブと同じようにPT1/4のテーパータップで内ねじを切って流体バルブと連結しました．

流体バルブは，AC100Vの電圧を加えるとバルブが開いて水が流れます．

流量センサの内部構造を**図1**に示します．中の羽根車が水流に押されて回転することで中心にある磁石が回転して，磁極を検出するホール・センサからパルス

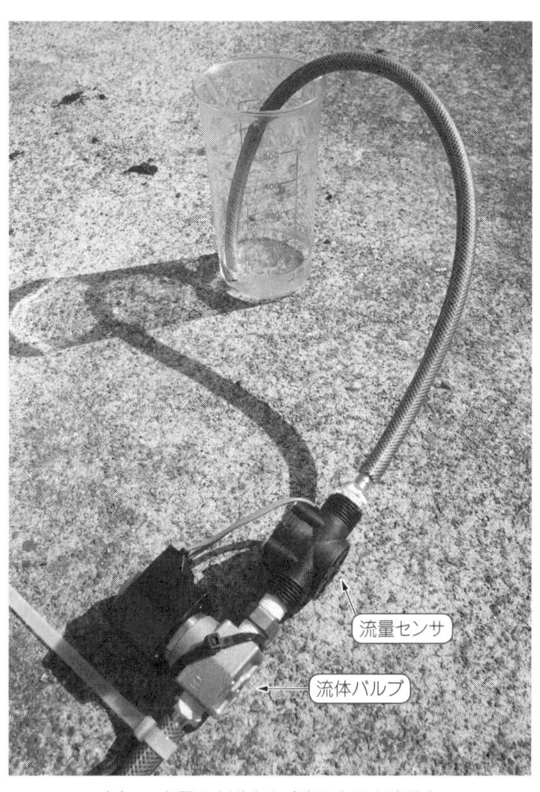

(a) 一定量の水道水を吐出できるか確認中

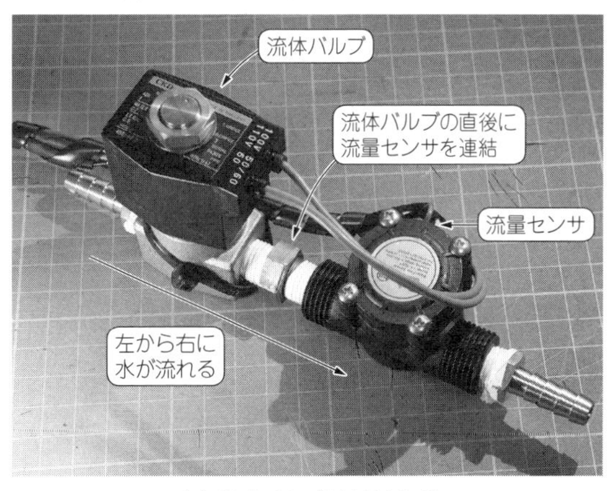

(b) 流体バルブと流量センサ

写真1　流体バルブと流量センサを用いた定量吐出実験

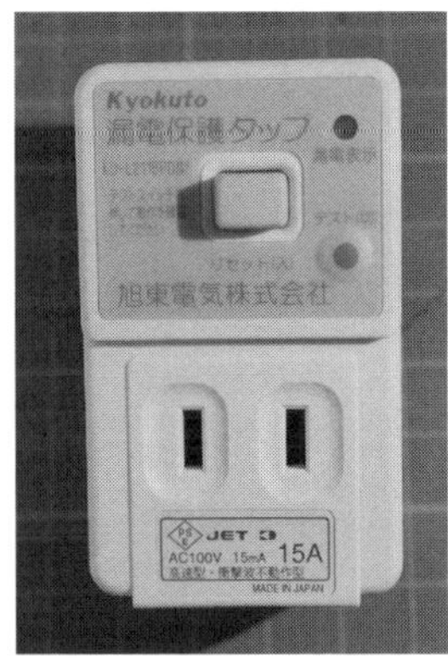

写真2　漏電対策には家庭用コンセントに挿して使える漏電ブレーカが便利

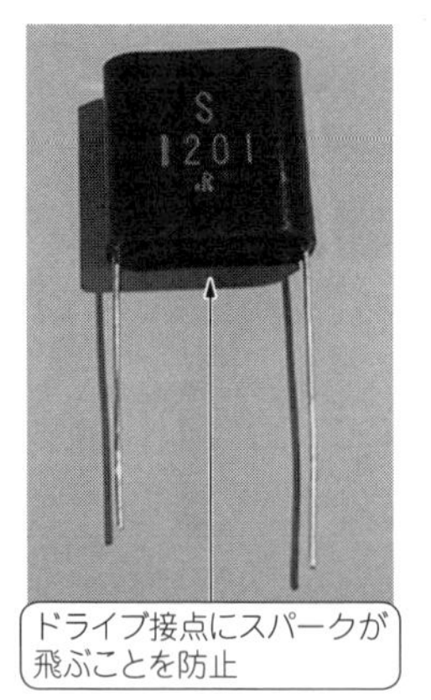

写真3　スパーク・キラーS1201（岡谷電機産業）

ACソレノイドの逆起電力による尖頭電圧を吸収してドライブ接点にスパークが飛ぶことを防ぐ

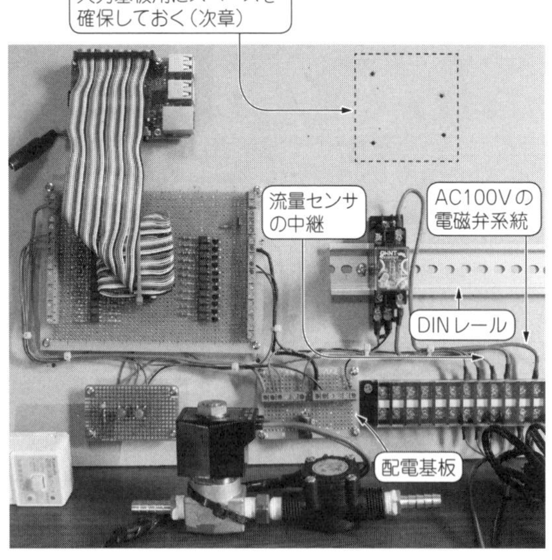

写真4　流体バルブを用いた吐出実験に用いる部品

が出力されます．

● 漏電ブレーカとヒューズを入れて安全管理

実験を行う際は，水を使うので感電や漏電に注意してください．また，DC回路は電源アダプタなどを使っているので，電源1次に対する保護はアダプタ内部で行われていますが，バルブの駆動回路はAC100Vが直接自作した基板に入るので，漏電ブレーカを入れるのが望ましいと思います．最低でもヒューズを入れるなど，安全への配慮を行ってください．

筆者は，AC100V ON/OFF回路（**図2**）用に**写真2**のような，家庭用コンセントに挿して使える漏電ブレーカを用意しました．

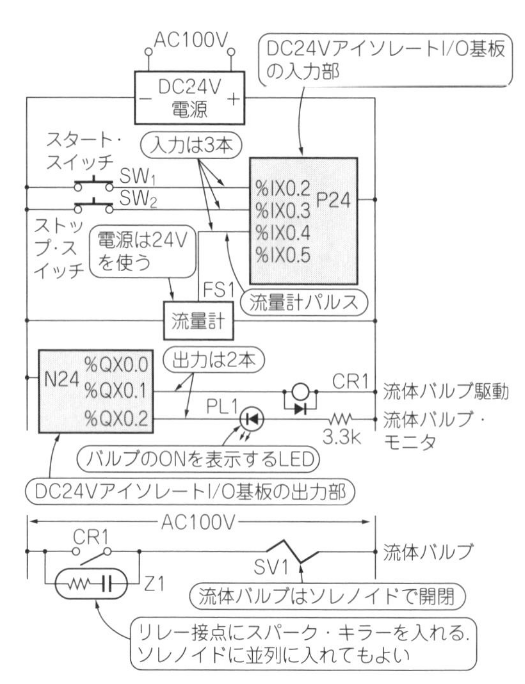

図2　吐出実験に用いる回路（24Vアイソレート I/O基板の外側）

定量吐出システムの全体像

● ラズパイの周辺回路

図2が実験用の接続です．入力3本，出力2本の簡単な構成です．流体バルブはAC100Vのソレノイドで開閉するので，リレーで駆動します．リレー接点にはスパーク・キラー（Z1）が入っています．このスパーク・キラーは，接点またはソレノイドに並列に入れても有効です．

入力側には，押しボタン・スイッチを想定したスタート・スイッチとストップ・スイッチ，流量計のパルス信号端子を接続します．流量計の電源は24Vから取っています．出力側は流体バルブと，バルブONを表示するLEDランプがあります．

▶スパーク・キラーの役割

写真3がスパーク・キラーの外観です．スパーク・キラーはコンデンサと抵抗を組み合わせたような構造をしています．ACソレノイドの逆起電力による尖頭電圧を吸収して，ドライブ接点にスパークが飛ぶことを防ぎます．DCソレノイドならダイオードで逆起電力を抑えることができますが，ACソレノイドはダイオードが使えないので，スパーク・キラーやバリスタなどを使います．

● ベニヤ板に基板やリレーを固定する

写真4にシステム全体の外観を示します．右下の端

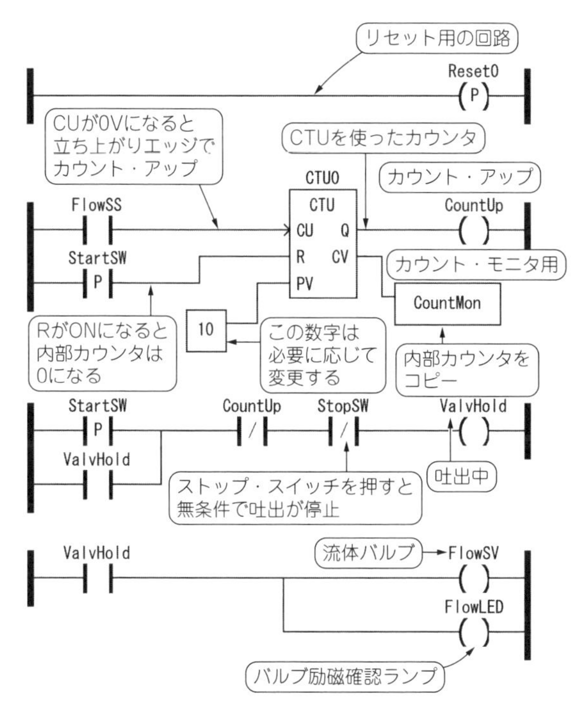

図3　水の定量吐出実験用のラダー・プログラム

表1　実験用に設定したI/O

#	名　前	Class	種　類	Location
1	StartSW	Local	BOOL	%IX0.2
2	StopSW	Local	BOOL	%IX0.3
3	FlowSS	Local	BOOL	%IX0.4
4	FlowSV	Local	BOOL	%QX0.1
5	FlowLED	Local	BOOL	%QX0.2
6	Reset0	Local	BOOL	%QX2.0
7	ValvHold	Local	BOOL	%QX2.1
8	CountUp	Local	BOOL	%QX2.2
9	CountMon	Local	INT	%MW0
10	CTU0	Local	CTU	

子台は，右端にAC100Vの電磁弁系統を配置して，その左に流量センサの中継を配置しています．左下の小さな基板には，タクト・スイッチとLEDを載せて操作盤の代わりにしています．何かに使用することもあると思い，DINレールを付けて，それにリレーのベースを取り付けましたが，今回はリレー1個なのでリレーのベースはベース板に直接付けた方がよさそうです．

実験に使うベース板はベニヤ板などで十分です．筆者は100円ショップで買った板を使用しました．実運用を考えるなら，もう少しコンパクトにケースに組み込んだ方がよいでしょう．ベース右上はArduino Unoによるアナログ入力基板用のスペースです．

実験用のラダー・プログラム

● 1行目と2行目…リセットとカウンタ

図2に示した回路を制御するラダー・プログラムを**図3**に，I/Oの割り当てを**表1**に示します．1行目のプログラムはリセット用ですが，今のところ未使用です．

2行目のプログラムは，CTUを使ったカウンタです．CTUはR（リセット）入力がONになると内部カウンタが0になり，リセットされます．その後，CUがONになると立ち上がりエッジで1つカウントが上がります．これを繰り返して内部カウンタがPVに達すると，出力QがONになり，カウントは停止します．再びカウントさせるためには，リセットをONにする必要があります．

CVは内部カウンタの出力で，通常は何もつなぐ必要はありませんが，今回は内部カウンタをI/Oモニタでモニタするために，CountMonというINTのレジスタにつないで内部カウンタをCountMonに常時コピーさせてあります．

カウントは暫定的に10としてありますが，筆者の家の水圧ではカウント10で約100mlの水が吐出されました．この10という数字は必要に応じて変更します．数値を増やすと吐出量は増えます．

● 3行目…流体バルブの保持接点用

3行目のプログラムは，流体バルブの保持接点用です．バルブ出力（FlowSV）を直接保持リレーに使ってもよいのですが，出力バルブは得てして「調整時に別途手動でONしたい」などという場合が後から発生しがちです．そんなときに，バルブ出力を直接リレー保持に使ってしまうとプログラムの改造が面倒になります．従って，一般的にはバルブ出力を直接リレー保持に使うことは避けた方が良いでしょう．ストップ・スイッチは，プログラムにB接点で入れてあります．吐出中にストップ・スイッチを押すと吐出は無条件で停止します．

● 4行目…バルブON

上記の理由から出力バルブは4行目のプログラムでONさせています．こうしておけば，別途ONしたい場合は入力に押しボタン・スイッチでも付けて，その入力を4行目の接点にORで入れればよいです．4行目のプログラムにあるバルブ出力には，並列でLEDによるバルブ励磁確認ランプも付けておきました．

3W/1WパワーLED 4個の明るさをボリュームで制御

第11章 ステップ5…Arduinoを接続しI/O端子を増やす

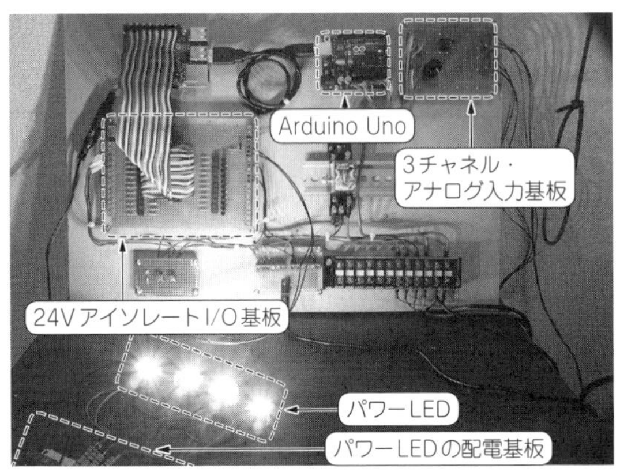

写真1 ボリュームの値に応じてパワーLEDの明るさを制御する装置

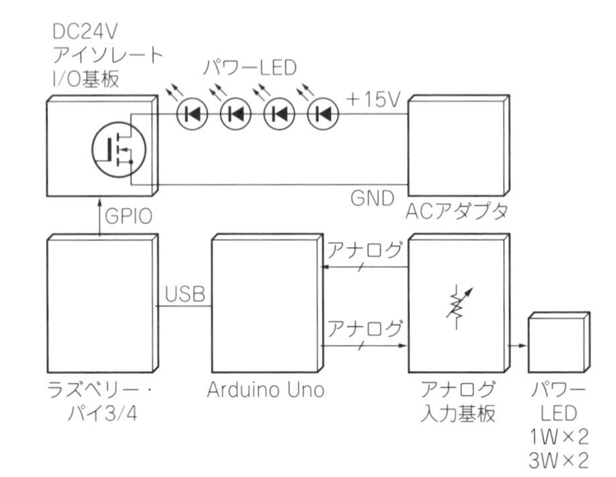

図1 アナログ入力回路を設けることでパワーLEDの輝度を細かく制御できる

本章では，ラズパイPLCを使って照明用パワーLEDを点灯する方法を紹介します．今回は3Wと1WのパワーLEDを使いますが，そのまま電源を接続して点灯すると明るすぎるので，可変抵抗器(ボリューム)を使って輝度を制御できるようにします．

第10章までに製作したラズパイPLCには，アナログ入力がないので，ボリュームで調整した電圧値を入力できません．ここでは，**写真1**のようにラズベリー・パイにArduino Unoと3チャネルのアナログ入力基板(今回新たに製作)を接続して，ラズパイPLCでアナログ入力ができるようにします．

Arduino UnoはラズパイPLCのリモートI/Oとしても使えるので，I/O端子数を増やすのにも使えます(**図1**)．

リモートI/O基板として利用するArduino Unoのセットアップ

OpenPLCは，ラズベリー・パイのリモートI/OとしてArduinoを使用できます．Arduino UnoをリモートI/Oとして使うには，ファームウェア(ArduinoIDEのプロジェクト形式)をOpenPLCのサイトからダウンロードします．それをArduino IDE[注1]を利用してArduino UNOに書き込む必要があります．

● アナログ入力が6本/出力が3本増える

これまでは，ラズベリー・パイのI/Oを使ってハードウェアとソフトウェアを組んできましたが，まだまだI/Oアドレスを使い切るところまでは行っていません．そこで，ラズベリー・パイにArduino Unoを接続します．このようにI/Oを拡張すれば，ラズベリー・パイにはないアナログ入力が6本，同じくラズベリー・パイに1本しかないアナログ(PWM)出力が3本も増える(計4本)ことになります．特にアナログ入力が使えると，アナログ出力のセンサやボリュームが接続できるので用途がさらに広がります．

● セットアップ手順

▶ステップ1：OpenPLCのウェブ・サイトからArduino用ファイルをダウンロード

OpenPLCのメイン・ページ(https://www.openplcproject.com)から「GETTING STARTED」→「Runtime」を選択し，OPENPLC RUN

注1：次に示すウェブ・サイトからインストールしておいてください．https://www.arduino.cc/

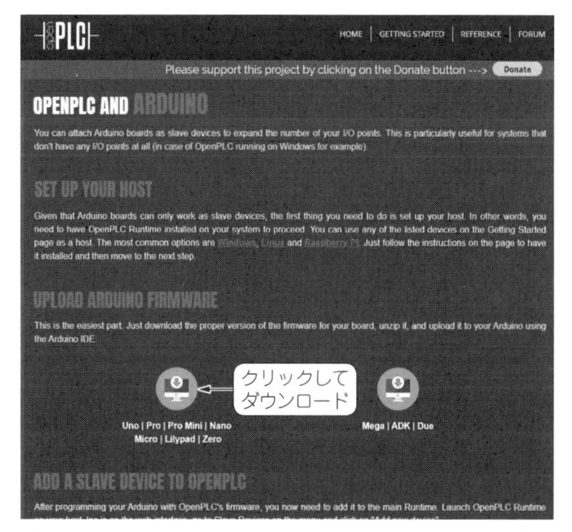

図2　OpenPLCのWebサイトからArduino Uno用のファームウェアをダウンロードする

TIMEページの「Arduino and compatible boards」をクリックすると，**図2**のページが開きます．ここで，**図2**のUnoの方のアイコンをクリックして，OpenPLC_Uno_v3.zipをダウンロードします．

▶ステップ2：ダウンロードしたファイルを解凍してArduino Unoに書き込む

ダウンロードしたファイルを解凍してできたOpenPLC_Uno.inoをArduino IDEに読み込んで，Arduino Uno本体に書き込みます．

▶ステップ3：ラズパイとArduino Unoを接続

書き込みが終わったらラズベリー・パイとArduino UnoをUSBケーブルで接続します．

▶ステップ4：扱うデバイスを登録/確認する

手順は**図3**に示します．まず，ブラウザからラズベリー・パイのサーバを呼び出しSlave Deviceのページを表示させ，「Add new device」ボタンをクリックします．

Add new deviceのページが表示されたら，Device TypeをArduino Unoとして，Device Nameに適当な名前を付けます（筆者はUno1とした）．その他はデフォルトのままとして，「Save Device」ボタンをクリックしてページを抜けます．

追加されたスレーブ・デバイスの表示を確認します．この表示でディジタルI/O，アナログI/Oのアドレスが確認できます．このリストでの表記は，

DI：ディジタル入力，DO：ディジタル出力，
AI：アナログ入力，AO：アナログ出力

のアドレスとなっています．

Arduino Unoは全てオフセットが100になっています．このリストをクリックすると，該当するSlaveの

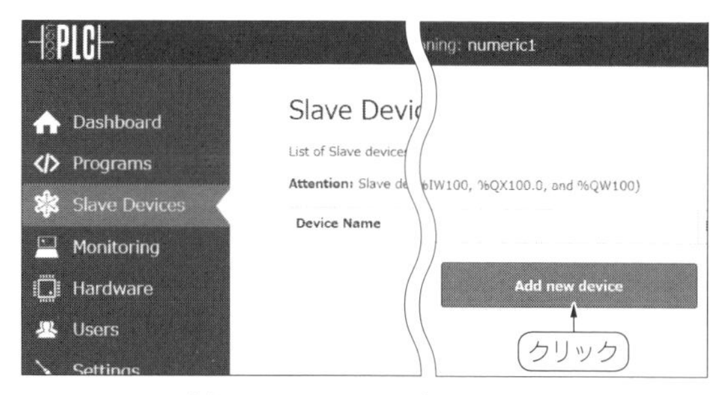

（a）Slave Deviceのページを表示

（b）DeviceTypeの選択とDevice Nameを入力する

（c）スレーブ・デバイスが追加されたか確認する

図3　Arduino UnoをラズパイPLCのスレーブ・デバイスとして登録する

詳細が表示され，そこで「Remove Device」ボタンをクリックすると，そのデバイスは削除されます．

▶ステップ5：プログラムを実行しLEDの点滅を確認

登録が終わってPLCのプログラムを起動すると，Arduino UnoのRxとTxのLEDが点滅し始めるので通信を行っていることが確認できます．次回起動時，Auto Runが設定されているとプログラムの起動とともに通信も開始されます．

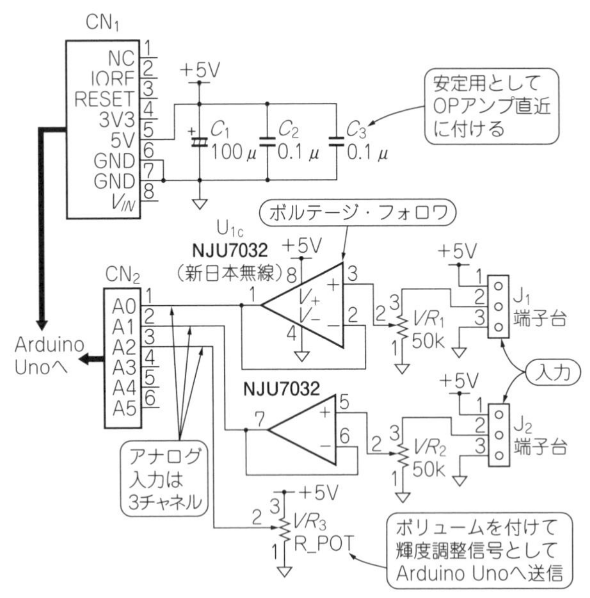

図4 製作するアナログ入力基板の回路

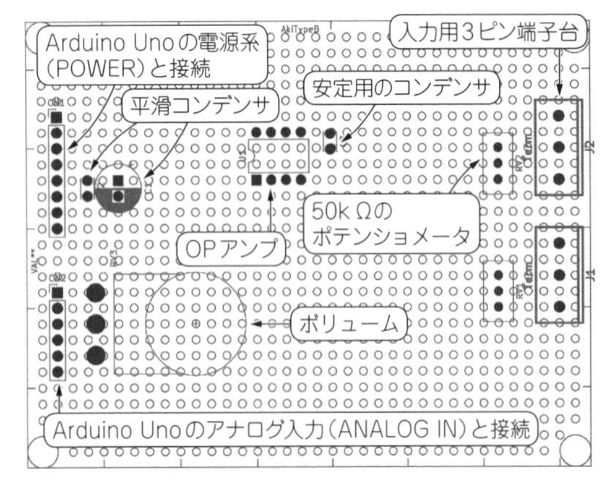

図5 アナログ入力基板の部品配置

Arduino Unoに接続する3チャネル・アナログ入力基板

■ 制作

Arduino UnoのリモートI/Oが動いたところで，早速，アナログ入力基板を製作します．アナログ・センサの出力は10mVなどと微小なため，そのままArduino UnoのA-Dコンバータに入れても読み取れないからです．内容はOPアンプ NJU7032J(新日本無線)を使った2チャネルのアナログ・バッファと，可変抵抗を使った1チャネルのダミー・レベル信号，合計3チャネルのアナログ入力です．

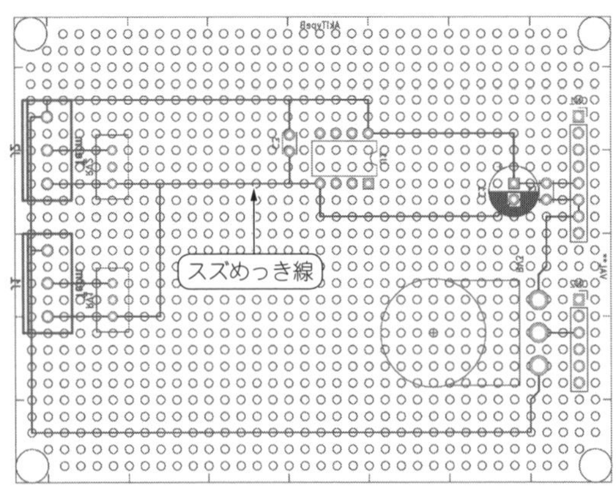

(a) スズめっきの配線

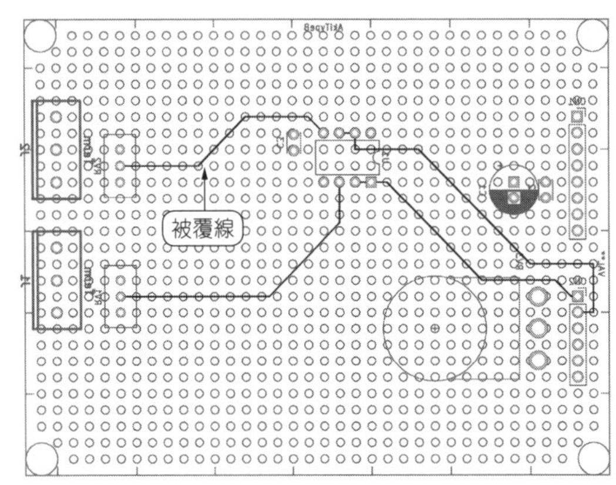

(b) 被覆線

図6 被覆線の配線(裏面＝B面視)

● 回路

回路を図4に示します．Arduino Unoとアナログ入力基板間の接続は，ピンヘッダ対ピンヘッダの1：1のケーブルを作って接続します．

回路は入力に3ピンの端子台を使います，端子配置は＋5V，入力，0V(GND)としてあります．この入力は，50k Ωのポテンショメータで受けて，レベル調整できるようになっています．筆者は多回転型のポテンショメータを使っていますが，普通の半固定型のボリュームでも差支えないと思います．このポテンショメータの出力は，OPアンプによるボルテージ・フォロワを1段通してArduino Unoへと送られます．この回路が2組あって2チャネルのアナログ入力としています．

この2チャネルの他にφ16のボリュームを1つ付けて，それをダミー信号としてArduino Unoに送っています．これをLEDの明るさ調整に使います．

基板の電源5Vは，Arduino Unoから基板内に引き込んであります．引き込みポイントでコンデンサ(C_1, C_2)による平滑を入れてあります．C_3のコンデンサは，

OPアンプ直近に取り付けて安定用としています．

● 部品配置と配線

基板は両面スルー・ホールのユニバーサル基板を使っています．**図5**は部品配置で，**図6**がスズめっき線と被覆線の配線図になっています．製作した基板を**写真2**に示します．

写真2(**c**)に示すケーブルはArduino Uno接続用です．ピンヘッダはもともと基板に取り付けるものなので，電線をはんだ付けするのはちょっとやりにくいかもしれませんが，コラムを参考にしてみてください．また，レジスタ・アドレスは，**写真2**(**a**)に書き込んであるようにコネクタ上から%IW101，%IW100で，ボリュームは%IW102となっています．

● 基板製作のコツ

接続ケーブル製作はピンヘッダをピン・ソケットに差し込んだ状態で，バイスなどで保持してはんだ付けすればうまくいくでしょう．はんだ付け後のケーブルとピンヘッダの接続部は，ϕ1.5程度の熱収縮チューブをかけておきます．何もしないと何度かケーブルが屈曲すると，はんだ付けの根本辺りが簡単に破断してしまう恐れがあります．

はんだ付け前に熱収縮チューブを線に通しておくのを忘れないでください．使用するOPアンプはNJU7032である必要はありませんが，5V単一電源で動作させるのでフルスイングとかレール・ツー・レールなどという出力が電源レベル近くまで振れるものを使う必要があります．

Arduinoの拡張基板をシールド以外の形で作ろうとするのは大変です．インライン・コネクタはばらばらに付いていて，さらに1つはハーフ・ピッチずれています．普通の2列ピンヘッダ・タイプのコネクタにまとまっていればもっと簡単に作れるのですが….

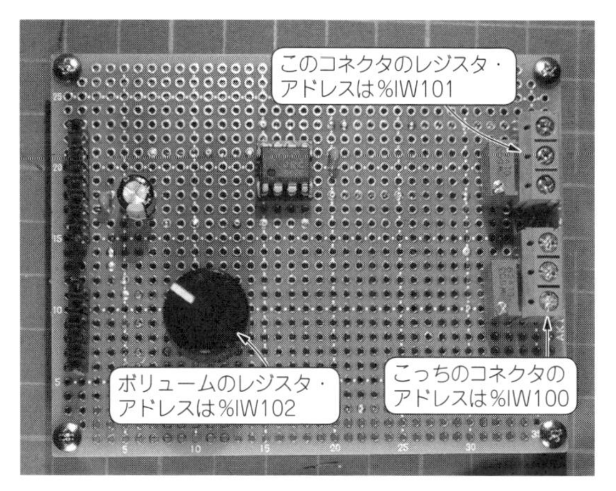

(**a**) 表面

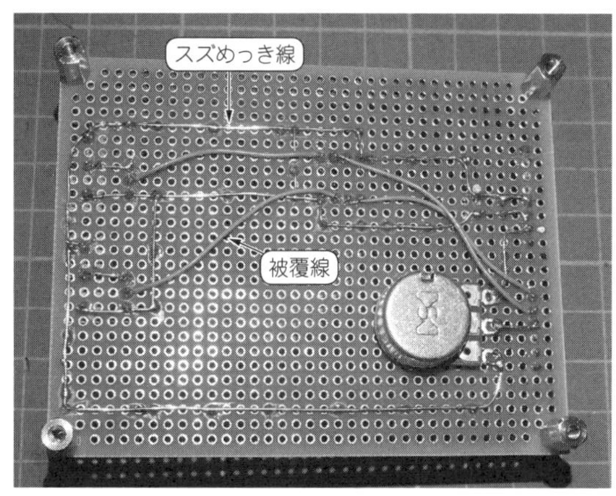

(**b**) 裏面

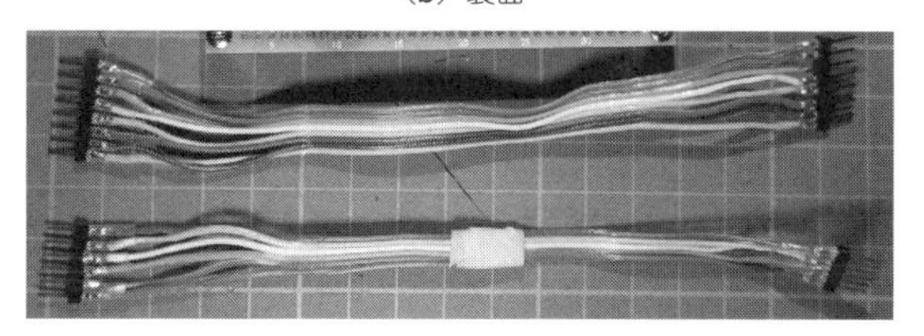

(**c**) アナログ入力基板をArduino Unoに接続するケーブル

写真2　製作したアナログ入力基板

■ 動作確認

● 準備…調整用ポテンショメータを最大値にする

最初に，アナログ入力基板に付いているレベル調整用ポテンショメータを最大値にしておきます．25回転タイプの新品を使っている場合は，初期位置が1/2程度(12.5回転付近)のはずですが，念のため25回転右に回します．単回転タイプの場合は右にいっぱい回します．これで信号がポテンショメータの3番ピンから入っている場合にレベルは最大となります．

● 確認手順

▶ステップ1：LEDの輝度調整電圧源の製作

写真3(**a**)はLEDの輝度調整の電圧印加用ボリュームです．筆者は手持ちの10kΩで製作しましたが，5k～50kΩなら使えます．

▶ステップ2：端子台とボリュームを接続

今回のアナログ入力基板は，電源(GNDと+5V)が端子台にそれぞれ出ているので，**写真3**(**b**)のように端子台にボリュームを接続します．

補足として，GNDと入力しかないDC信号系の場合，ボリュームに乾電池をつなげば簡易的な信号源として使えます．

▶ステップ3：ラダー・プログラムをラズパイにアップロード

図7のような入力動作確認用のラダー・プログラムと，**表1**のI/O設定内容をOpenPLC Editorで入力し，ラズベリー・パイにアップロードします．このプログ

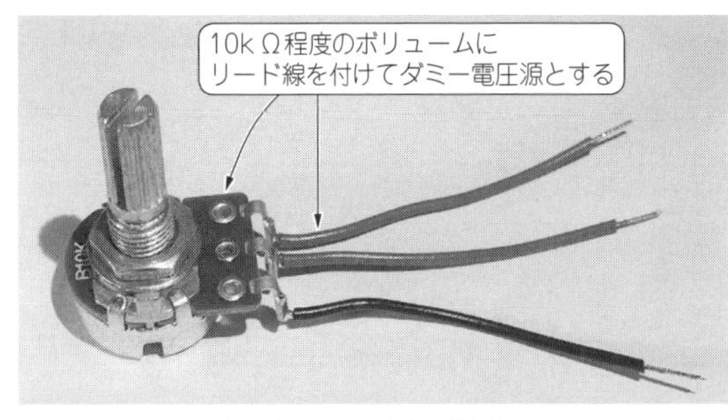

(a) ダミー電圧源を製作する

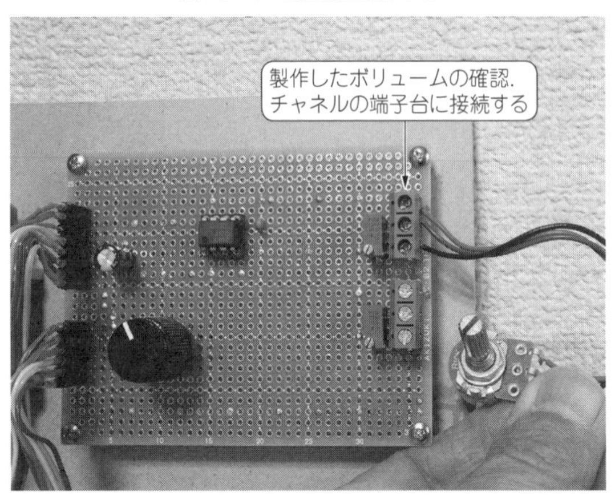

(b) ボリュームと端子台を接続する

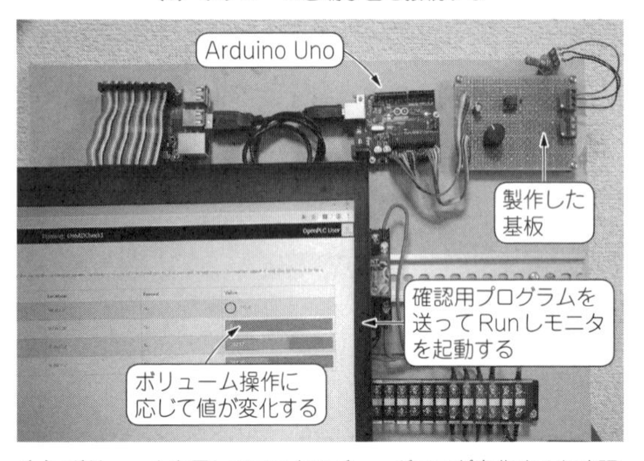

(c) ボリュームを回してモニタのバー・グラフが変化するか確認

写真3 入力基板の動作確認

ラムの中身は起動リセット(RESET0)のみです．プログラムはこの1行だけあれば，コンパイル・エラーにはなりません．

▶ステップ4：モニタ表示されているバー・グラフが変化することを確認

モニタを実行すると，**表1**のI/Oテーブルに登録されているRESET0，AD0，AD1，AD2が**写真3(c)**のように表示されます．正常ならばボリュームを動かすとモニタの表示がバー・グラフのように動いて，そのバー・グラフの上に数字が表示されます．動かない場合はどこかに間違いがあるはずなので，探し出して修

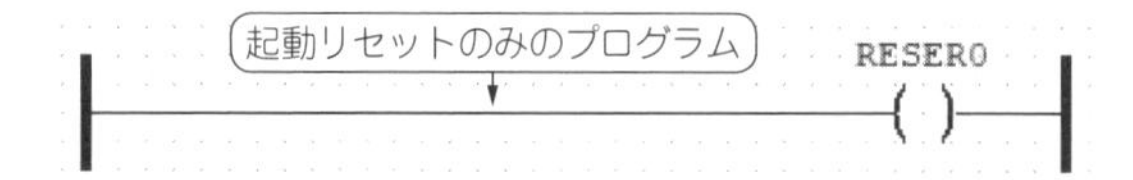

図7 Arduino Uno内蔵A-Dコンバータの動作確認用ラダー・プログラム

表1 基板の動作確認時のI/O設定

#	名 前	Class	種 類	Location
1	RESET0	Local	BOOL	%QX2.0
2	AD0	Local	WORD	%IW100
3	AD1	Local	WORD	%IW101
4	AD2	Local	WORD	%IW102

正します．

▶ステップ5：ボリュームを回して数値を確認

システムが動作したらAD0，AD1，AD2(AD2はアナログ入力基板に付けたφ16のボリューム)共にボリュームを左いっぱいに回して，表示が0になることを確認してください．そうならない場合は，その系統のGNDがどこかで切れているかその周辺の原因が考えられます．

また，右いっぱいに回した場合は65472(または近い値)が表示されるはずです．ここまでで，0と65472が共に表示され，その間は大体なめらかに変位していれば正常に動作していると判断してよいでしょう．この65472という数字については以降で解説します．

もし表示された値が65472よりかなり低い場合，レベル調整が最大になっていない，端子台に出ている+5Vがしっかり出ていない(はんだ不良のためつながっていない)などの原因が考えられます．いずれにしても回路は簡単なものなので，不具合がある場合は電源回りの配線や信号の流れが回路図通りになっているかなどを目視とテスタで確認してください．

ビット・シフト機能をもつラダー・プログラムを作る

● A-Dコンバータの数値を6ビット左シフト

ここで，この「65472」というA-Dコンバータから読み出された数値を見ると「なぜ，65535(FFFFh)ではないのか」や，「Arduino Unoに使われているATmega328P(マイクロチップ・テクノロジー)のA-Dコンバータは10ビット幅のはず」という疑問が湧いてきます．

その疑問について解説したのが**図8**です．A-Dコンバータから読み出される数値は左ぞろえにされています．ラズベリー・パイのアナログ出力(PWM)も追加したArduino Unoのアナログ出力も，ビット幅は16ビットですが，A-Dコンバータのビット幅は10ビッ

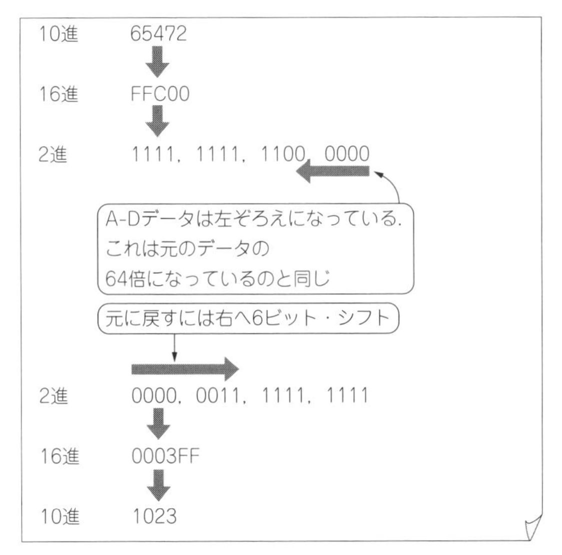

図8 A-Dコンバータから読み出される数値は左ぞろえ

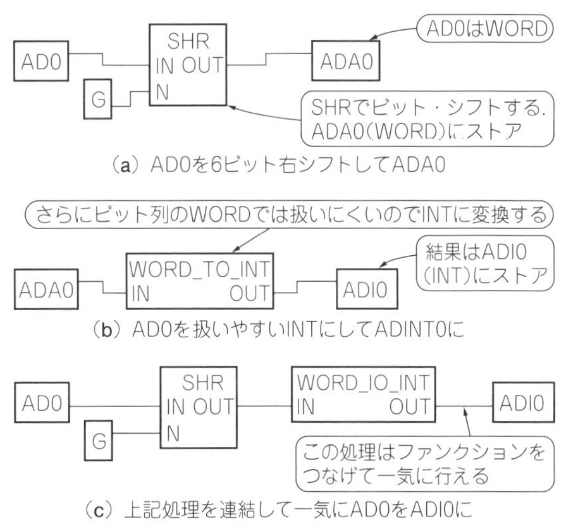

図9 もともとのA-Dデータ(0～1023)に戻すラダー・プログラム

トなのが理由です. このままではダイナミック・レンジが合わないので, 見かけ上のダイナミック・レンジを合わせるために, 左に6ビット・シフトしてあるのです.

● ビット・シフトのメリット/デメリット

▶メリット…LEDの明るさを細かく調整できる

例えば今回のアナログ入力基板上のダミー・ボリュームでDC24Vアイソレート I/O基板上のPWMにパワーLEDを付けて制御することを考えると, ダミー・ボリューム(%IW102)から読み込んだ数値をそのままLED(%QW0)に出力すれば, そこそこ低い明るさから, ほぼ最大の明るさまで明暗値を振ることができます. 別途16ビットのA-Dコンバータを用意しなくてよいので便利です.

▶デメリット…測定精度が下がる

左寄せにすれば見かけ上の16ビットのダイナミック・レンジはほぼ確保できますが, 分解能は64飛びの荒いものです. 6ビット・シフトして左寄せすると, データは64倍されたものになるので最小は0, 次は64, 次は128と64刻みの値しか得られず測定にはかなり扱いにくいものです.

● 元データを復元するラダー・プログラム

そこで, **図9**のラダー・プログラムでA-Dコンバータの値を右に6ビット・シフトして, もともとのA-Dデータ(0～1023)に戻します. 右シフトで値を戻しただけでは, データはWORDでビット列のままです. このままでは数値演算には使えないので, このプログラム例ではさらに数値データのINTに変換してあります. この変換は, 中間のWORDデータを変数にストアして, さらにINTに変換するのが普通の考え方ですが, ビット・シフトのファンクションとType Conversionのファンクションを連結して実行できます.

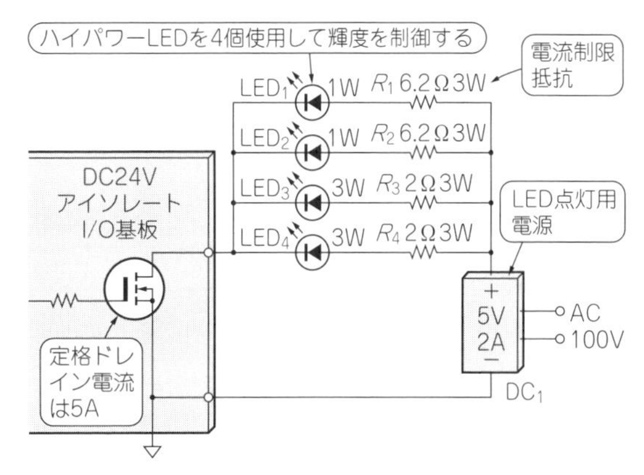

図10 LED点灯回路

パワーLEDの輝度を制御する配電基板の製作

アナログ入力基板の製作が終わったところで, DC24VアイソレートI/O基板に付けたMOSFET(Q1)のPWM出力にパワーLEDをつないで, 輝度を制御してみます.

● LED制御用の回路

回路は**図10**の通りです. 使用したパワーLEDは**写真4**のようなものです. アルミの基板とケースが付いているので, それらが多少放熱に寄与するものと思われます. 今回は同じ寸法形状のもので1Wと3Wのものを用意して行いました.

点灯用電源は, 5V, 2Aを使用しました. LEDは

写真4　使用したパワーLED

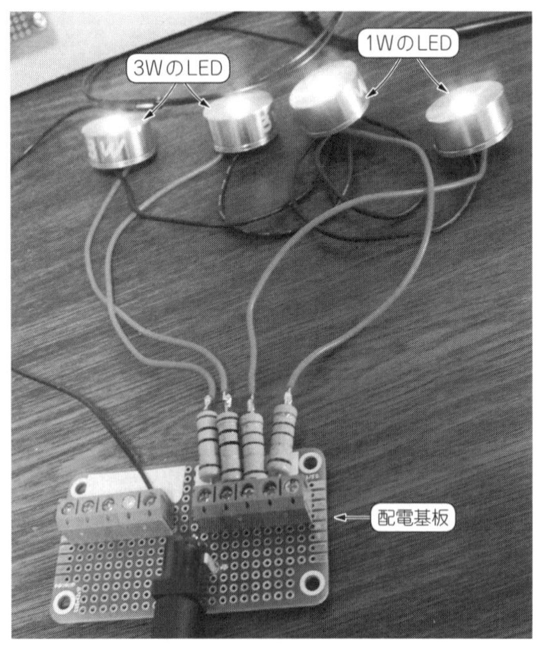

写真5　4個のパワーLEDが点灯している

3WのものがV_F = 3.4V ～ 3.8V，I_F = 700mA，1WのものがV_F = 3.0V ～ 3.4V，I_F = 350mAです．これに同図のように電流制限抵抗を入れてPWMで駆動します．LEDが点灯している様子を**写真5**に示します．

● ラダー・プログラムとI/O設定

ラダー・プログラムを**図11**，I/O設定を**表2**に示します．アナログ入力が左寄せされているおかげで1つのプログラムのみですみます．VR1（%IW102）から読み込んだデータをLED1（%QW0）にMOVEで移動しているだけの単純なプログラムです．

● 応用：もっと多くのLEDを点灯させる方法…出力が大きいMOSFETを選定するか複数のMOSFETを使う

出力の駆動能力は，電源電流を増やすことができればDC24VアイソレートI/O基板に実装しているMOSFET（2SK4017）の定格ドレイン電流が5Aなので，今回点灯させたLED2組程度は点灯させられます．しかし，さらに多くのLEDを点灯させたい場合は，出力回路のMOSFETを大きなものに変更するか**図12**のようにMOSFETを複数個使って出力を分けてやればよいでしょう．

図12のMOSFETのゲートとI/Oの間に入れてある抵抗は，MOSFETのゲート容量が大きいのでダンパとして数十～100Ωの抵抗を入れます．特にこの回路では，FETが並列に接続されているので容量も増えがちです．容量が増える場合，ダンパはしっかり入れましょう．

また，10kΩのプルダウン抵抗が入っています．多少ゲートからI/O間の配線が長くなった場合は，MOSFETのOFFを確実にするためにプルダウン抵抗を入れた方が安定します．また，このように多くのLEDを点灯させる場合は，電源が5Vですと電流ばかり増えてしまって配線損失が大きくなります．そんなときは電源電圧を上げて**図12**（b）のように複数のLEDを直列に接続すれば，あまり電流が増えずに済みます．

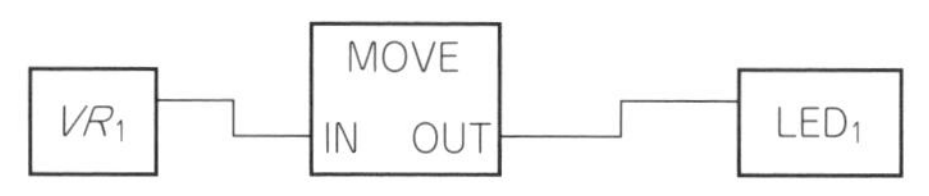

図11　ラダー・プログラムはボリュームから読み込んだデータをそのままLEDに出力する

表2　LED制御回路のI/O設定

#	名 前	Class	種 類	Location
1	VR1	Local	WORD	%IW102
2	LED1	Local	WORD	%QW0

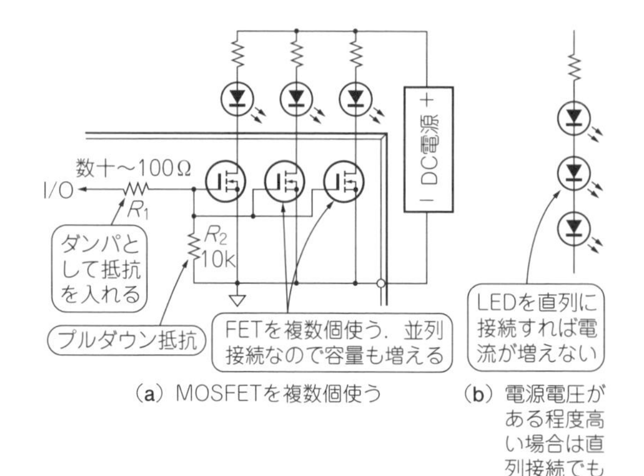

図12　多くのLEDを点灯したい場合

Appendix3 電力のON/OFFに欠かせないリレー

写真1　DC24VアイソレートI/O基板

(a) 4回路入りG6B-4CB-DC24V　(b) 10Aを流せるLY2-DC24V　(c) 3Aを流せるJZX-22F(D)24DC-2Z6（2接点）　(d) 3Aを流せるJZX-22F(D)24DC-4Z6（4接点）

写真2　リレーあれこれ

ラズパイPLCの開発環境であるOpenPLCの使い方を理解するにつれ，何かを動かしてみたくなることでしょう．ビニール・ハウスの窓を開閉したり，水やり機のバルブを開け閉めしたりするなら，AC100Vを使いたくなります．一般的にAC100Vの電源をON/OFFするなら，リレー（継電器）が必要です．本書で利用しているDC24VアイソレートI/O基板（ラズパイPLCのI/O拡張基板，**写真1**）は，リレーをドライブできる能力を持っています．

定番リレーあれこれ

写真2は筆者の手元にあるリレーの例です．

● 4回路入り

写真2(**a**)はG6B-4CB-DC24V（オムロン）です．ターミナル・リレーと呼ばれる品で，1つのリレー・ブロックの中にマイクロリレーが4個入っていて，それぞれ1C（1AB）接点を持っていて，個別にON/OFFできます．

また，それぞれのリレーの動作モニタ・ランプと，逆起電力吸収用のダイオードも付いています．接点容量は抵抗負荷で5A，誘導負荷（コイル成分を持った負荷）の場合1.5Aです（1.5Aが定格と考えるのが無難）．

● 15Aタイプ…電気ストーブや電動工具に

写真2(**b**)はLY2-DC24V（オムロン）です．オムロンのリレー型名の頭2文字は，リレーのグループを表しています．LYリレーは1接点のものから4接点のものまであります．LYリレーの接点の開閉能力は高く，1接点のものは15A，その他は10Aとなっています．この値は比較的大きな家電製品の電源をコントロールできます．このオムロンのLYシリーズと，次項で紹介するMYシリーズは，リレーを使う人たちには定番と言える品です．

● 3Aタイプ…小型家電や小さなモータに

写真2(**c**)のJZX-22F（D）24DC-2Z6は2接点，接点容量3Aの品です．オムロンの定番リレーMY2-DC24Vとの互換品です．

写真2(**d**)のJZX-22F（D）24DC-4Z6は4接点，接点容量3Aの品です．オムロンのMY4-DC24Vとの互換品です．

リレーをドライブする回路

連載で紹介しているDC24VアイソレートI/O基板のディジタル出力部分は，チャネル当たり100mAほど流せるオープン・コレクタ出力です．これでほとんどのDC24Vミニ・パワー・リレーやエア・バルブを駆動できます．

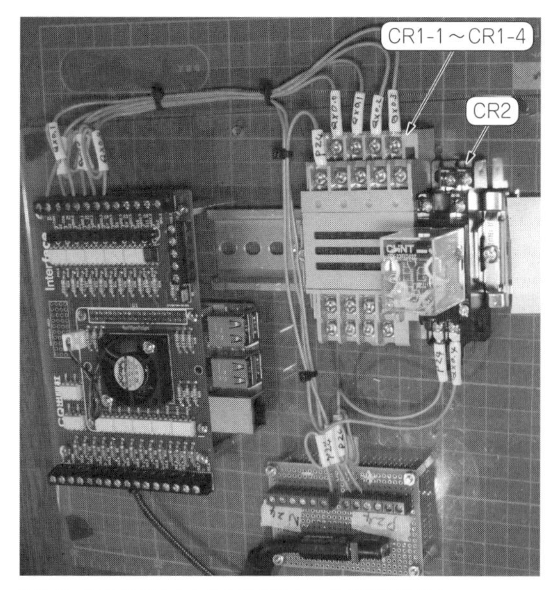

写真3　写真2の(a)と(c)をDINレールに組み付けた

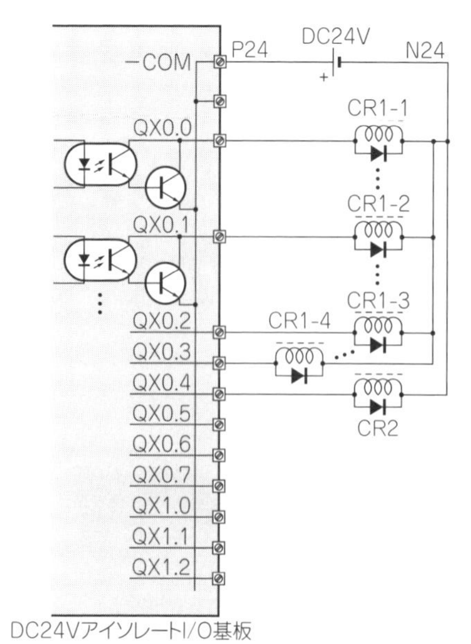

(a) 回路をトランジスタ・レベルで表現

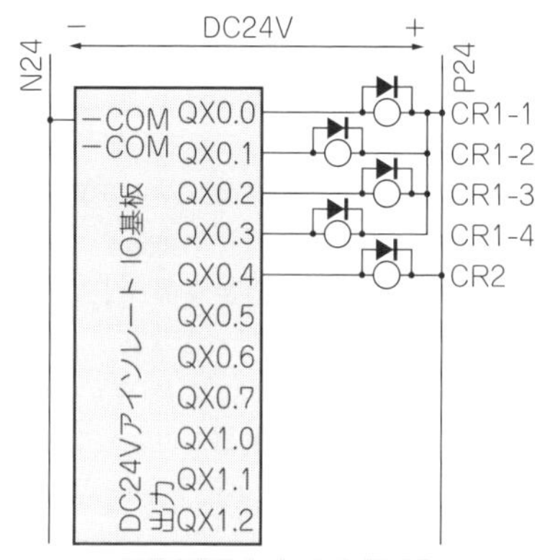

(b) 基板の中身はブラックボックスにして接続の表現だけに絞ったもの

図1　DC24Vアイソレート I/O基板の出力部の回路
回路の表現は設計者や目的によってまちまち

● ラズパイPLCのドライブ回路

図1はDC24Vアイソレート I/O基板の出力部の回路です．**図1(a)**は回路記号を使って基板内のフォトカプラあたりまで書き込んだもので，フォトカプラはQX0.0，QX0.1だけ書き表して，以下QX0.2～QX1.2は省略してあります．

図1(b)は，基板の中身をブラック・ボックスにして，リレー・コイルは旧JISの丸印を使ったものです．

● 組み付け例

写真3がこの**図1**の実現例です．CR1-1～CR1-4は，G6B-4CB-DC24Vです．G6B-4CBのコイルのDC24V側は，共通端子COMの1本にまとまっているので，オープン・コレクタ出力のPLCに使用するには持ってこいです．CR2はJZX-22F(D)2Z(MY2N-DC24Vの互換品)です．この実装のように複数のリレーを取り付ける場合はDINレールを使うと，きれいに取り付けられます．

リレーを使う場合に注意すべきこと

リレーは接点で負荷への電流を開閉するので，FETなどといった半導体に比べて極性を気にする必要はなく，使用電圧も幅広いので，気楽に扱えて便利です．ですが使用方法によっては，極端に接点の寿命が短くなることもあるので，次の点に注意して使う必要があります．

● 1，接点にコンデンサを並列接続しない

押しボタン・スイッチでもやってしまいがちなことですが，リレーの接点やスイッチを使って装置のI/Oに指令を与える場合に，接点であるがゆえにチャタリングが発生してシステムが誤動作してしまう場合がよくあります．このようなときにはチャタリングを抑えるために小容量のコンデンサを接点に並列に付たくなります．

図2(a)はある装置の入力に接点とコンデンサをつないだ状態を表したものです．この場合，接点が開いている間はR_1を通じてC_1はV_{CC}によって充電されます．そして接点を閉じた瞬間にC_1に蓄えられた電荷が全力で接点に流れます．すると短時間のうちに接点には毟(むし)れたような跡が付き，やがて接点が溶着して離れなくなってしまいます．

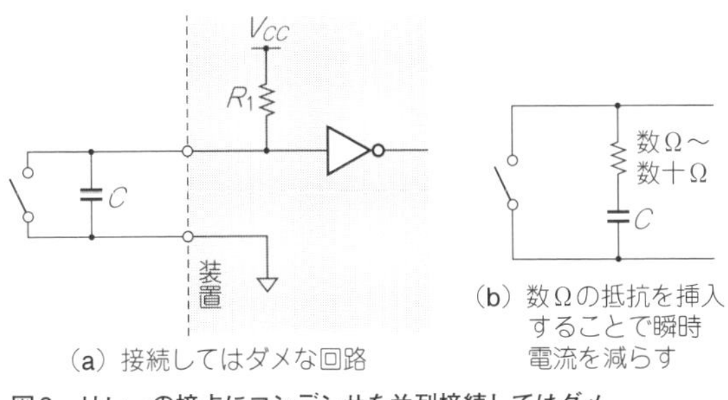

図2　リレーの接点にコンデンサを並列接続してはダメ

例えば接点のオン抵抗が10mΩ，V_{CC} = 5Vとすると，接点に流れる瞬時最大電流は実に500Aになります．この場合，**図2(b)** のように抵抗を直列に入れることで(例えば10Ω)，瞬時電流を0.5Aに減らせます．接点の状態が外部から確認できる場合，このような不具合を抱えた接点は，閉になるたびに火花が飛ぶので判断が付きます．

● 2，逆起電力対策の部品を忘れずに入れる

接点で駆動するものが，モータや電磁弁などといった誘導負荷の場合，必ず逆起電力が発生します．DCの電磁弁や回転方向が一定のDCモータなどは**図3(a)**，**(b)** のように定格逆電圧1000V，順方向電流数Aのダイオードで逆起電力を吸収できます．

しかし，ACの電磁弁の場合やDCモータの回転方向が一定ではない場合は，こうはいきません．**図3(c)**，**(d)** は回転方向を切り替えられるDCモータの例とACの電磁弁にスパーク・キラーを取り付けた例です．スパーク・キラーは**写真4**のような形のもので市販されています．AC100V用，AC200V用があります．逆起電力対策を全く行わない場合，接点が開く瞬間に逆起電圧によるスパークが発生し，やがて接点が真っ黒になって接触不良を誘発します．

● 3，大は小を兼ねない

小さな信号を大きなリレーで開閉できるかという

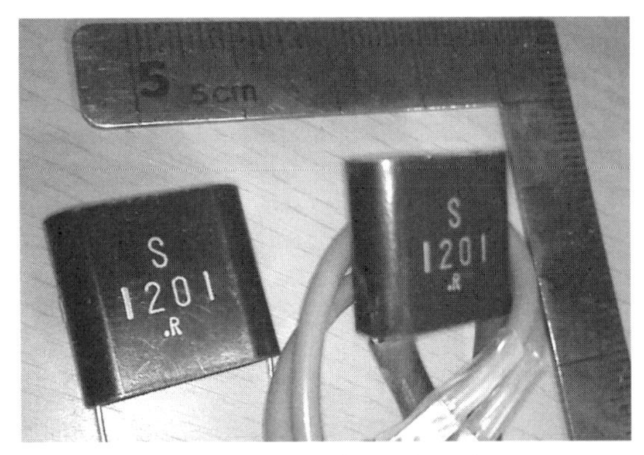

写真4　スパーク・キラーS1201（岡谷電機産業）
写真は120Ω，0.1μFを2つ並べた様子

と，小信号に使用できないと仕様書に書かれている品があります．例えば，紹介したLYリレーのシングル接点品は，100mA以下の小信号には使用しないようにと仕様書にあります．

リレーの接点は酸化による被膜を，接点接触時の研磨作用と，接点に通じる電流の相互作用で打ち破って接触状態にすると言われています．大きな電流を流すことが前提のリレーでは，電流が足りないと接触しないことがあるようです．特にμAオーダの信号を扱う際には，リード・リレーを使うなどの配慮が必要でしょう．

● 4，火災や感電対策の配慮も必要

リレーはソレノイドのコイルを励磁して接点をON/OFFします．スイッチと同じように接点が付いたり離れたりするので，基本的にACでもDCでも誘導負荷でも抵抗性負荷でも扱えます．

図4はQW0.2でドライブするリレーの接点で，AC100VをON/OFFする回路です．この回路はLYリレーを使用すれば，接点当たり最大10Aを流せるので，1000Wまでの家電の電源を開閉できます．MYリレーだと3Aまで開閉できます．家電を扱う場合，電源はACプラグを使って，家屋のコンセントから取り

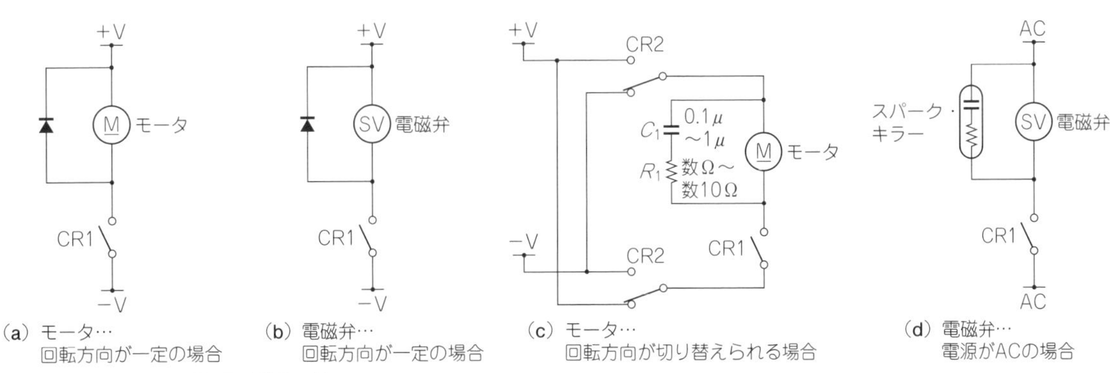

図3　誘導負荷に対する逆起電力対策の例

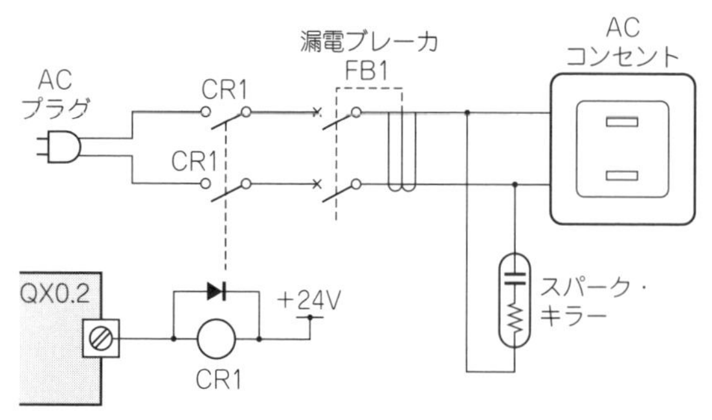

図4　AC100VをON/OFFする回路

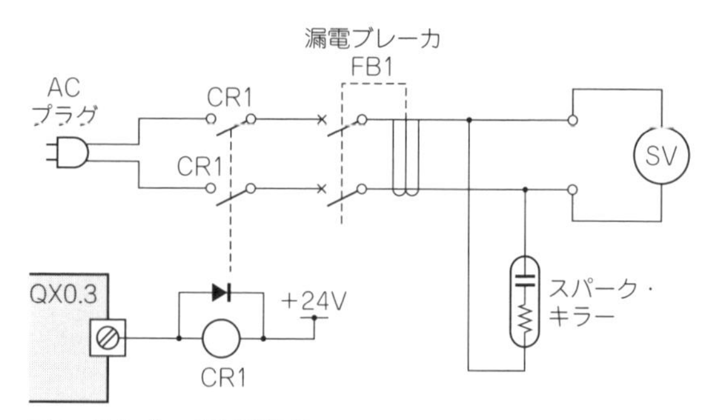

図5　流体バルブの開閉回路

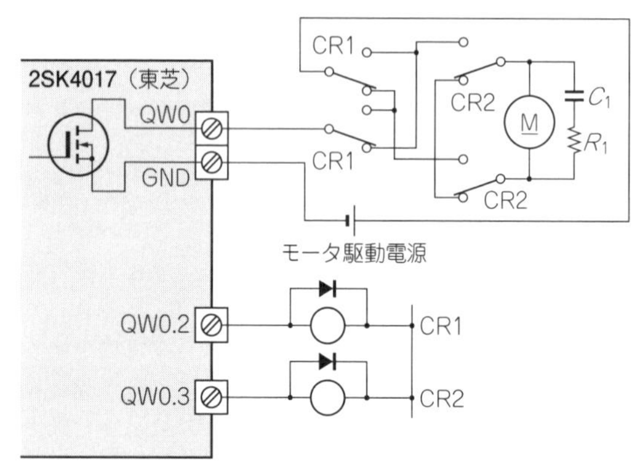

図6　DCモータの回転方向と回転速度を制御する回路

ます．電源電圧がDC24Vまでは感電の心配はほとんどありませんが，AC100Vは扱いを間違うと感電の可能性があります．

また，交流電源を扱う際には，漏電や過負荷による火災への配慮も必要です．この回路では漏電ブレーカを付けてありますが，最低でもAC回路にはヒューズを設置したいです．この例ではQX0.2をONすることでCR1の接点が閉じてACが供給されます．この例ではコンセントに接続される家電がモータなどの誘導負荷である場合に備えて，接点保護のためにスパーク・キラーをコンセント付近に取り付けてあります．

使い方のコツ

● 流体バルブを制御するときは漏電に気をつける

農業の実験やガーデニングへの応用に不可欠なのは水の供給です．水を自在に供給するためには，流体バルブを使うと便利です．通販サイトなどでエアーなど外部補助力を利用しない直引き電磁弁を探すと，ほとんどがAC100VやAC200V動作品です．これらを動かすときにもリレーが活躍します．

図5が流体バルブを制御するための回路です．回路そのものは前出のコンセントの制御回路と変わりませんが，水を扱うので特に絶縁に気を遣う必要があります．

漏電ブレーカやスパーク・キラーも必須です．水まわりの修理などの際には，必ず電源を全て遮断します．体の一部が濡れた状態で感電すると命にかかわるので特に注意します．

各金属部分は確実にアースを取ります．漏電ブレーカが落ちた場合は漏電が発生しています．ある金属部分のアース線を切ったら漏電ブレーカが落ちなくなったとしたら，切ったアース周辺に漏電が生じています．

● DCモータの回転方向制御

位置決めサーボのように，刻々と回転方向を制御するものは，1回のスイッチングに数十msかかってしまうリレーとPLCではとても間に合いません．このような場合はFETを使ったHブリッジ回路を使って，CPUやFPGAで制御するのが一般的です．

しかし，世の中そのような忙しい制御だけでなく，ストローク・エンドまで走ったら方向を変えて走り直すというような，緩やかな制御も結構あるものです．模型鉄道の進行方向の制御も，後者の部類に入ります．このような場合は簡単にリレーを使って済ますことも可能です．

図6はDCモータの制御回路です．モータ用電源はモータの最大電圧を勘案して決定します．この回路ではモータ用電源をQW0のアナログ出力に接続してスピードを制御していますが，必要なければモータ用電源をCR1のC端子にそれぞれ直接接続すれば，速度固定で動作できます．

モータの回転方向はCR1で制御します．また，回生ブレーキをCR2で行うようになっていますが，CR2のB接点同士をつないでいる線を外せば，回生ブレーキは利かなくなり，モータは自然に減速停止するようになります．モータに付いているC_1とR_1は逆起電力吸収用のダンパです．小型DCブラシ付きモータでは，C_1は0.1μ～1μF程度のセラミック，R_1は数Ω～数十Ω程度です．

第3部

応用のための技術

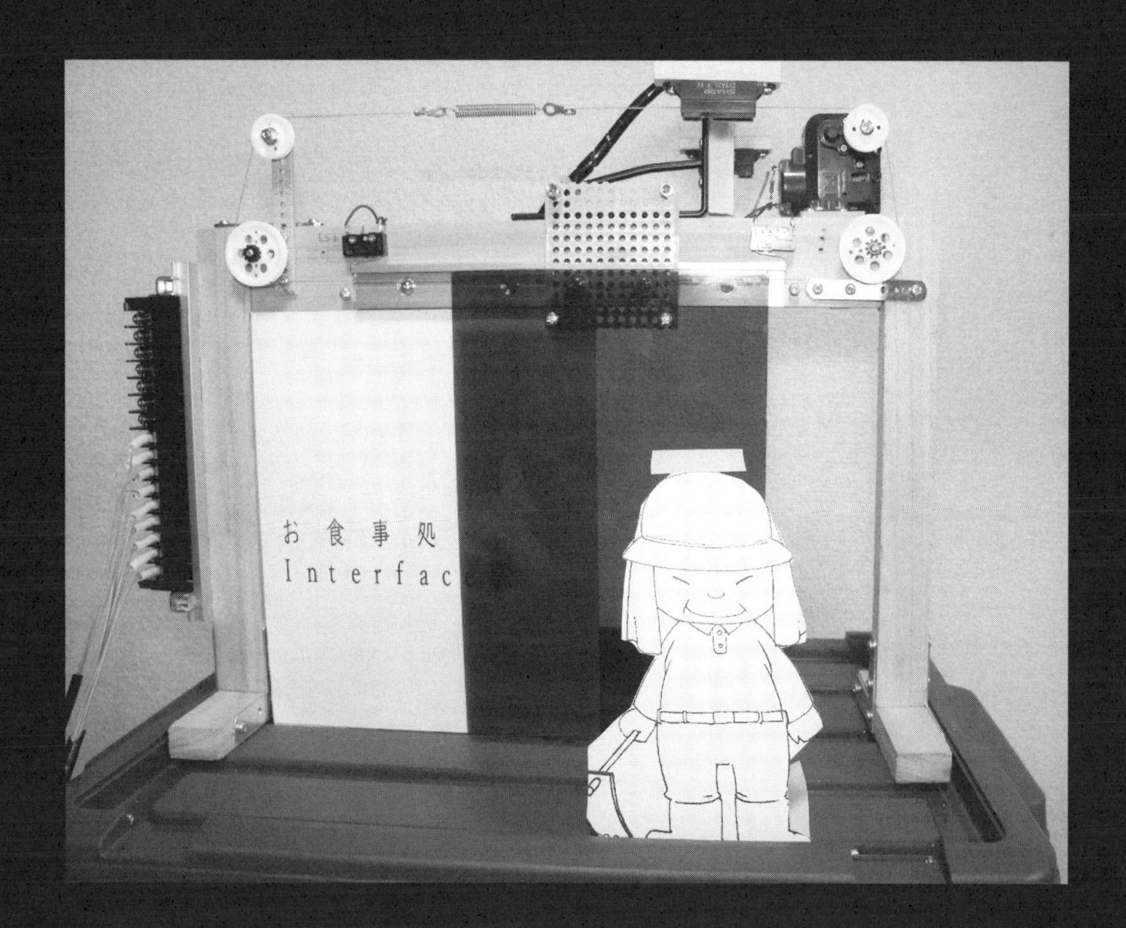

本書で解説している各サンプル・プログラムは下記URLからダウンロードできます.

https://www.cqpub.co.jp/interface/download/V/PLC.zip

ダウンロード・ファイルはzipアーカイブ形式です. 解凍パスワードはrpiplcです.

自動散水システムの製作

アナログ・センサ値を読み取りバルブを制御

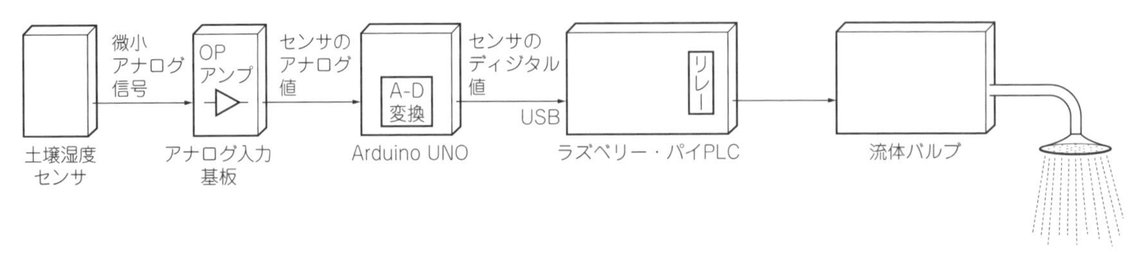

図1　アナログ値を読み取りバルブの開閉を判断する自動散水システムの構成

前章で製作済みのアナログ入力基板を使って自動散水システムを構築します(**図1**)．小学校や中学校の夏休みに，校内にある花の水やり当番を行ったことがある方もいると思います．その水やり当番の仕事を自動で行う装置を作ります．

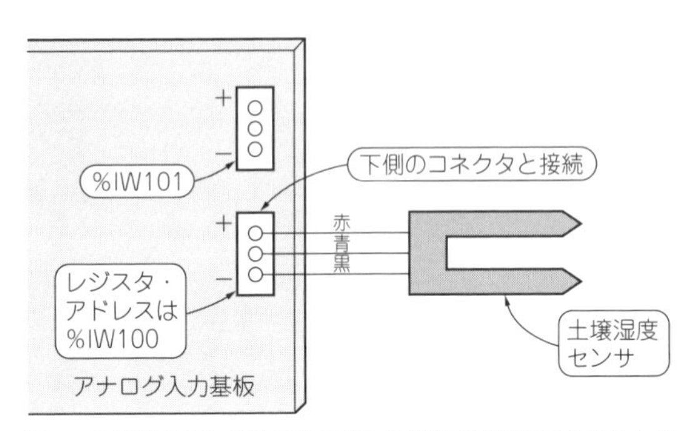

図2　土壌湿度センサはアナログ入力基板の下側のコネクタと接続する

アナログ入力基板の入力に土壌湿度センサを接続し，センサの測定値を基準にプランタなどへの定量散水を，自動で行えるようにします．

センサ値の読み取り

● 使用したセンサ

写真1(b)が使用した土壌湿度センサ Moisture Sensor V2(DFRobot)です．センサは**図2**のように，製作済みのアナログ入力基板の下側のコネクタと接続しました．まずは土壌湿度センサの出力レベルを確認します．I/O設定を**表1**に示します．

表1　センサ出力レベルを確認するために設定したI/O

#	名　前	Class	種　類	Location
1	RESET0	Local	BOOL	%QX2.0
2	MSS1	Local	WORD	%IW100
3	MSS_SR1	Local	WORD	%MW10

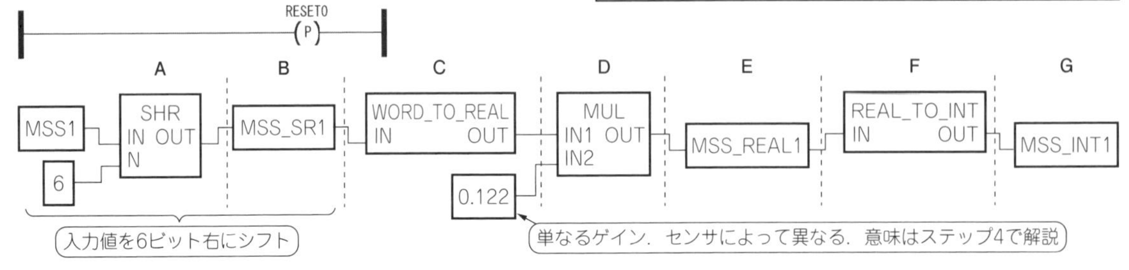

図3　湿度センサの値を読み取るラダー・プログラム

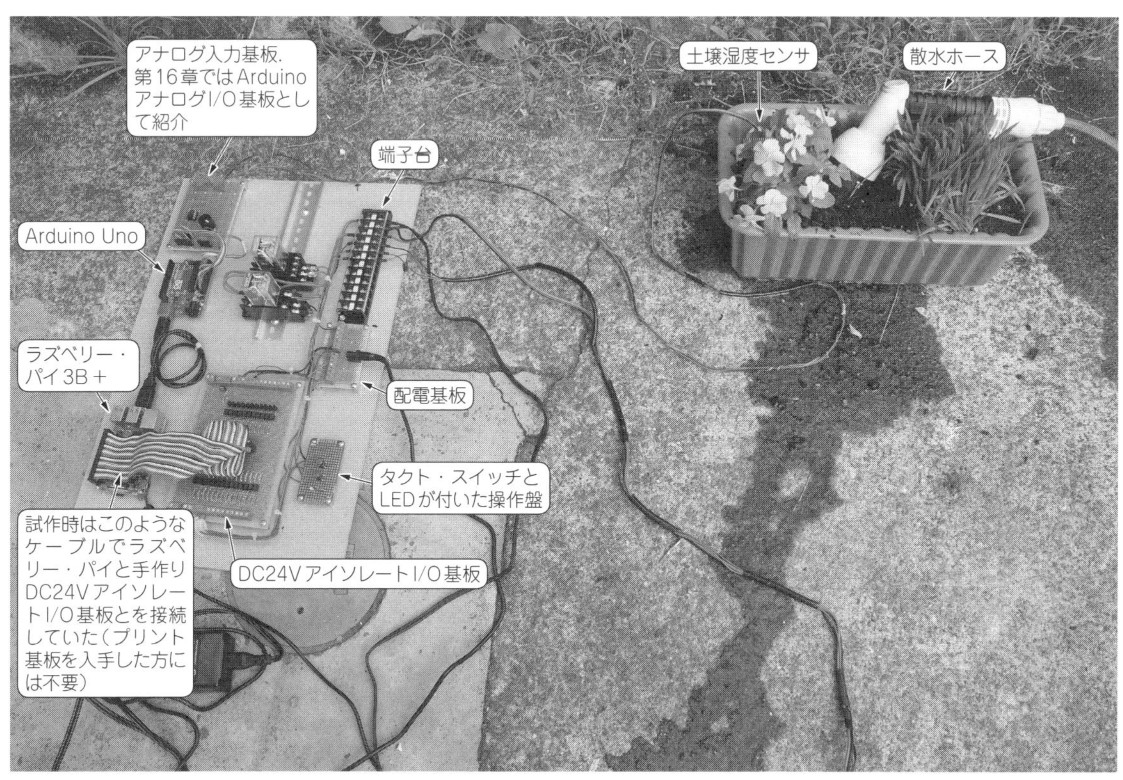

(a) 装置全体

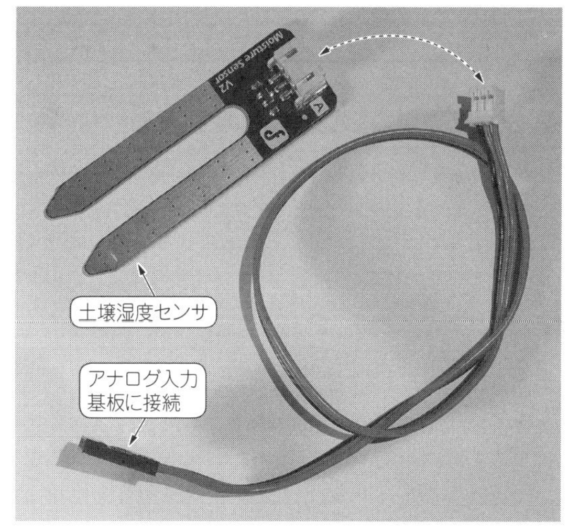

(b) 土壌湿度センサ Moisture SensorV2
(DFRobot社，秋月電子通商で購入)

写真1　センサ入力の読み取り練習の後に製作する自動散水装置

■ センサの校正

● ステップ1…センサ・データを読み出すラダー・プラグラムの作成

図3にはデータ出力レベル確認用に作成したラダー・プログラムを示します．プログラムは左寄せの出力データを右に6ビット・シフトして，湿度センサのデータを読み出すものです．

● ステップ2：乾燥している環境下でセンサの測定値を読み取る

最初に湿度センサの電極を乾燥した空中に置き，数値を読み取ります．このとき，筆者の試した装置では0を示しました．

● ステップ3：センサを水に浸して測定値を読み取る

写真2のように適当な容器に水を入れ，湿度センサの電極を半分ほど水に浸して出力値をモニタで読み取ります．**図4**には電極を水に浸したときのモニタ画面を示します．筆者のシステムでは約820(左寄せでは約52000)を示しました．

● ステップ4：数値の補正

得られた数値に補正をかけて乾燥した空中から半水没までの値を0～100にしたいと思います．補正値は以下です．

$a = (100/820) \fallingdotseq 0.122$

測定値に0.122を乗算することで，補正後の値が大体0～100になるはずです．100というのはよい数字

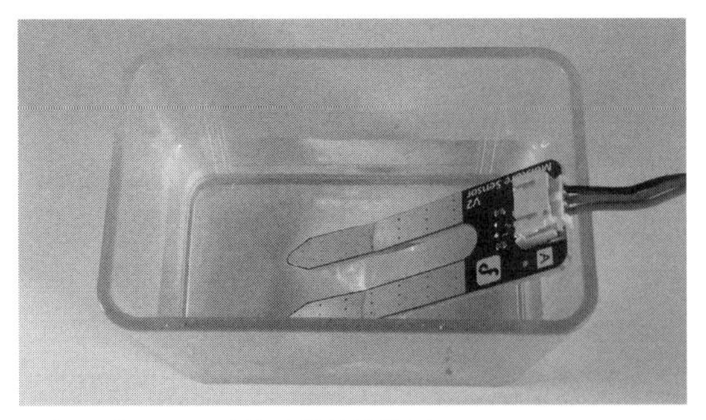

写真2 水が入った容器に電極を半分入れる

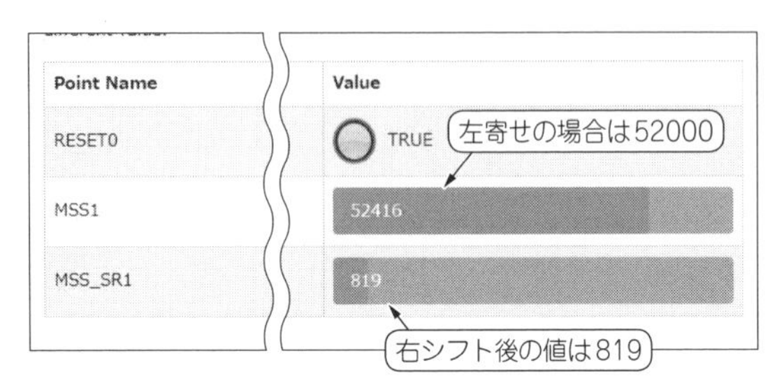

図4 モニタから数値を読み取る

だと思います．全部が100，半分が50です．数値補正をしておけば，「大体20くらいかな」などと感覚的に値を決めやすく，実用的です．

■ 校正結果をプログラムに反映する

前述の**図3**には，湿度センサの値を読み取るラダー・プログラムも示しています．また，I/Oは**表2**のように設定しました．**図3**を見ると，横長ですが1行のプログラムで全ての変換が書けます．動作内容としては，

- Aブロック：MSS1（土壌湿度センサ）から読み出した値を，6ビット右にシフトしてA-Dコンバータの出力の数値に戻します．
- Bブロック：中間結果を確認するため，ビット・シフト結果をモニタしています．正常動作が確認できたら削除してファンクション同士を直接つないでください．削除することで使用レジスタを節約できます．
- Cブロック：値を単精度実数に変換しています（WORDからREALに変換）．
- Dブロック：0.122を乗算しています．
- Eブロック：乗算結果をモニタしています．Bブロック同様に中間結果の確認用なので，正常動作確認後に削除してください．
- Fブロック：単精度実数から符号付き整数に変換しています（REALからINTに変換）．
- Gブロック：センサから得られた値を表示します．

となっています．

表2 センサ出力を読み取る際に設定したI/O

#	名 前	Class	種 類	Location
1	RESET0	Local	BOOL	%QX2.0
2	MSS1	Local	WORD	%IW100
3	MSS_SR1	Local	WORD	%MW0
4	MSS_REAL1	Local	REAL	%MD0
5	MSS_INT1	Local	INT	%MW1

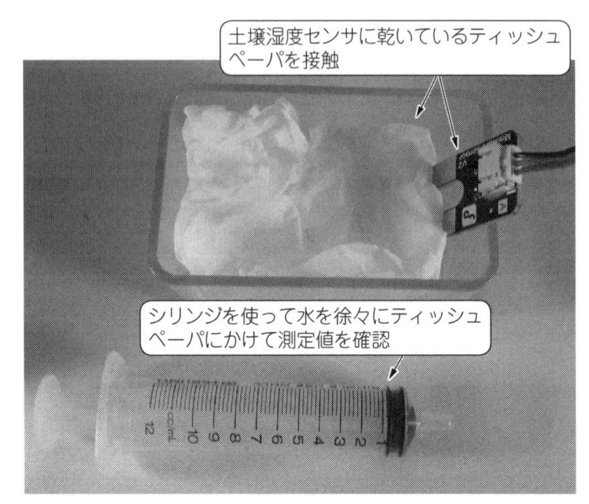

写真3 ティッシュペーパにシリンジ内部の水をかけて湿度が上がるかを確認した

▶モニタ結果の数値が変化しない問題が生じた

作成したラダー・プログラムを実行したところ，Eブロックの乗算結果モニタでMSS_REAL1の値がモニタ上で0から変化しないという問題が発生しました．他の数値は演算結果も含めて正常なので，MSS_REAL1がモニタで読み出せていないだけのようです．ラズベリー・パイのOSとの組み合わせの問題かもしれません．筆者の環境の問題なのかもしれません．ちなみに，OpenPLC Editorのシミュレータでは全ての値は更新されています．

■ 動作確認

センサ値の読み取り実験を**写真3**の材料を使って行いました．まず，土壌湿度センサにティッシュペーパを接触させ，シリンジから水を徐々に加えて測定値を確認します．水の量に正比例して値が増加したら正常です．

自動散水システムの構築

土壌湿度センサからのデータ読み出しに異常がないことを確認したら，これまでに製作した流体バルブと流量センサを使った定量吐出装置と組み合わせて，自動散水システムを構築します．

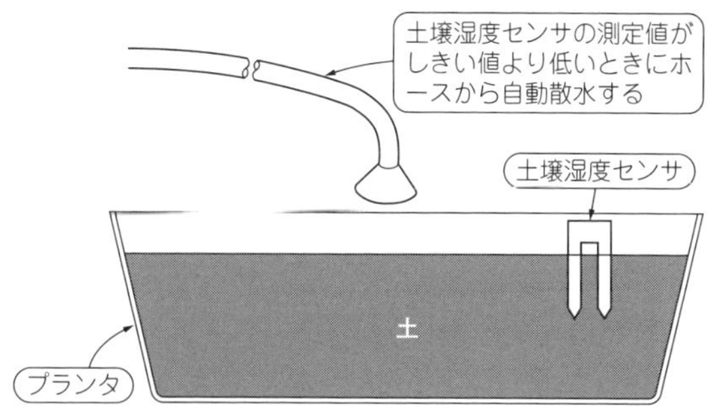

図5 土壌湿度センサのしきい値を基準にホースで水を定量散水する

● こんな装置

自動散水のイメージは図5のようなものです．プランタや植木鉢などに散水口の付いたホースなどから自動で散水を行います．自動散水の開始条件は，土壌湿度センサの測定値が「あるしきい値」を超えて下がったときとします．この自動散水の開始条件が検出されると，自動散水サイクルが始まります．

● プログラムのフローチャート

自動散水サイクルは図6のフローチャートのように，定量散水させてから水が土中を浸透拡散する時間を置いて終了条件を確認し，成立するとサイクルが終了します．終了条件が成立しない場合は，再度，定量散水に戻って実行します．

スタート・スイッチ(StartSW)を押すと自動散水サイクルを強制的に実行します．また，フローチャートの上にストップ・スイッチ(StopSW)があります．これが押されると，いかなる状態でも制御はStop SWのフェーズに戻るという意味です．

● 内部リレーのタイミング・チャート

フローチャートの記述だけではイメージしにくいと思うので，内部リレーのタイミング・チャートを図7に示します．

このタイミング・チャートは，自動散水サイクル中①の評価では終了条件にならず，②の評価で終了条件になった場合のサイクル遷移をチャートにしたものです．

このプログラムでは，状態表示は1個だけのLEDで行います．LEDは，自動散水サイクル保持中(Flow Cycle)は1秒サイクルの点滅です．また，流体バルブが開いている(ValveHold)間は点灯します．そして，ストップ・スイッチを押して停止した場合，土壌湿度センサが自動散水サイクル開始レベルを下回っているときのLEDは0.5秒サイクルの変則点滅をします．この変則点滅のときは，スタート・ボタンで自動散水サイクルが再開します．

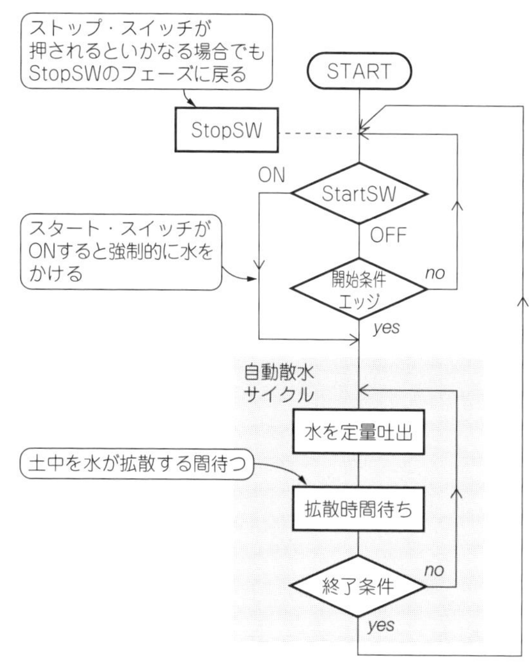

図6 自動散水システムのフローチャート

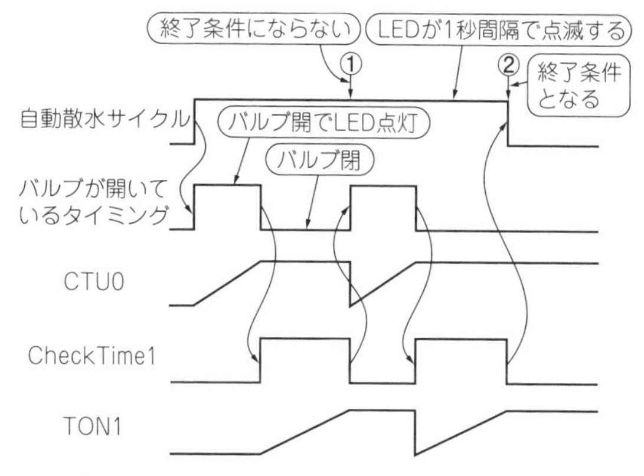

図7 内部リレーのタイミング・チャート

● 作成したラダー・プログラムの動き

自動散水システム用に作成したラダー・プログラムを図8に，I/O設定の内容を表3に示します．以下には図8のナンバリングと照らし合わせてプログラムの動作内容を解説します．

▶①：起動リセット

起動リセットを行います．

▶②：LED点滅タイミングの作成

LED点滅用のタイミング(1秒)を作っています．

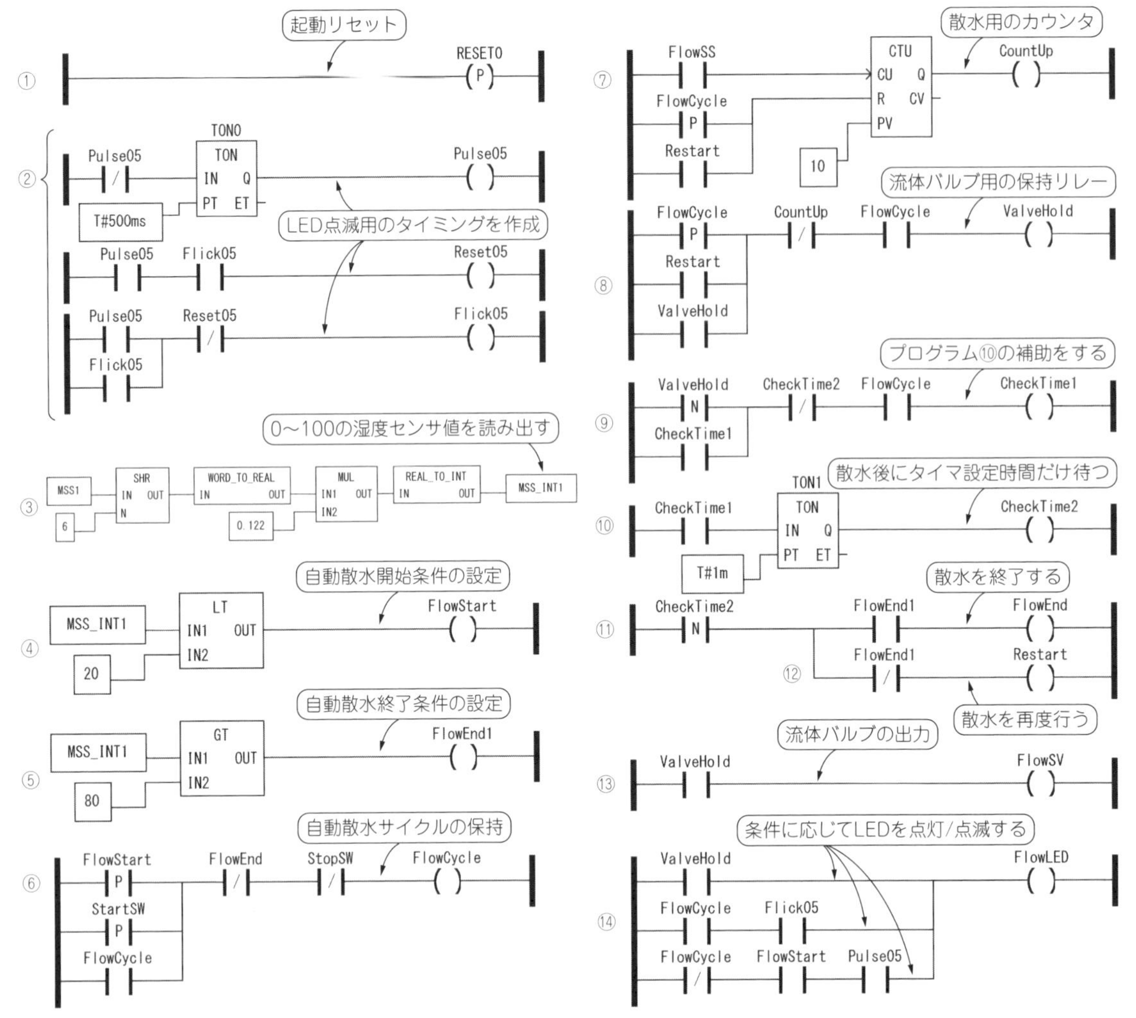

図8　自動散水システムの構築用に作成したラダー・プログラム

▶③：センサ値の読み出し

既に作成した湿度センサ測定値の読み取りプログラムです．先述しましたが，測定値は0～100になるように数値の補正がしてあります．途中経過モニタ用の内部レジスタは省略してあります．

▶④：散水開始条件の設定

自動散水の開始条件を「MSS_INT1<開始値」と設定しています．暫定的に設定値の20を下回るとそのエッジでスタートします．

▶⑤：散水終了条件の設定

自動散水の終了条件を「MSS_INT1>終了値」と設定しています．設定値の80を超えれば自動散水サイクルは終了します．これらの20や80という数値はモニタで確認しながら実際のシステムに合わせて調整するのがよいでしょう．

▶⑥：自動散水サイクル保持

このプログラムにあるFlowCycleは自動散水サイクル中保持する内部リレーです．

▶⑦：散水のカウンタ

散水用のカウンタです．暫定的にカウント値は10としてありますが，これもシステムに応じて調整します．

▶⑧：流体バルブ保持

流体バルブをドライブする保持リレーです．

▶⑨：散水後の確認補助

流体バルブを閉じると同時にCheckTime1を保持し，これでTON1のタイマを起動してタイマのタイムアップのタイミングで⑤のFlowEnd1をチェックします．

▶⑩散水後の待ち時間

ここでのタイマ設定は1分ですが，水が浸透拡散して土壌湿度センサに届くまでの時間によって調整する

表3　自動散水システムの構築用に設定したI/O

#	名　前	Class	種　類	Location
1	StartSW	Local	BOOL	%IX0.2
2	StopSW	Local	BOOL	%IX0.3
3	FlowSS	Local	BOOL	%IX0.4
4	FlowSV	Local	BOOL	%QX0.1
5	FlowLED	Local	BOOL	%QX0.2
6	MSS1	Local	WORD	%IW100
7	RESET0	Local	BOOL	%QX2.0
8	MSS_INT1	Local	INT	%MW0
9	FlowStart	Local	BOOL	%QX2.1
10	FlowEnd1	Local	BOOL	%QX2.2
11	FlowEnd	Local	BOOL	%QX2.3
12	FlowCycle	Local	BOOL	%QX2.4
13	Pulse05	Local	BOOL	%QX2.5
14	Reset05	Local	BOOL	%QX2.6
15	Flick05	Local	BOOL	%QX2.7
16	CountUp	Local	BOOL	%QX3.0
17	ValveHold	Local	BOOL	%QX3.1
18	CheckTime1	Local	BOOL	%QX3.2
19	CheckTime2	Local	BOOL	%QX3.3
20	Restart	Local	BOOL	%QX3.4
21	CTU0	Local	CTU	
22	TON0	Local	TON	
23	TON1	Local	TON	

必要があります．

▶⑪，⑫：タイムアップ時の評価

⑪のFlowEndなら自動散水終了です．⑫のRestartなら自動散水サイクルを再度起動します．

▶⑬：流体バルブ

流体バルブ出力の本体です．

▶⑭：LED点灯/点滅

バルブがONで点灯，自動散水サイクル中は点滅，自動散水サイクルが切で変則点滅します．プログラムは，ValveHoldとCheckTime1が状態遷移する簡単なステート・マシンを構成しています．ラダー・プログラムで順番に動作を行う場合は，状態や順番（ステート）を保持するという概念が重要になってきます．

写真4　ティッシュペーパを入れて土に電極が安定して触れるようにした

● センサを土に入れるときの工夫…ティッシュペーパを電極に触れさせセンサ感度を上げる

写真4は自動散水システムの動作確認をしているときの湿度センサの様子です．動作確認では，直接土にセンサを挿すと感度の安定性が良くないので，センサの裏側にティッシュペーパを当てて吸収された水分が電極に安定的に触れるようにしました．

実際には，水分吸収力のある海綿などのスポンジ類で電極をくるんで回りに土をかぶせるなどの工夫が必要かもしれません．

● 実用化するために必要なこと

定量散水モードが断水などのために止まらなくなったときは，タイマでそのことを検出して異常を知らせるランプを付けるなどの処理が必要です．異常処理は重要で自動加工機などのプログラムでは異常処理が案外多く，本体の動作プログラムと同じくらいの規模の異常検出処理プログラムが動いていることもあります．

異常を人に知らせることも必要です．ブザーを鳴らしたり大きな赤いパトライトを回したり，担当者の携帯に異常を知らせるメールを送信したりする処理も必要です．

温度センサ値に応じてリレーをON/OFFする．

第13章 オフセット校正とチャタリング防止

写真1　温度センサ MCP9700-E/TO（マイクロチップ・テクノロジー）

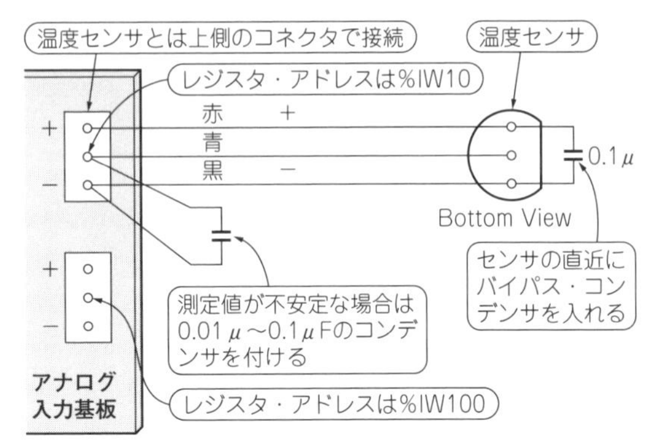

図1　温度センサを製作したアナログ入力基板と接続する

ここでは温度センサを例に，センサ値のオフセット校正を行うプログラムを紹介します．

準備

● 使用した温度センサ

今回使った温度センサはMCP9700-E/TO（マイクロチップ・テクノロジー，**写真1**）です．TO-92パッケージに入ったトランジスタのような形をしています．測定温度範囲は－40～＋125℃です．リニアリティは0～70℃の範囲で±4℃以内とあまり良くありませんが，生活上の温度範囲は十分にカバーしています．

温度センサは温度によって換気扇を回したり止めたり，ヒータを入切したりと応用範囲も広い部品です．

● アナログ入力基板に温度センサを接続する

図1は温度センサの接続図です．センサの直近にバイパス・コンデンサ0.1μFを接続してあります．**写真1**はセンサにバイパス・コンデンサを接続した様子です．温度センサの接続はこれまで使っていないレジスタ・アドレス%IW101にしました．測定値が不安定な場合は，**図1**のように0.01μ～0.1μF程度のコンデンサを付けてみてください．

● 温度センサはモールドして耐水化しておく

温度センサは水中でも使用できるようにするためにモールドします．筆者はモールド材に100円ショップで手に入れた紫外線硬化樹脂を使いました．モールドを施した様子が**写真2**です．今回使用した紫外線硬化樹脂はハード・タイプというもので，硬く固まる上に，透明度の高いクリアに仕上がります．硬化には紫外線LEDを使用しますが，一般に入手できるLEDライトでは，厚く塗ると奥まで紫外線が届かず，硬化までに数時間かかりますが，薄く塗布すれば1回10秒程度で固まります．今回は薄く塗布しました．モールドの耐久性は分かりませんが，この程度の実験なら十分な耐水性に仕上がりました．

PLC指示値を0℃オフセット校正する

温度センサの読み取り値に対するPLCの指示値を校正します．校正用のラダー・プログラムを**図2**に，I/Oの設定を**表1**に示します．

ラダー・プログラムはあらかじめ走らせてモニタを立ち上げておきます．ここで必要なのは温度マスタです．筆者は手軽に**写真3**のような氷水と50℃前後のお湯，それとガラス管の温度計で行いました．校正手順を以下に示します．

● ステップ1：氷水を用意

まず氷水を用意します．氷をコップに多めに入れて少し水を加えます．

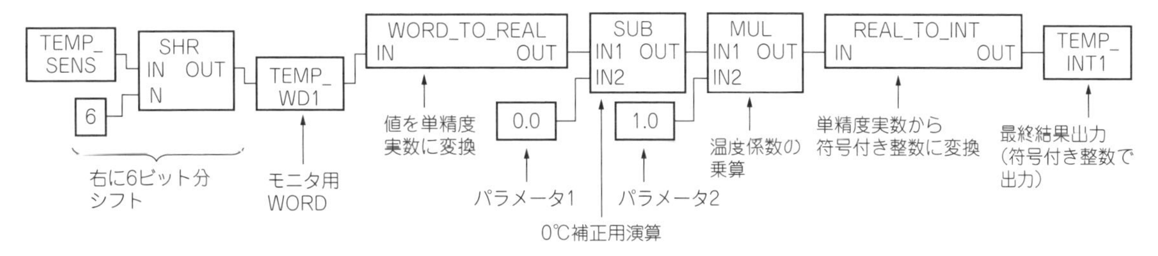

図2　センサのオフセット値を校正するラダー・プログラム

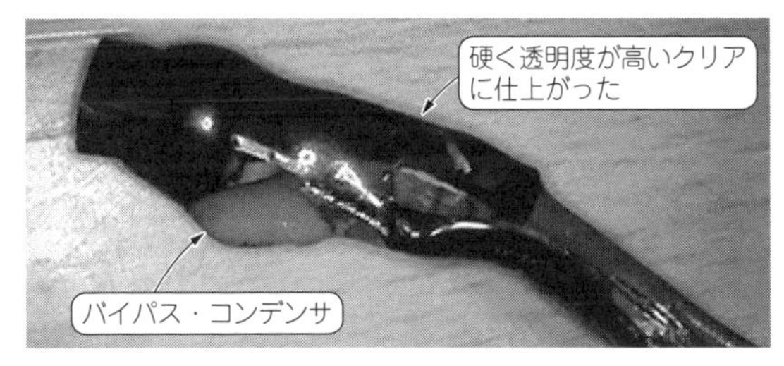

写真2　温度センサにモールドを施した様子

写真3　氷水と50℃前後のお湯，ガラス管の温度計を指示値校正に使った

表1　PLC指示値の校正をする際に設定したI/O

#	名　前	Class	種　類	Location
1	TEMP_SENS	Local	WORD	%IW101
2	TEMP_INT1	Local	INT	%MW0
3	TEMP_WD1	Local	WORD	%MW1

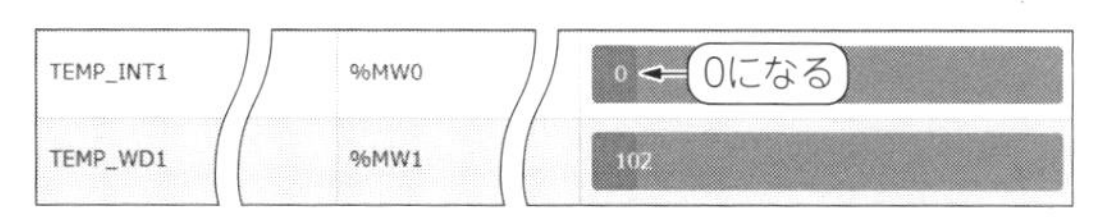

（a）TEMP_INT1が0になるのを確認

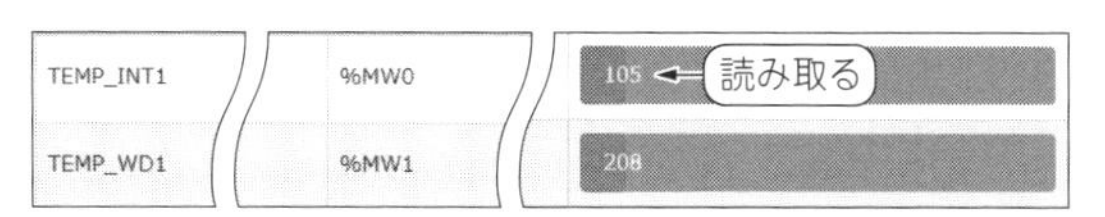

（b）温度センサをお湯に入れてTEMP_INT1の値を読み取る

図3　オフセット校正作業でモニタ画面が変化するか確認する

● ステップ2：温度センサを氷水に入れる

ガラス管の温度計を入れて温度が0℃になるまで待ちます．氷水が0℃になると，氷がだいぶ溶けるまでは0℃を維持するので，この状態で温度センサを氷水に入れます．

● ステップ3：モニタ値の読み取りとプログラム更新

温度センサを0℃にしてモニタ値を読み取り，値をパラメータ1に書き込みプログラムを更新します．

● ステップ4：TEMP_INT1の数値を確認

ステップ3によりTEMP_INT1が0になることを確認します［図3(a)］．

● ステップ5：TEMP_INT1の数値を読み取る

温度センサをお湯に入れ，TEMP_INT1の値を読み取ります［図3(b)］．

● ステップ6：パラメータ2を計算して変更する

ステップ5で読み取った値を表示温度としてガラス管温度計を実温度とすると，

パラメータ2＝実温度/表示温度

を計算してパラメータ2を変更してプログラムを更新します．

● ステップ7：パラメータ1の変更

モニタを確認してセンサの温度が安定したら，TEMP_INT1の値を読み取って，その値をOpenPLC Editorでパラメータ1に書き込みます．

● ステップ8：プログラムを更新して実行

コンパイルしてプログラムを更新して再び実行すると，TEMP_INT1は0付近になります．これで0℃のオフセット校正ができました．

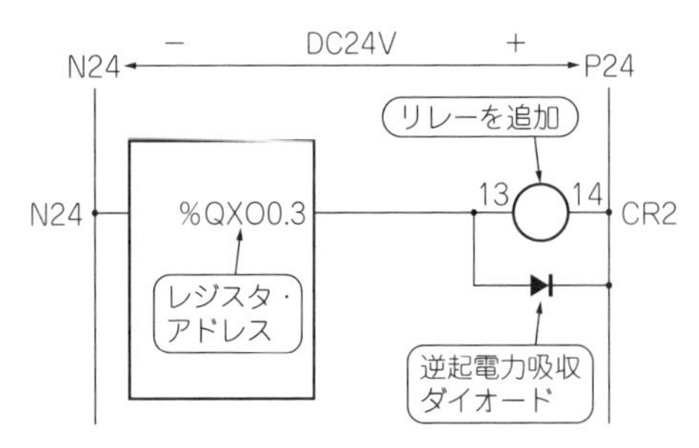

図4　ラズパイPLC基板の出力に汎用リレーを追加する

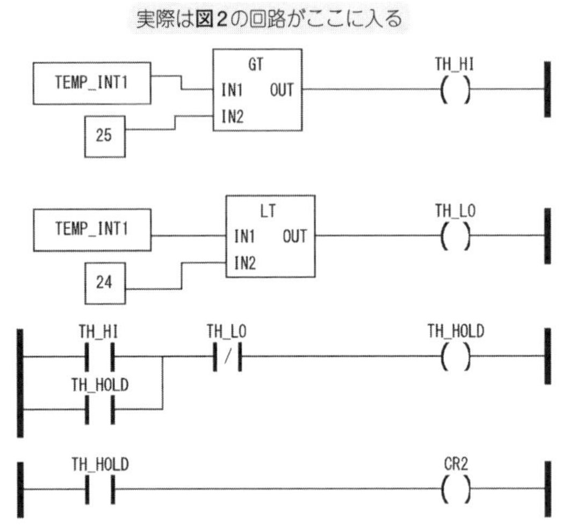

図5　設定した温度に応じてリレーをON/OFFするラダー・プログラム

PLCで得られた温度の確認

オフセット校正が終わったら，温度センサが適切な数値を示すか確認します．確認手順を以下に示します．

● ステップ1：ガラス管温度計と温度センサをお湯に入れる

別のコップにお湯を用意してガラス管温度計と温度センサをお湯に漬けます．

● ステップ2：温度係数を求めてプログラムを更新/コンパイル

温度計と温度センサの値が安定したら温度計の値を実温度，TEMP_INT1の読値を表示温度とすると，

温度係数＝実温度／表示温度

の式から温度係数を計算してパラメータ2にOpen PLC Editorでセットし，再びコンパイルしてプログラムを更新し実行します．この時点でTEMP_INT1はお湯の温度を妥当に表示するはずです．

表2　温度によってリレー駆動する動作に対して設定したI/O

#	名　前	Class	種　類	Location
1	TEMP_SENS	Local	WORD	%IW101
2	TEMP_INT1	Local	INT	%MW0
3	TEMP_WD1	Local	WORD	%MW1
4	CR2	Local	BOOL	%QX0.3
5	TH_HI	Local	BOOL	%QX2.0
6	TH_LO	Local	BOOL	%QX2.1
7	TH_HOLD	Local	BOOL	%QX2.2

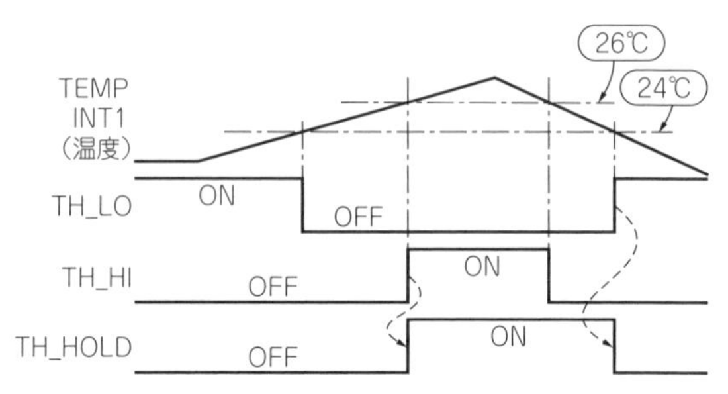

図6　温度リレーは26℃以上でONし24℃未満になるとOFFする

● ステップ3：表示温度を確認

最後に0℃とお湯を交互に測って表示温度が妥当なことを確認して終わります．

温度センサ値に応じてリレーをON/OFFするプログラム

● リレーと並列にダイオードを入れる

妥当な測定値が得られたところで，温度ヒータなどで汎用に使えるリレーを駆動します．そのために**図4**のようにリレーを追加します．リレーに並列で逆起電力吸収ダイオードを入れてありますが，リレーに内蔵されている場合は不要です．

● チャタリング防止回路を組んだ

ラダー・プログラムを**図5**に，設定したI/Oを**表2**に示します．温度の計算は先述の通りです．TH_HIとTH_LOがヒステリシスの上限と下限です．これらとTH_HOLDの関係が分かりにくいので，**図6**にタイミングも示します．このプログラムはTEMP_INT1>25でリレーON，TEMP_INT1<24でリレーOFFのように動作します．

また，TH_HOLDを駆動するTH_HIとTH_LOを入れ替えると，低温になった場合にONするように変更できます．

温度などのゆっくりと値が変化するデータでリレーを駆動する場合は，比較値の境目でON/OFFを繰り返すチャタリングが起きがちです．チャタリングを起こすと，リレーの接点の寿命は極端に縮まります．

ロボット・ハンドの操作をイメージ

物をつかむ/放す/元の位置に戻るといった順次動作を作る

ラダー・プログラムを使って機械制御を行います．機械制御の内容は，マニピュレータを使った「物をつかむ/離す/元の位置に戻る」といった順次動作です．プログラム作成後はシミュレーションによって動きを確認します．

順次動作のラダー・プログラムは第8章でも紹介しました．第8章ではLEDの順次点滅でしたが，同じ構造が機械要素などを順番に動作させるときにも使えます．

どんな制御をするのか

順次動作するのは**図1**のような上下左右のエア・シリンダとエア・ハンドによるマニピュレータです．他にも，左右と上下のシリンダには両端に引かれた配管に，それぞれソレノイド・バルブ（SVで表記されている）が付いています．バルブの動作は励磁で加圧，非励磁で大気開放するものとします．また，上下方向のシリンダは両端ソレノイドが非励磁のときはその場で停止するものとします．

現実に動くものは手元にないので，OpenPLC Editorのシミュレータを使って模擬動作でラダー・プログラムの検証をしてみます．

● ソレノイド・バルブのON/OFFでエア・シリンダを動かす

エア・シリンダは，空気圧とそれを制御するソレノイド・バルブ（電磁弁），シリンダの両端についているリミット・スイッチで構成されます．エア・シリンダを動かすためには，どこかにエア・コンプレッサを用意して，それを元圧として配管を引くことで動力源として完結します．引いた配管をソレノイド・バルブに接続して，その先にエア・シリンダを装着することでソレノイド・バルブがON/OFFし，エア・シリンダを動かすことができます．

▶エア・シリンダの動作条件

SV1をONしてSV2をOFFすると左右行エア・シリンダが右に動きます．SV1とSV2のON/OFF状態を逆にすると左に動きます．同じようにSV3をON，SV4をOFFすると上下シリンダが上昇します．SV3とSV4を逆にすると下降します．

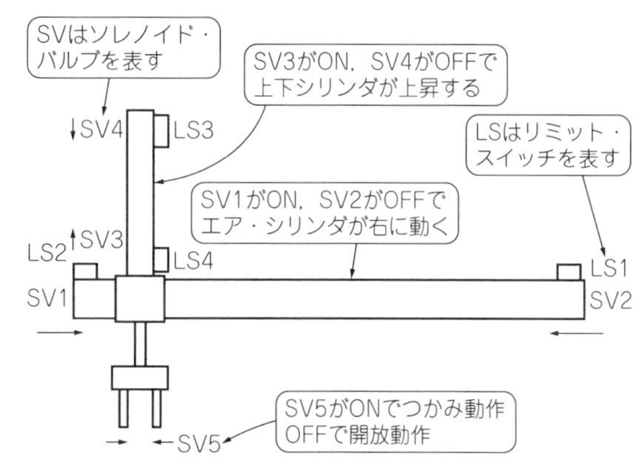

図1　ロボット・ハンドの動きを作る…搬送用マニピュレータを例に

● マニピュレータ・ハンドで物をつかむ

マニピュレータ・ハンドは，SV5の1個のシングル・ソレノイド・バルブで制御します．これはSV5をONするとハンドは閉じ（つかみ動作），OFFするとスプリングで開き（解放）ます．シリンダの上下と左右端には，それぞれリミット・スイッチLS1，LS2，LS3，LS4が付いています．ハンドにはリミット・スイッチは付きません．

本章で作る動作

● 物をつかむ/放す/元の位置に戻る

順次動作は，台の上に載っている搬送物をマニピュレータでつかみ，もう1つの台の上に置いて元の位置に戻る動作を行うものとします（**図2**）．これまで作成してきたラダー・プログラムは単純な条件に反応するようなものばかりでしたが，このような順次実行制御と非常停止への反応はラダー・プログラムの得意分野です．

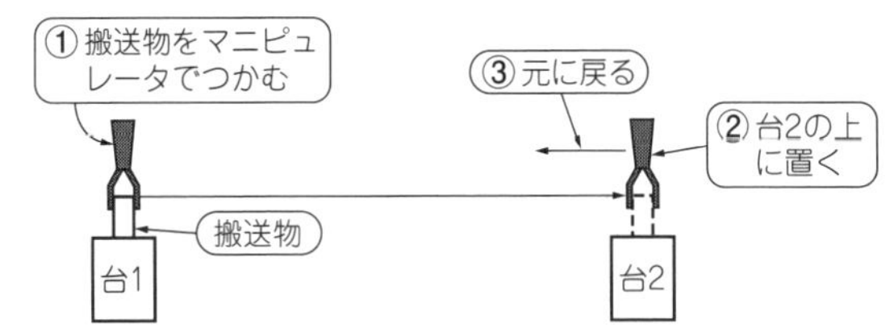

図2　搬送物をつかんで移動→解放して元の位置に戻る順次動作を考える

● 順次動作の流れ

順次動作の手順は**図3**のようになります．原点（左，上，開，バルブSV2-OFF，SV4-OFF）でStartSWがONすると動作が始まり，

- ①：SV4をONしてLS4のONを待つ（下降端）
- ②：SV5をONしてタイマで搬送物をつかむ時間を与える
- ③：SV3をON（SV4はOFF）しLS3のONを待つ（上昇端）

というように，**図3**の④～⑧も同様の手順で動作し，最後は原点で終わります．

表1　マニピュレータ・ハンドの動作を作るためのI/O設定

#	名前	種類	Location	Documentation
1	StartSw	BOOL	%IX0.2	スタート・スイッチ
2	Emergency	BOOL	%IX0.3	非常停止
3	LS1	BOOL	%IX0.4	シリンダ右行端
4	LS2	BOOL	%IX0.5	シリンダ左行端
5	LS3	BOOL	%IX0.6	シリンダ上昇端
6	LS4	BOOL	%IX0.7	シリンダ下降端
7	SV1	BOOL	%QX0.1	シリンダ右行SV
8	SV2	BOOL	%QX0.2	シリンダ左行SV
9	SV3	BOOL	%QX0.3	シリンダ下降SV
10	SV4	BOOL	%QX0.4	シリンダ上昇SV
11	SV5	BOOL	%QX0.5	マニピュレータSV
12	InOrigin	BOOL	%QX2.0	—
13	InCycle	BOOL	%QX2.1	—
14	CycleEnd	BOOL	%QX2.2	—
15	ToDown1	BOOL	%QX2.3	—
16	ToClose1	BOOL	%QX2.4	—
17	ClosOk1	BOOL	%QX2.5	—
18	ToUP1	BOOL	%QX2.6	—
19	ToRight1	BOOL	%QX2.7	—
20	ToDown2	BOOL	%QX3.0	—
21	ToOpen1	BOOL	%QX3.1	—
22	OpenOK	BOOL	%QX3.2	—
23	ToUp2	BOOL	%QX3.3	—
24	ToLeft1	BOOL	%QX3.4	—
25	TON0	TON	—	—
26	TON1	TON	—	—

注：ClassはLocal

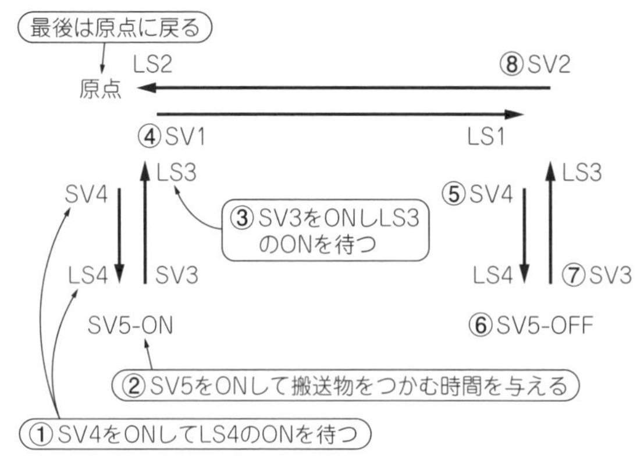

図3　マニピュレータの動作手順

プログラム

● ラダー・プログラムの動きをみてみる

図4に順次動作のラダー・プログラムを，**表1**に設定したI/Oを示します．ラダー・プログラムは図中の③～⑩が具体的な動きです．**図4**のラダー・プログラムには矢印が書いてありますが，これは内部リレーの保持と解除の関係を表したものです．

順次動作のラダー・プログラムは，現在の状態をリレーで保持し，そのリレーでソレノイド・バルブなどを動かすことでシリンダが次の位置（LS）に到着するのを待ちます．この繰り返しで次々動くように順次動作を行います．このようなものは「ステート・マシン」と呼ばれることもあります．このような順次動作を行う上で重要な点は，1サイクル中に多重に起動がかからないようにすることです．以降ではこのプログラムの動作を解説します．

▶①：原点確認（起動条件）

一番上のプログラムのLS2とLS3をONするとInOrigin（原点確認）がONします．これで起動条件が整います．

▶②：サイクル中の保持と解除

プログラム中のStartSWを強制ONして強制OFFの後強制解除します．するとInCycle（サイクル中）がONして保持します．サイクル中は保持，サイクル・エンドで保持解除，非常停止で切れるとサイクルはその場で終了となっています．

▶③：シリンダ下降指示

②と同時に③のToDown1がONします．このToDown1は，プログラムの下の方のSV4をONさせます．これで上下シリンダには下降側にエア圧がかかり下降します．そこでシリンダが下降端に行き着いたことにしています．

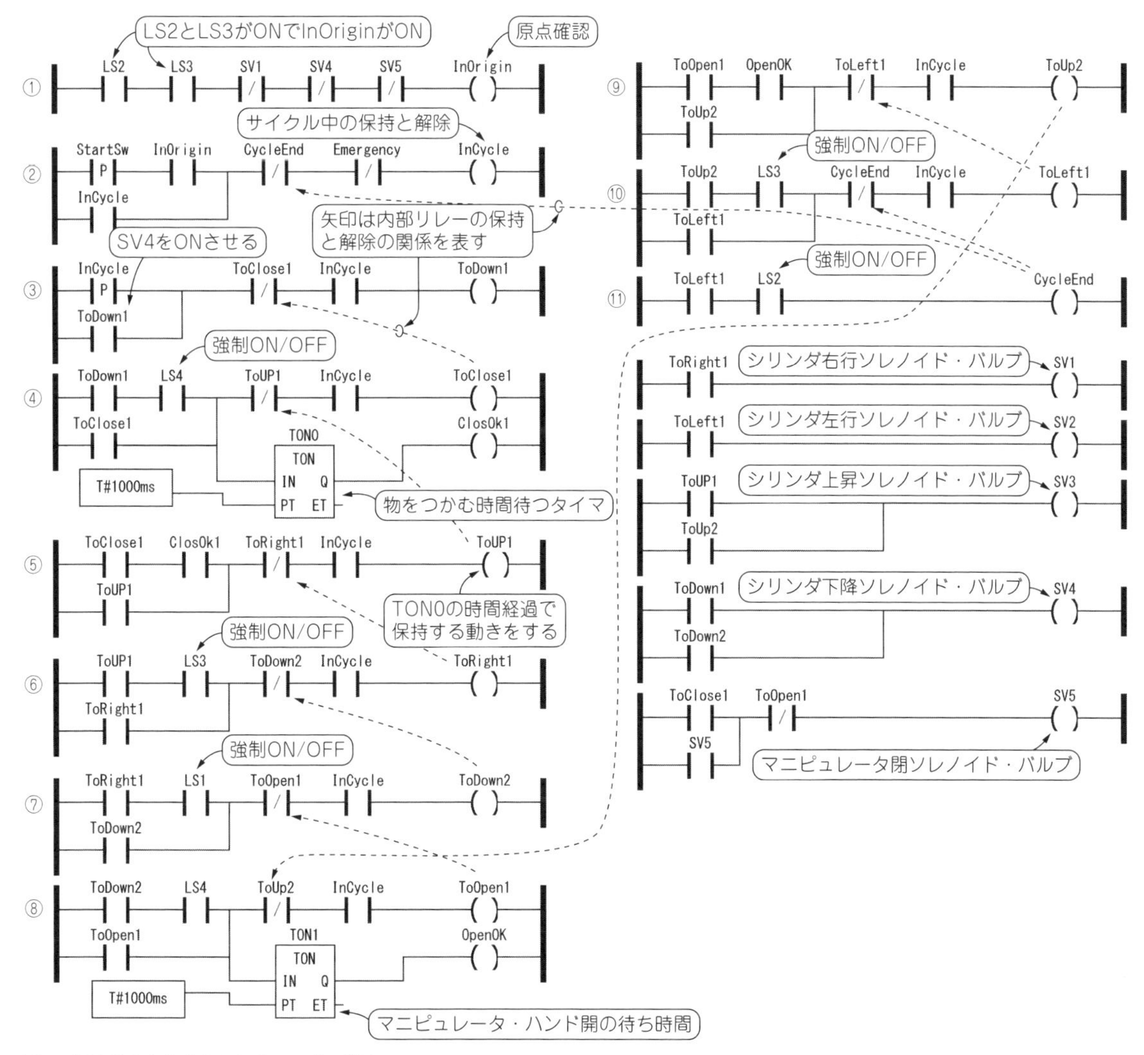

図4　順次動作を実現するラダー・プログラム

▶④：マニピュレータ・ハンド閉指示

プログラム中のLS4を強制ON/OFF，強制解除するとToClose1がON保持すると同時に③の保持は解除します．これでSV4が切れ，SV5がONし保持します．これでハンドが閉じます．ハンドが十分に閉じて，搬送物をしっかりつかむための待ち時間がタイマTON0です．

▶⑤：シリンダ上昇指示

タイマTON0が時間経過するとToUP1が保持します．これはSV3をONさせるのでシリンダは上昇します．

▶⑥：シリンダ右行指示

プログラム中のLS3を強制ON/OFFして強制解除するToRight1がON保持し，SV1がONします．

▶⑦：シリンダ下降指示

LS1を強制ON/OFFしシリンダ右行端LS1を確認します．

▶⑧：マニピュレータ・ハンド開指示

シリンダ下降端LS4を確認します．TON1はマニピュレータ・ハンド開の待ち時間です．

▶⑨：シリンダ上昇指示

マニピュレータ・ハンド開の待ちが完了します．

▶⑩：シリンダ左行指示

LS3を強制ON/OFFしシリンダ上昇端LS2を確認します．

▶⑪：サイクル・エンド

LS2を強制ON/OFFします．解除すると②のInCycleが切れて原点確認がONし，サイクル開始前の状態に戻ります．以上が1サイクルの流れです．

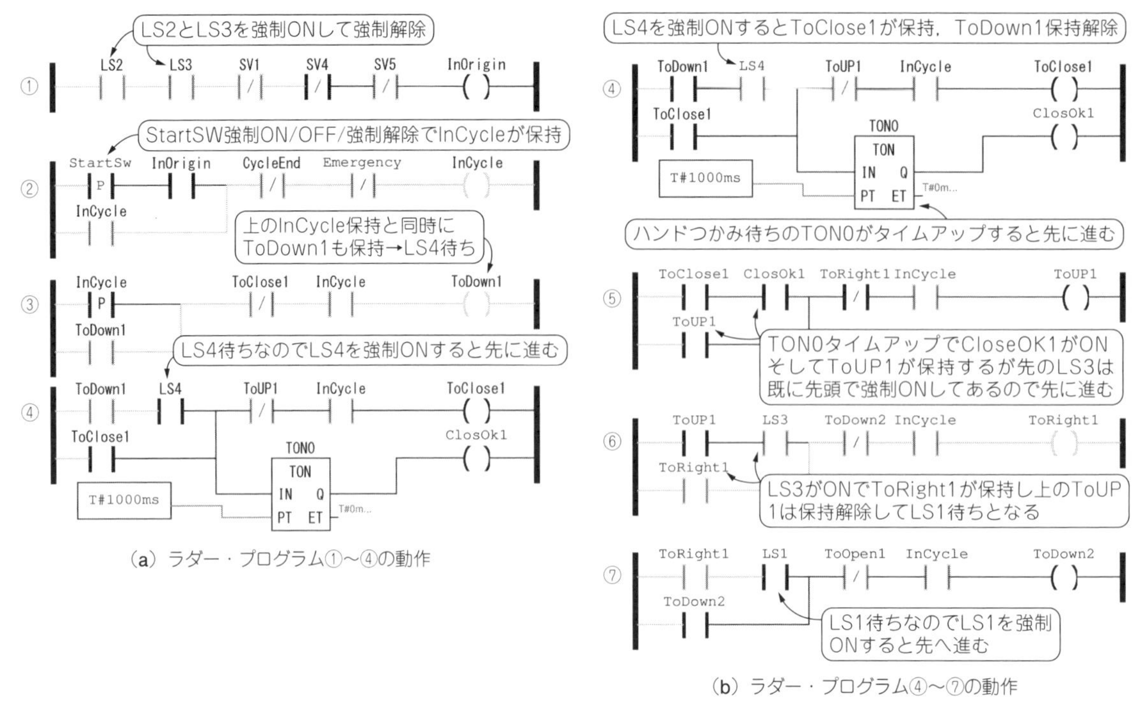

図5　リミット・スイッチの強制ON/OFFで順次動作をシミュレーション

● スイッチ連打と非常停止に対する動作

▶ StartSWを連打しても起動は1回きり

ラダー・プログラムでは，InCycleがサイクル中保持されていて，**図4**の③のプログラムはInCycleの立ち上がりエッジで起動します．これで，サイクル中にStartSWを連打しても1回しか起動しません．

▶ Emergencyの強制ONでサイクル動作が完全停止する

②のInCycleの保持条件にEmergencyが入っています．そして，InCycleがそれ以降の動き保持リレーの全ての保持条件に入っています．これで動作中にEmergencyを強制ONしてInCycleを強制的にOFFすると，全ての保持条件が切れてサイクル動作は完全に停止してサイクル中の片りんも残らずに終了します．これは非常停止が入ると少なくとも数スキャン以内に全ての動作は停止するということです．

● 制作したプログラムは完璧ではない

▶復帰用の動作などは入れてない

システム異常が生じたときでも非常停止だけは確実に機能しないといけません．このエア・シリンダの搬送システムは，順次動作の確認のために組んだラダー・プログラムなので，途中で停止した場合に各部を原点に戻して次の起動が行えるようにする復帰用の動作などは一切入っていません．

▶人体に危害を及ぼすような出力はハードウェアで切断する

作成したラダー・プログラムでは，全ての入力は常に読み込まれているので，その入力をプログラム中のどこかで評価していれば必ず応答します．ただし，人命や人体に危害を及ぼす可能性のある出力は，非常停止時は必ず駆動源や動力を「ハードウェア」で切る必要があります．

ラダー・プログラムのシミュレーション結果

OpenPLC Editorに作成したラダー・プログラムを入力して，シミュレータで動作を見てみます．**図5**はシミュレータでリミット・スイッチの強制ON/OFF操作によって，開始から数ステップほど進んだところまでの流れです．

順次動作は，ここで紹介した方法の他にもシフト・レジスタを利用する方法などいろいろ考えられます．また，同じ動作を実現するにもさまざまな方法が考えられます．ラダー・プログラムは，そのような新たなカラクリを複雑な言語仕様に煩わされずに実現できる手段だと思います．

扇風機/冷蔵庫/照明/カーテンのコントロール

第15章 リレーでAC100Vを制御する「家電コントローラ」

(a) 全景

(b) コンテナ内部

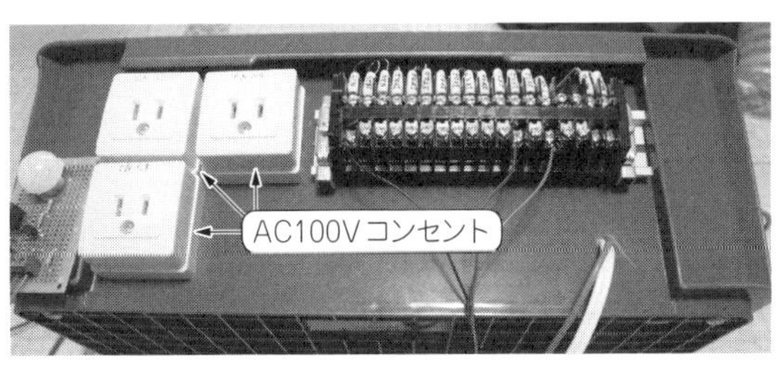

(c) 入出力部

写真1　製作したラズパイ家電コントローラ
音声で冷蔵庫や照明の電源をON/OFFしたりカーテンを開閉したりできる

リレーLY2-DC24V(オムロン)を3個使って，3つのAC100VコンセントをON/OFFします(**写真1**)．3個のリレーはそれぞれ，スタンド照明，扇風機，冷蔵庫にAC100V電源を供給します(**写真2**)．

また，リレーMY2-DC24V(オムロン)を2個使って，1つはモータのON/OFF，そしてもう1つはモータの回転方向を制御して窓用カーテンの開閉を行います(**写真3**)．

さらに，制御条件として赤外線による人感センサを1つ用意し，室内に人が居るかどうかを検出して，必要に応じて電源を切ったり入れたりします．リレーLY2-DC24Vの仕様を**表1**に，MY2-DC24Vの仕様を**表2**に示します．

● 指令は音声で

制御指令は平凡なスイッチではつまらないと考え，岩貞 智氏に協力をいただいてAIスピーカを作っていただきました[注1]．「カーテンを開けて」などのキーワードに反応して，ラズベリー・パイ(以下，ラズパイ)AIスピーカのGPIOが0.5秒間だけ“H”になります．

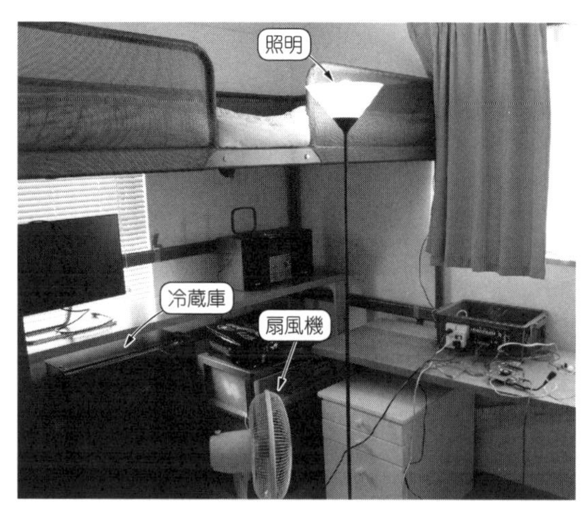

写真2　冷蔵庫や扇風機などといった家電のAC100VをON/OFFできる

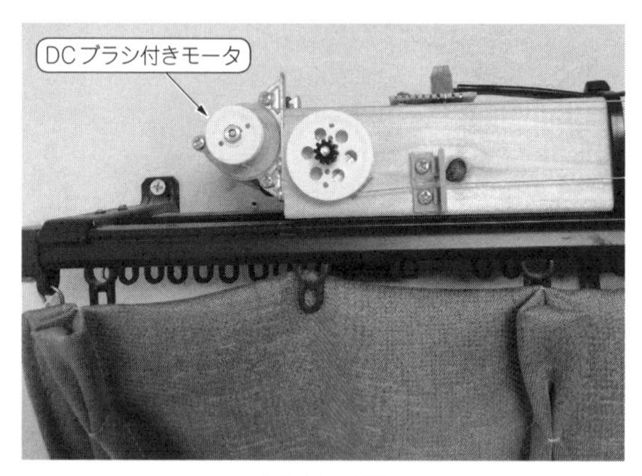

(a) モータ部

(b) 装置全体

写真3　DCブラシ付きモータでカーテンの開閉も行える

ハードウェア

● 全体像

図1が音声ユニットも含んだ接続です．ラズパイ家電コントローラの出力端子に接続されている5つのリレーのうち，CR1～CR3の3個のリレーで家電の電源をON/OFFしています(接点の両側を開閉している)．リレーの接点容量は誘導負荷時[注2]に7.5Aです．

表1　リレー LY2-DC24Vの仕様

項　目	値
定格負荷	AC110V，10A(抵抗負荷)
	AC110V，7.5A(誘導負荷)
接触抵抗	50mΩ以下
接点電圧の最大値	AC250V，DC125V
接点電流の最大値	AC10A，DC10A

表2　リレー MY2-DC24Vの仕様

項　目	値
定格負荷	DC24V，5A(抵抗負荷)
	DC24V，2A(誘導負荷)
接触抵抗	50mΩ以下
接点電圧の最大値	AC250V，DC125V
接点電流の最大値	AC5A，DC5A

また，CR4でカーテン駆動モータの起動/停止，CR5でモータの回転方向を制御しています．これら2個のリレーはMY2-DC24(オムロン)を用いました．接点容量は誘導負荷で2A/AC220Vです．

I/Oやリレー駆動用電源の24Vはスイッチング電源を用いています．ラズパイの電源にはケース内部に組み込んだコンセントに挿したUSB電源を使用しました．このUSB電源は端子2口の品を使っており，余った1口をカーテン用モータの駆動電源として使っています．**表3**はコンテナ内部の主な部品と人センサ，カーテン駆動部の部品の一覧です．

● ケースはホーム・センタで

製作でコストの大部分を占めてしまうのはケースです．今回は個人的実験なのでホーム・センタのコンテナ・ケースに穴をあけて使用しました．大きさは内寸で360×250mm程度です．ケースの価格は1,000円前後でした．内部にはシャーシの代わりのベニヤ板をコンテナ・ケースの底に裏から木ねじで止めて，それに部品を載せて組み立てました．

図2がコンテナ・ケース内のユニット配置図で**写真1(b)**がコンテナ内部の様子です．また**写真1(c)**はコンテナ正面のコンセントと端子台です．この端子台にAIスピーカからのコマンドや，24V電源，人感センサなどをつなぎます．このため多くの端子を使用したのでDINレール(IDEC)取り付け用の連結端子台を使いました．

人感センサはPaPIRs(VZ)12m(パナソニック)を用いた簡単なものです．回路を**図3**に示します．

● カーテン駆動部は手作りで

写真3(a)がカーテンの駆動部です．軽量なカーテンを80cmほど開け閉めできます．**図4**がカーテン駆

注1：製作方法はAppendix4で紹介する．
注2：モータやトランスなどを誘導負荷とする．

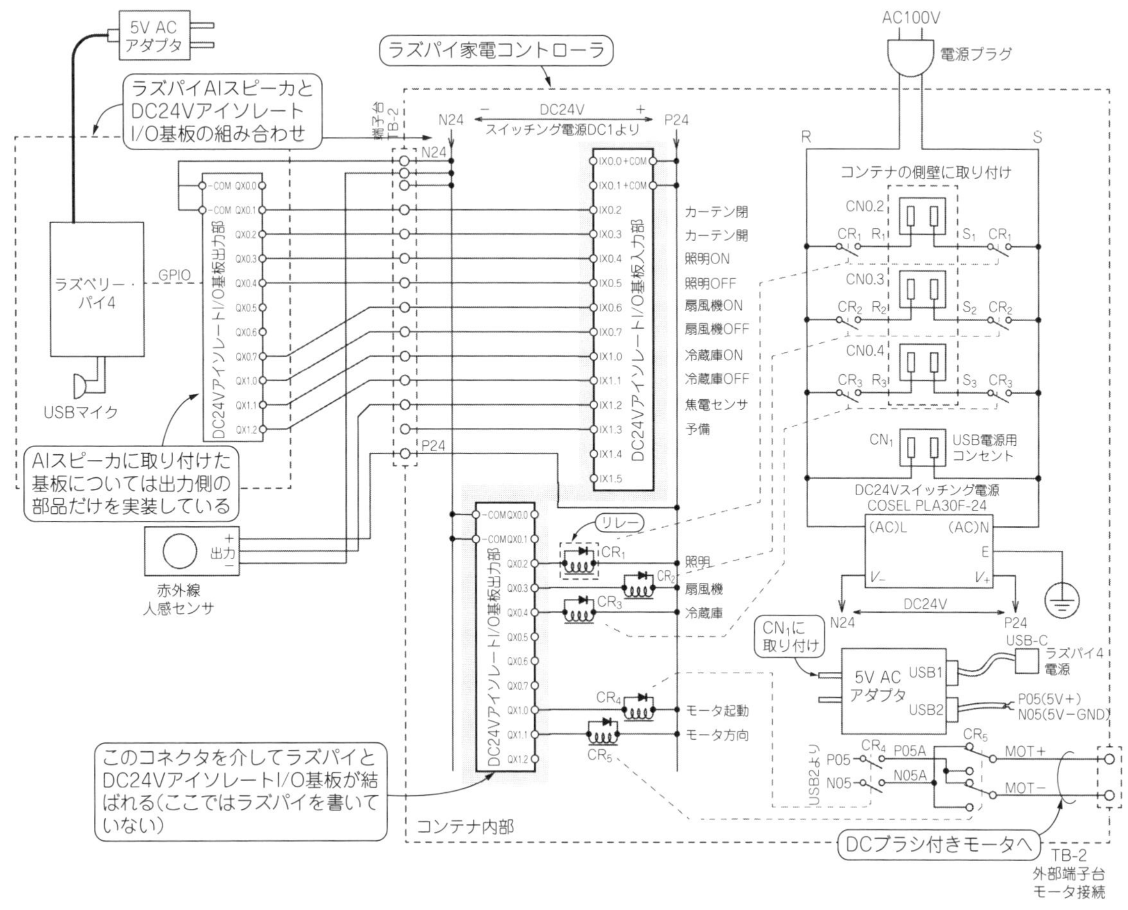

図1　ラズベリー・パイ4とDC24VアイソレートI/O基板，リレーを使ってAC100VをON/OFFした

表3　使用した部品

品　名	型　番	メーカ名	個　数
角型コンセント	−	−	4
リレー	LY2-DC24	オムロン	3
リレー・ソケット	PTF08A	オムロン	3
リレー	MY2-DC24	オムロン	2
リレー・ソケット	PYF08A	オムロン	2
端子台	BNH10W	IDEC	必要数
端子台レール	35mm幅DINレール	−	−
USB電源ユニット	2.4A以上2口以上	−	−
DC24V電源	PLA30F-24	コーセル	1

(a) コンテナ内部

品　名	型　番	メーカ名	個　数
焦電センサ	PaPIRs (VZ) 12m	パナソニック	1
コンデンサ	0.1 μ	−	2
コンデンサ	100 μ	−	1
3端子レギュレータ	LM7805	−	1
抵抗	4.7k	−	1
抵抗	47k	−	1
抵抗	100k	−	1
トランジスタ	2SC1815	−	1
3P端子	−	−	1
LED	φ3程度のもの	−	1
ユニバーサル基板	Cタイプ	秋月電子通商	1

(b) 人感センサ

品　名	型　番	メーカ名	個　数
木材	900×40×15mm	−	1
ユニバーサル金具	ITEM 70164	タミヤ	1
プーリー (S)	ITEM 70140	タミヤ	1
プレートセット	ITEM 70098	タミヤ	1
遊星ギヤーボックスセット	ITEM 72001	タミヤ	1

(c) カーテン駆動部

動部の構造です．中程は端折ってありますが900×40×15mmの木材の構造材にプーリや減速器付きモータを付けて，それぞれの間にぐるっとワイヤを張った簡単なものです．メカ関係の部品は模型のタミヤの楽しい工作シリーズの金具，プーリ，プラスチック部品を用いて作りました．モータ以外の小物部品はどれも数百円程度のものです．

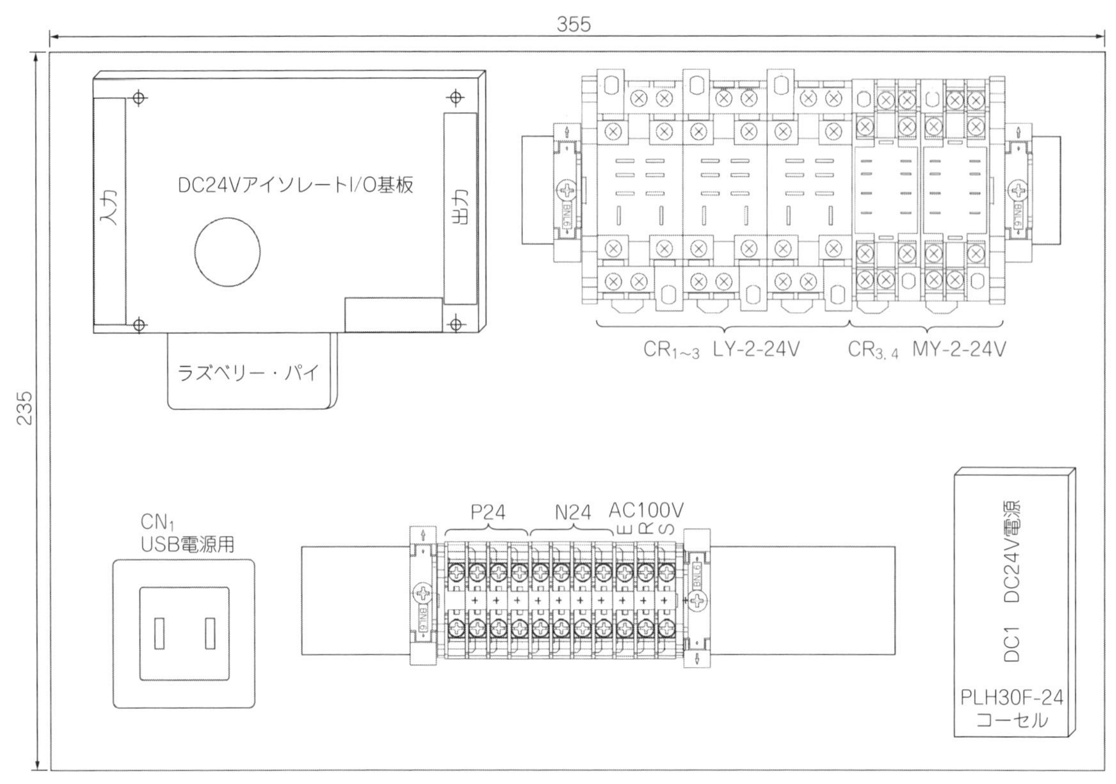

図2　コンテナ・ケース内のユニット配置

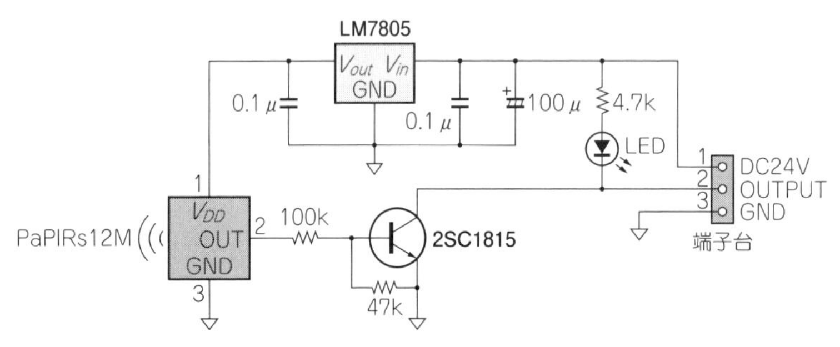

図3　人感センサPaPIRs (VZ) 12mの周辺回路

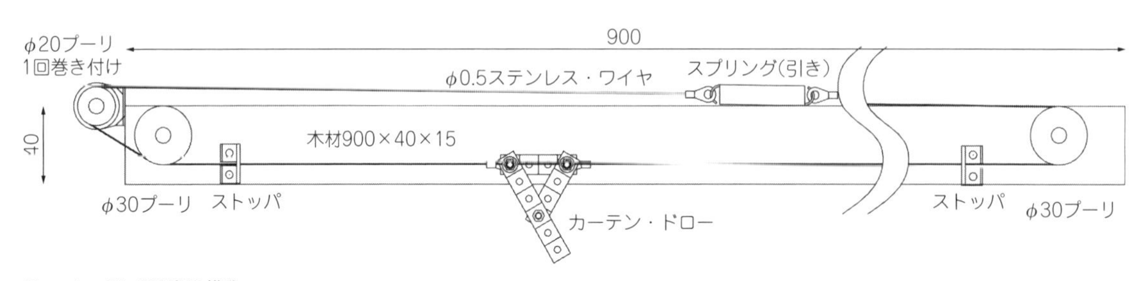

図4　カーテン駆動部の構造

表4 ラズパイPLCのI/O割り当て
Class は Local，種類は BOOL

#	名 前	Location	機 能
1	CCloseIN	%IX0.2	カーテン開指令入力
2	CCloseIN0	%QX98.2	カーテン開指令Modbus入力
3	COpenIN	%IX0.3	カーテン閉指令入力
4	COpenIN0	%QX98.3	カーテン閉指令Modbus入力
5	LightOnIN	%IX0.4	照明点灯指令入力
6	LightOnIN0	%QX98.4	照明点灯指令Modbus入力
7	LightOffIN	%IX0.5	照明消灯指令入力
8	LightOffIN0	%QX98.5	照明消灯指令Modbus入力
9	FanOnIN	%IX0.6	扇風機起動指令入力
10	FanOnIN0	%QX98.6	扇風機起動指令Modbus入力
11	FanOffIN	%IX0.7	扇風機停止指令入力
12	FanOffIN0	%QX98.7	扇風機停止指令Modbus入力
13	RefrOnIN	%IX1.0	冷蔵庫起動指令入力
14	RefrOnIN0	%QX99.0	冷蔵庫起動指令Modbus入力
15	RefrOffIN	%IX1.1	冷蔵庫停止指令入力
16	RefrOffIN0	%QX99.1	冷蔵庫停止指令Modbus入力
17	HumanSS	%IX1.2	人感センサ入力
18	LightCR	%QX0.2	照明リレー
19	FanCR	%QX0.3	扇風機リレー
20	RefrCR	%QX0.4	冷蔵庫リレー
21	MotOnCR	%QX1.0	カーテン・モータ起動リレー
22	MotDIrCR	%QX1.1	カーテン・モータ方向リレー
23	HumanOK	%QX2.0	–
24	HumanOK0	%QX2.1	–
25	CClose0	%QX2.2	–
26	CClose1	%QX2.3	–
27	COpen0	%QX2.4	–
28	COpen1	%QX2.5	–
29	SrartReset0	%QX2.6	–
30	StartReset	%QX2.7	–
31	LightCont0	%QX3.0	–
32	LightOff1_R	%QX3.1	–
33	FanOff1_R	%QX3.2	–
34	FanCont0	%QX3.3	–
35	RefCont0	%QX3.4	–
36	RedOff1_R	%QX3.5	–
37	TON0	–	–
38	TON1	–	–
39	TON2	–	–

モータには「遊星ギヤーボックスセット」(モータとギアのセット)を使用し，減速比は80：1としました．

ソフトウェア

家電コントローラは既述の通り音声認識のプログラムから送られるビットによるパルスを受けて家電の電源の電源やカーテン開閉モータの制御を行います．

表4はI/Oの割り当てリストです．入力%IX0.2から%IX1.1に音声ユニットからの指令が割り当ててあります．また，同じように内部リレー%QX98.2から%QX99.1にPCからModbus経由で来る指令を割り当ててあります．

図5は家電コントローラのプログラムです．%98.2から%99.1についてはパソコンのModbus制御ソフトウェアから送られる指令によってON/OFFが制御されます．Modbusはパソコン-PLC間をアクセスするための公開されたフリーのプロトコルです．今回は音声ユニットの指令と同等の指令をパソコンから入力するためにModbus制御ソフトウェアを作っています．

● 焦電センサからのチャタリングを減らす回路

プログラムについて説明します．先頭には起動リセット回路があります．その下に人感(焦電赤外)センサのB接点でタイマを起動して，そのB接点で人体検出HumanOKを駆動しています．これは焦電赤外センサが人の動きを捕らえて出力を出すため出力がちらちらとON/OFFを繰り返すので，タイマで連続的に5分間(300秒)OFFになったときのみ人が居ないと判断するための工夫です．このような回路はチャタリングの多い入力を連続信号にするために使用します．

● カーテン制御

カーテンは3秒間モータを回すことで開閉ストロークを管理します．開COpen0と閉CClose0は互いに相反するので，互いのB接点を起動条件に入れて同時にONすることを防いでいます．

● 照明制御回路

照明は指令によってLightCont0の保持を入れたり切ったりしています．LitCont0のA接点で照明リレーLightCRを動かしていますが，ここに人体検出のA接点が入っています．つまり照明の保持リレーがONの時に人が外室すると照明が消え，また入室すると照明が点灯します．

● 扇風機制御回路

扇風機はFanCont0の保持リレーによって扇風機リレーFanCRを駆動します．照明と違うのはFanCont0の保持解除条件に人感センサ HumanOKのA接点が入っています．つまり人が外室すると保持が切れます．このまま再び人が入室しても扇風機は回りません．また回すためには人が入室している状態でまた扇風機起動の指令を出す必要があります．

● 冷蔵庫制御回路

冷蔵庫は余計な条件はありません．起動指令で冷蔵庫が起動し，停止指令で冷蔵庫が止まるだけです．

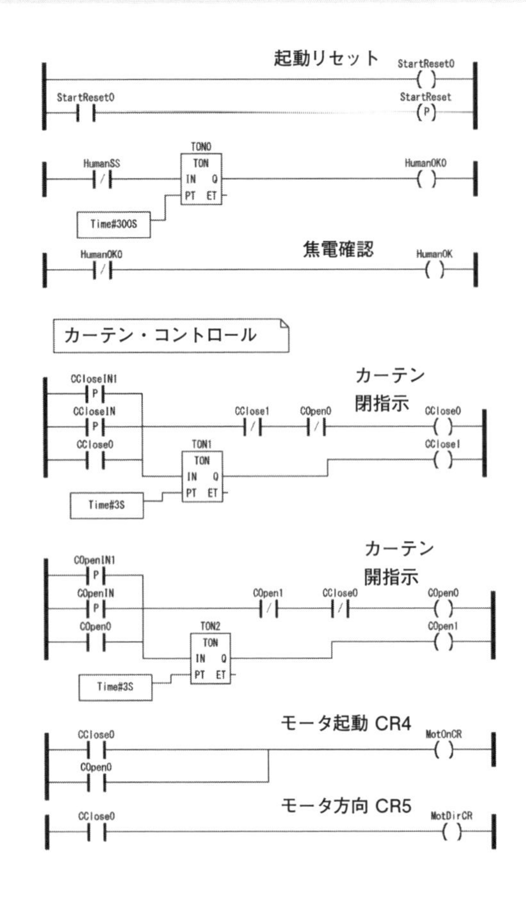

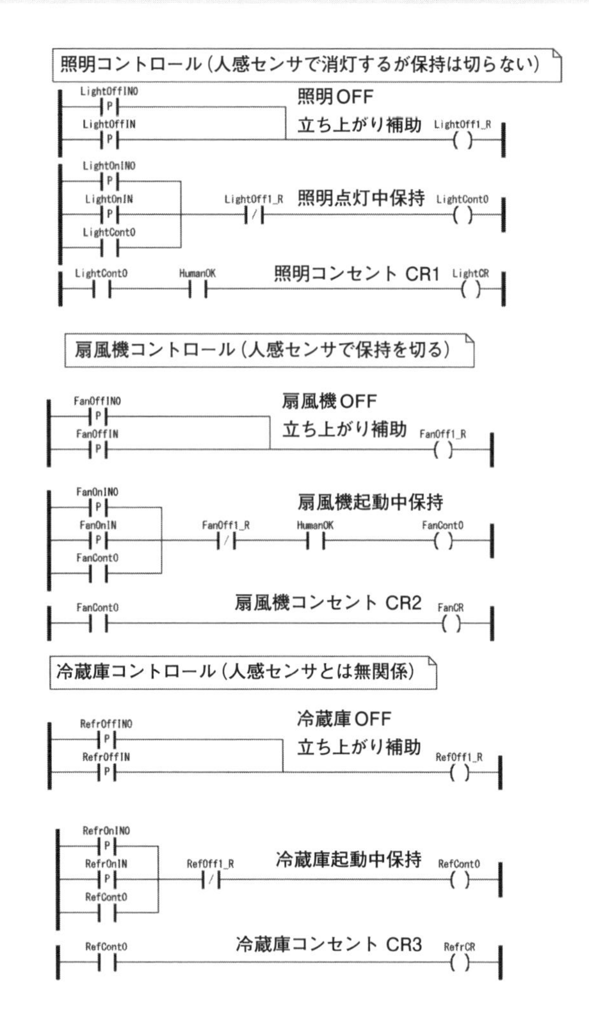

図5　家電コントローラのプログラム

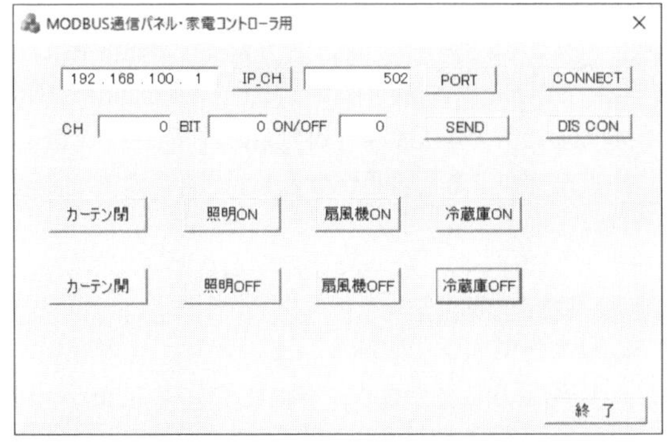

図6　Modbusを利用してパソコンからPLCをコントロールする際のパネル
この通信パネルも本誌ウェブ・ページからダウンロード提供する

パソコンからPLCをコントロールする

Modbusを利用して，パソコンからのコントロールを試してみました．コントロール・パネルを図6に示しておきます．本来，ModbusはPLC内部のほとんどのデバイスにアクセスできるのですが，今回はModbusの確認用に作ったものなので，%QXをON/OFFする機能しかありません．

使い方はIPアドレスを合わせ，Modbusポートの502に設定して[CONNECT]ボタンをクリックすると，ラズパイOpenPLCに接続できます．接続解除は[DIS CON]ボタンです．

接続状態でカーテン開閉やその他のボタンをクリックすると98～99チャネルに設定された接点が数百msのパルス状にONします．そのほかCH窓に指定チャネルをセットして，BIT窓にビット番号をセットし，ON/OFFに‘1’か‘0’をセットして[SEND]ボタンをクリックすることで，指定の%QXビットをON/OFFできます．

これを利用すると，ラズパイ家電コントローラを，外部から制御する実験もできます．

PLCを音声で制御する スマート・スピーカ作り

岩貞 智

● 作るもの

ラズベリー・パイに接続した家電を，音声で制御してみます（**写真1，図1**）．

音声認識処理とは人間が発する音声内容を解析し，認識結果をテキストなどに出力するものです．近年急速に普及しているスマート・スピーカも，入力された音声を音声認識によって文字化し，意味を理解した上で天気予報を話したり，今日の予定をクラウド上のカレンダーから取得したりしています．

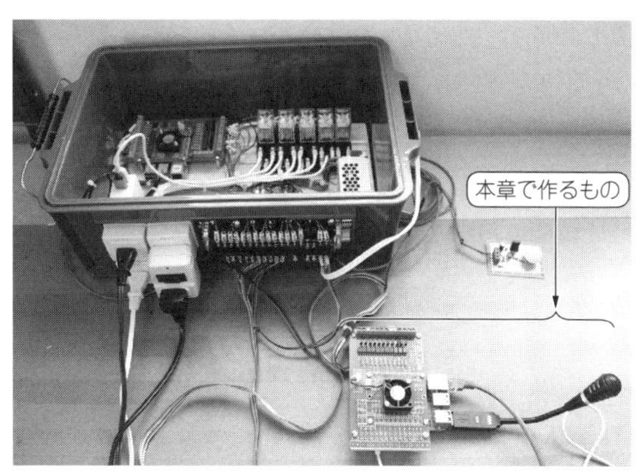

写真1　完成イメージ

● 音声認識をする

ラズベリー・パイで音声認識を行うことを考えた場合，大きく2通りの構成が考えられます．

1. ローカル（ラズベリー・パイ）上で音声認識

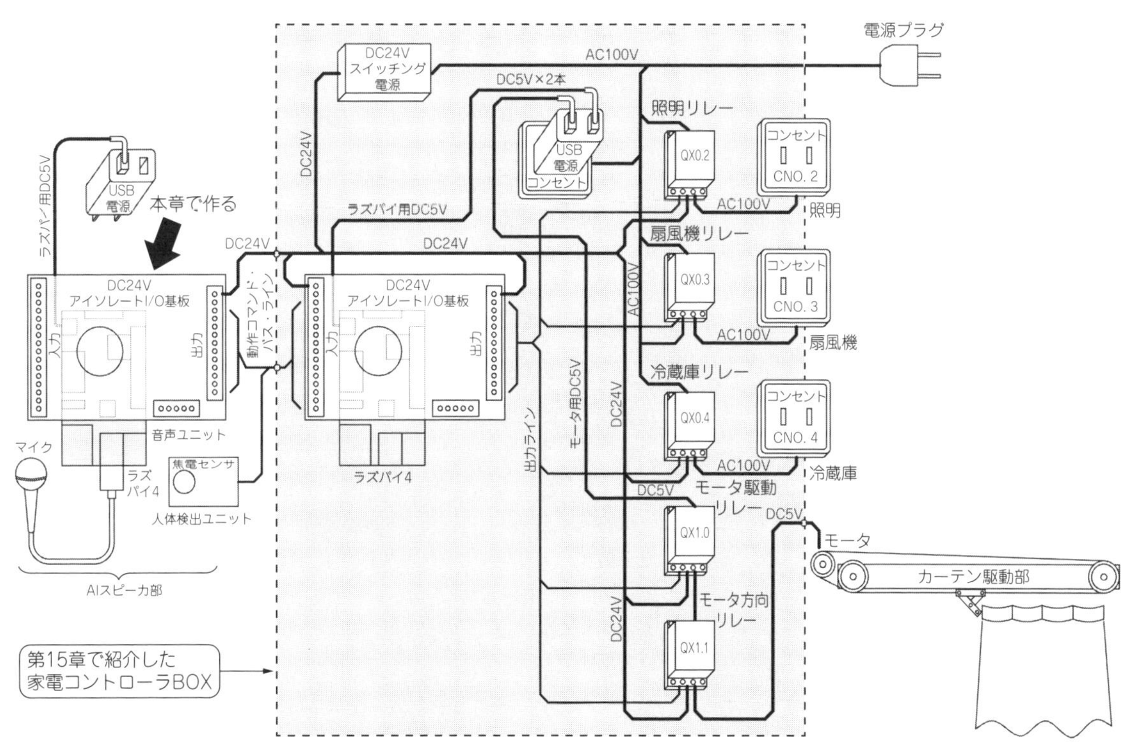

図1　家電コントローラBOXのハードウェアの構成

Appendix4のプログラムは下記から入手できます．
https://www.cqpub.co.jp/interface/download/V/PLC2.zip

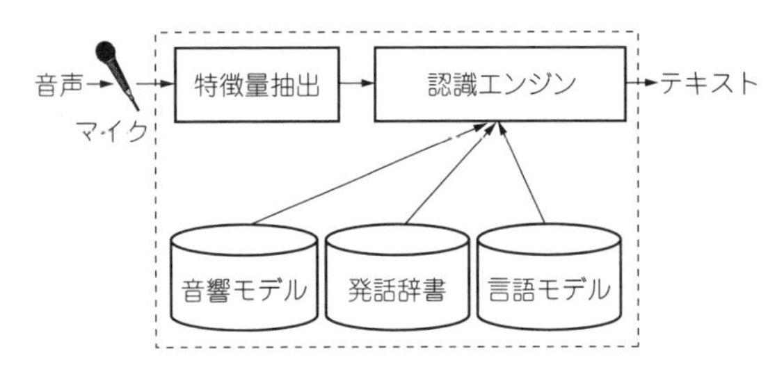

図2　音声認識エンジンのイメージ

2. クラウド上で音声認識

1は音声を入力した機器上で音声認識処理を行い結果を得ます．ローカルで処理を行うためネットワークなどの機能は不要となりますが，高精度な音声処理結果を得ようと思うと，マシン・パワーが必要となります．また，音声認識は幾つかの音声認識用の学習モデルが必要となり，これらを用途に応じて入手および作成する必要があり，多くの手間と作業が必要となることが多いです．

2は入力した音声をクラウド上にある音声認識サーバに送信し，音声認識結果を受信します．主にスマート・スピーカで利用されている方式で，アマゾンのAlexaやグーグルのGoogleアシスタントなどのAPIを通して利用できます．音声認識サーバ上にある音声認識エンジンを利用して音声認識を行うため，ローカル機器の性能に依存せず大規模な学習データを使って学習させた音声認識エンジンを活用し，高精度な認識結果を得ることができます．

一方でクラウド上にあるサービスを利用するためネットワーク接続が必須となる上，サービス提供会社によっては利用料金がかかる場合があります．

オープンソースの音声認識エンジンJulius

● ローカルかつフリーで使える

Juliusは主にIPA（情報処理推進機構）や日本の大学（現在は京都大学の河原研究室）によって管理，開発されているオープンソースの音声認識エンジンです．大量のデータで学習させたグーグルやアマゾンの音声認識機能などと比較すると精度は出ませんが，日本語の音声認識を構築済みで，ローカル環境で使用できます．

● 音声認識のしくみ

初めに音声認識システムについて基礎的な情報を整理してみましょう．

音声認識とは音声信号を文字列に変換する技術のことを指しますが，変換するまでには幾つかの工程や処理があり，それぞれの処理ブロック（モジュール）を結合させて1つの音声認識システム，音声認識エンジンとして機能しています（図2）．

▶特徴量抽出

入力された音声データから特徴量抽出を行います．音声波形からある一定の間隔（数ms～数十ms）ごとに短時間周波数分析を行い，音声スペクトルを得て，これを音声認識に適した特徴量として抽出処理を行います．

▶音響モデル

特徴抽出した音声特徴量から音素を計算するモジュールです．音声と音素の関係をモデル化しています．音素とは，母音（例：a，i，u…）と子音（例：k，s，t…）から構成される音韻の最小単位のことです．

従来はGMM-HMM[注1]の音響モデルが主流となっていましたが，近年はDNNが音声認識に使われ始め，GMM-HMMよりも性能が大きく向上しています．JuliusもGMM-HMMとDNN-HMMの2つの音響モデルに対応しています．

▶発話辞書

各単語の読みを音素の並びで定義した辞書です．音素と単語の関係をモデル化しています．

▶言語モデル

ある単語に対して，その単語が出現する確率を計算するモジュールです．単語の並びから次にどの単語が出現しやすいかの計算を行います．従来はN-Gram（形態素解析）を利用したものが多かったですが，こちらも近年のDNNの発展に伴ってRNNでより高精度な処理が可能となってきています．

DNN技術の発展などにより一部のモジュール処理が置き換わっていたりしますが，概要としてはこれらのモジュールを連結，結合させて音声認識システムを実現させています（図3）．

■ インストール方法

本例ではJuliusを利用してスマート・スピーカ風の音声認識デバイスを作ります（図4）．

● 用意するもの

本例で使用するものは以下です．

- ラズベリー・パイ4
- USBマイク
- USBスピーカまたは3.5mmフォーン・プラグ付きスピーカ

入力された音声を解析する必要があるため，感度の良いマイクが必要です．マイク性能によって認識精度に差が出ます．

注1：GMM：混合ガウス分布（Gaussian Mixture Model），HMM：隠れマルコフ・モデル（Hidden Markov model），DNN：深層ニューラル・ネットワーク（Deep Neural Network），RNN：再帰型ニューラル・ネットワーク（Recurrent Neural Network）．

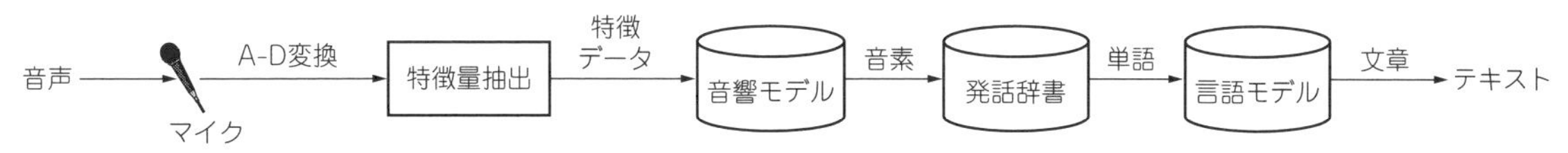

図3 ディープ・ニューラル・ネットワークでの音声認識エンジンのイメージ

本例ではMM-MCU02(サンワサプライ)を使用しました.

● マイク環境の設定

最初にマイクの設定を行います. Juliusの仕様上, システムの中で1番優先順位の高いマイクを自動で使用することから, USBマイクの優先順位を上げておく必要があります. まずは優先順位を確認するため, 利用するマイクをラズベリー・パイのUSBに挿して, 以下のコマンドで認識状態を確認します.

```
$ cat /proc/asound/modules
 0 snd_bcm2835
 1 snd_usb_audio
```

特別な設定をしていなければ, srd_bcm2835の方が優先度が高い状態ですので, /etc/modprobe.d/の下層フォルダにalsa-base.confという設定ファイルで優先度を設定します.

```
$ vim /etc/modprobe.d/alsa-base.conf
options snd slots=snd_usb_audio,snd_
bcm2835
options snd_usb_audio index=0
options snd_bcm2835 index=1
```

ラズベリー・パイを再起動するとUSBデバイスの方が優先されているはずですので, 再度ターミナル上で以下のコマンドを入力し,

```
$ cat /proc/asound/modules
 0 snd_usb_audio
 1 snd_bcm2835
```

USBの優先度が上がっていることを確認します.

● Juliusのビルドとインストール

Juliusの利用に必要なパッケージのインストールとビルドを行います. Juliusのビルドに必要なパッケージとして以下をインストールします.

```
$ sudo apt install build-essential
zlib1g-dev libsdl2-dev
libasound2-dev
```

次にJuliusのソースコードの取得とビルドを行います.

```
$ cd 作業フォルダ
$ git clone https://github.com/
        julius-speech/julius.git
$ cd julius
$ ./configure --enable-words-int
            --with-mictype=alsa
$ make -j4
$ sudo make install
```

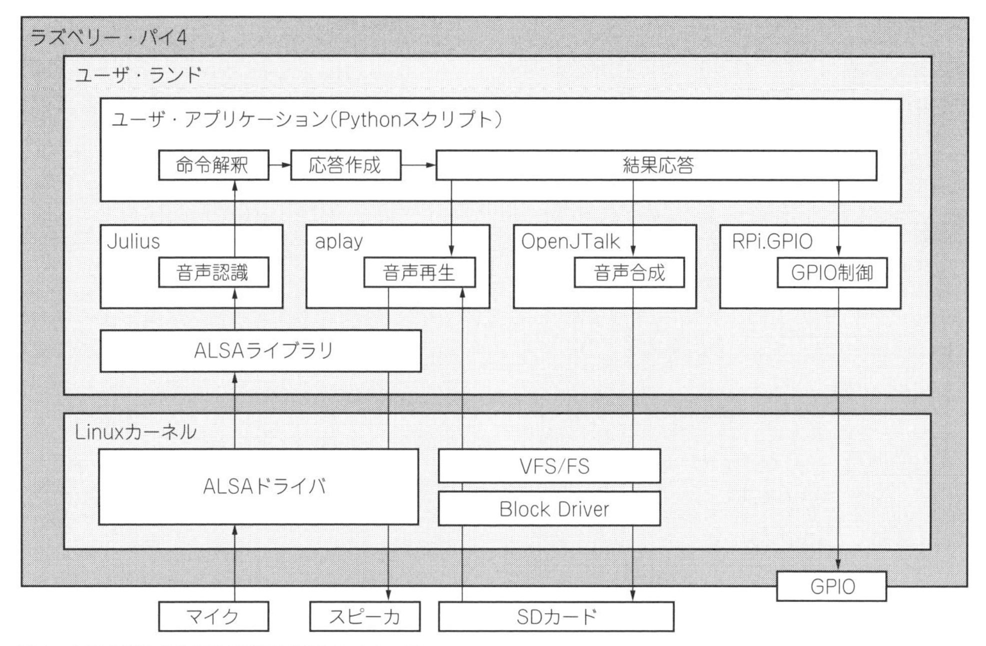

図4 本例で製作する音声認識デバイスのイメージ

リスト1　Juliusからの出力ログの例

```
pass1_best: 冷蔵 庫 開け て .  ← このように認識された
pass1_best_wordseq: <s> 冷蔵+名詞 庫+接尾辞 開け+動詞 て
                                        +助詞 </s>
pass1_best_phonemeseq: sp_S | r_B e:_I z_I o:_E |
          k_B o_E | a_B k_I e_E | t_B e_E | sp_S
pass1_best_score: 104.984810
### Recognition: 2nd pass (RL heuristic best-first)
WARNING: 00 _default: hypothesis stack exhausted,
                              terminate search now
STAT: 00 _default: 8 sentences have been found
STAT: 00 _default: 11908 generated, 2102 pushed,
                          484 nodes popped in 130
sentence1: 冷蔵 庫 を 開け て .
wseq1: <s> 冷蔵+名詞 庫+接尾辞 を+助詞 開け+動詞 て+助詞
                                              </s>
phseq1: sp_S | r_B e:_I z_I o:_E | k_B o_E | o_S |
                         a_B k_I e_E | t_B e_E | sp_S
cmscore1: 0.501 1.000 0.676 0.938 0.550 0.319 1.000
                                 score1: 129.880142
```

▶ dictation-kitを取得する

ディクテーション・キットは自動口述筆記用のキットで，自由文の認識を行います．音響モデルとしてはGMM-HMMモデルとDNN-HMMモデルがあり，ラズベリー・パイ上でJuliusを使ってよく用いられるのは処理が軽いGMM-HMMモデルです．

DNN-HMMモデルは精度は良いですがDNNの処理が非常に重くラズベリー・パイ3では使い物にならないくらい認識が遅かったためです．今回は，パワーアップしたラズベリー・パイ4で試します．

ダウンロード時に注意が必要で，単一のファイル・サイズが大きいためgit-lfsが用いられています．`git-lfs`のパッケージがインストールされていない場合はインストールする必要があります．

```
$ cd　作業フォルダ
$ sudo apt install git-lfs.  ← git-lfsがインストールされていない場合
$ mkdir julius-kits
$ cd julius-kits
$ git clone https://github.com/
    julius-speech/dictation-kit.git
```

■ 動作確認

必要な設定と環境が整ったらJuliusを起動して動かしてみましょう．

```
$ cd julius-kits/dictation-kit/
$ julius -C main.jconf -C
              am-dnn.jconf -dnnconf
            julius.dnnconf -nostrip
```

起動後に，

```
<<< please speak >>>
```

が表示されたら，音声認識中となりますので，マイクに向かってなにかしゃべってみてください．認識された言葉がテキストとしてターミナルに表示されます．

リスト1は「冷蔵庫を開けて」と発話し，音声認識された際の出力ログの例です．このように話した内容がJuliusで正しく認識して出力されていれば問題ありません．マイクの設定や話しかける距離，周りの騒音などによって多少左右される可能性がありますので，いろいろと試行錯誤を行うことをお勧めします．

しゃべる機能 Open JTalkのインストール

● スピーカから発話させる

スマート・スピーカらしく，ラズベリー・パイをしゃべらせてみます．これで正しく認識したかどうかを，音声で返すことでスマート・スピーカらしく確認できるようになります．

ラズベリー・パイをしゃべらせるには，Open JTalkをインストールします．Open JTalkはJuliusと同じくオープンソースの発声ライブラリとなります．Open JTalkはパッケージで提供されているため，`apt`でインストールできます．

```
$ sudo apt install open-jtalk
        open-jtalk-mecab-naist-jdic
      hts-voice-nitech-jp-atr503-m001
```

問題なくインストールできたら，発声確認を行います．スピーカを差していることを確認し，**リスト2**のコマンドをターミナルから入力します．何も音声が発生しない場合は，スピーカの音量を確認してください．問題ないようでしたら，JuliusのUSBマイク設定時のデバイス優先度の変更が影響している可能性があります．`aplay`でも指定がなければ優先度の高いデバイスを利用するためです．その場合は`aplay`に明示的にデバイスの指定を**リスト3**のように行ってください．

リスト2　Open JTalkによる音声出力の例

```
$ echo "こんにちは，はじめまして．" | open_jtalk -m /usr/
share/hts-voice/nitech-jp-atr503-m001/nitech_jp_
atr503_m001.htsvoice -x /var/lib/mecab/dic/open-
jtalk/naist-jdic -ow /dev/stdout | aplay --quiet
```

メイン・プログラムの作成

メイン・プログラム用にスクリプトとコードを用意しているため，それぞれパスが通る場所に置いて適宜内容を修正し，`julius_client.py`を実行します．

● 発声スクリプト jsay.sh（リスト4）

Open JTalkで指定した文字列を発声させるためのスクリプトです．オプション指定などが長いためスクリプト化しています．`aplay`でデバイスの指定が必要だった場合はこちらのスクリプト内も同じように修正します．

リスト3　デバイス指定をしてOpen JTalkで音声出力する例

```
$ echo "こんにちは, はじめまして." | open_jtalk -m /usr/
            share/hts-voice/nitech-jp-atr503-m001/
nitech_jp_atr503_m001.htsvoice -x /var/lib/mecab/
        dic/open-jtalk/naist-jdic -ow /dev/stdout |
                            aplay -D plughw:1,0 --quiet
```

デバイスを指定する

リスト4　発声スクリプト jsay.sh

```
#!/bin/sh
echo "$1" | open_jtalk ¥
  -m /usr/share/hts-voice/nitech-jp-atr503-
              m001¥nitech_jp_atr503_m001.htsvoice ¥
  -x /var/lib/mecab/dic/open-jtalk/naist-jdic ¥
  -ow /dev/stdout | ¥
  aplay --quiet
```

リスト5　Julius起動スクリプト julius-start.sh

```
#!/bin/sh

DICTATION_KIT_PATH="/home/pi/sandbox/julius-kit/
                                    dictation-kit"

julius -C $DICTATION_KIT_PATH/main.jconf ¥
       -C $DICTATION_KIT_PATH/am-dnn.jconf ¥
       -dnnconf $DICTATION_KIT_PATH/julius.dnnconf ¥
       -nostrip -module ¥
       > /dev/null &

echo $!
sleep 2
```

● Julius起動スクリプト julius-start.sh（リスト5）

Juliusをモジュール・モードで起動するためのスクリプトです．Juliusをモジュール・モードでサーバとして起動させてsocketを通じて音声認識を使用します．スクリプト内のDICTATION_KIT_PATHを自分の環境に合わせて変更してください．ディクテーション・キット内のファイルを絶対パスで指定しています．

● メイン・プログラム julius_client.py（リスト6）

Juliusを利用した音声認識を行い，認識結果から以下の設定でGPIOに0.5秒のパルスを与えます．

GPIO15：カーテンを閉じて
GPIO23：カーテンを開けて
GPIO24：照明をつけて
GPIO25：照明を消して
GPIO12：扇風機をつけて
GPIO16：扇風機を消して
GPIO20：冷蔵庫をつけて
GPIO21：冷蔵庫を消して

Juliusのサーバ起動などを実行時に行うため，起動に10数秒かかります．また，音声認識も6～7秒かかりますが過去のラズベリー・パイと比較すると実用に耐えうる速度と精度となりました．

自由文の認識のため認識させたい文字列は自由に定義できます．「XXをONして/OFFして」という呼びかけにも対応してますが，「つけて/消して」の方が認識精度が高かったため，こちらで呼びかけるのをお勧めします．

リスト6　メイン・プログラム julius_client.py

```
:
def process_query(sentence):
    if sentence_search(["扇風機"], ["つけて", "ON",
                                "オン", "起動"], sentence):
        jtalk_say("扇風機をつけます。")
        gpio_pulse(12)
    elif sentence_search(["扇風機"], ["けして",
            "消して", "OFF", "オフ", "停止"], sentence):
                         jtalk_say("扇風機を消します。")
        gpio_pulse(16)
:
def main():
    # GPIO setup
    GPIO.setmode(GPIO.BCM)
    GPIO.setup(15, GPIO.OUT, initial=GPIO.LOW)
    GPIO.setup(23, GPIO.OUT, initial=GPIO.LOW)
    GPIO.setup(24, GPIO.OUT, initial=GPIO.LOW)
    GPIO.setup(25, GPIO.OUT, initial=GPIO.LOW)
    GPIO.setup(12, GPIO.OUT, initial=GPIO.LOW)
    GPIO.setup(16, GPIO.OUT, initial=GPIO.LOW)
    GPIO.setup(20, GPIO.OUT, initial=GPIO.LOW)
    GPIO.setup(21, GPIO.OUT, initial=GPIO.LOW)
:
    # 音声認識開始
    try:
        print("<< START LISTEN >>")
        data = ""
        while True:
            if '</RECOGOUT>\n.' in data:
                recog_text = ""
                for line in data.split('\n'):
                    index = line.find('WORD="')
                    if index != -1:
                        line = line[index + 6:line.
                               find('"', index + 6)]
                        recog_text = recog_text +
                                                line
                print("認識結果: " + recog_text)
                process_query(recog_text)
                data =""
                print("<< START LISTEN >>")
            else:
                data += str(client.recv(1024).
                                   decode('utf-8'))
:
if __name__ == "__main__":
    main()
```

● 実行

`$ julius_client.py`

と入力します．

`<< START LISTEN >>`

と表示されたら発声しましょう．

正しく認識されれば，指定のGPIOを0.5秒間"H"にします．終了はCtrl+Cです．終了させるまでは常に音声認識状態となっています．マイクの感度にもよりますが，認識精度が悪かったりする単語については，コードを追加して認識率を上げてもよいかもしれません．

いわさだ・さとし

Appendix5 電動カーテン・レールの作り方

写真1　製作した電動カーテン・レール

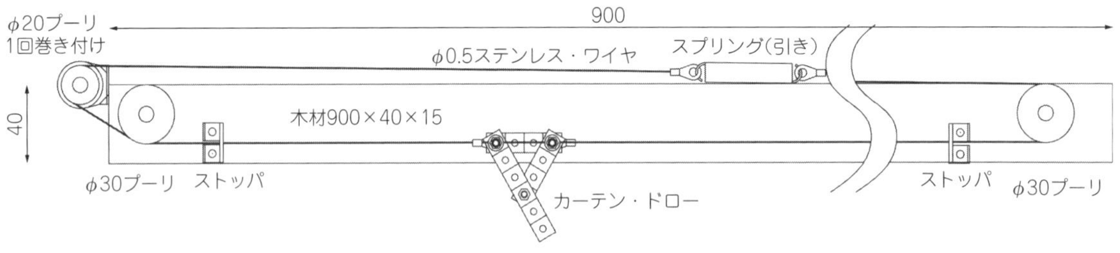

図1　製作した電動カーテン・レールの模式図

表1　電動カーテン・レールの製作に必要な部品の一覧

品　名	型　番	メーカ名	個数	価格〔円〕
木材	900×40×15mm		1	
ユニバーサル金具	ITEM 70164	タミヤ	1	462
プーリ(S)	ITEM 70140	タミヤ	1	396
プレート・セット	ITEM 70098	タミヤ	1	396
遊星ギア	ITEM 72001	タミヤ	1	1,650

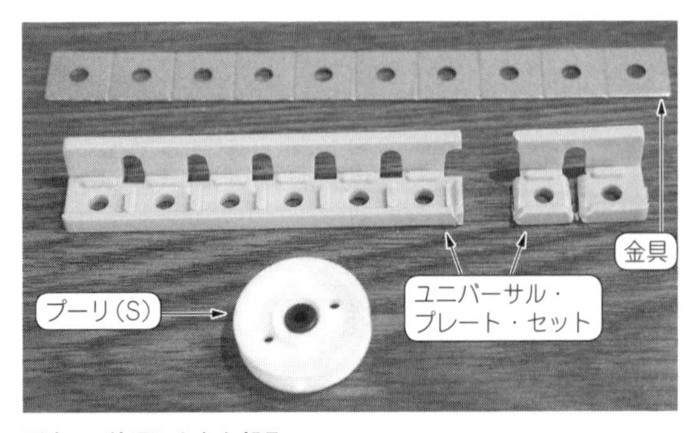

写真2　使用した主な部品

写真1に，電動カーテン・レールの駆動部を示します．家庭向けの比較的軽量なカーテンを電動で開け閉めできます．

● 構造はシンプル

図1は電動カーテン・レールの駆動部の構造を示したものです．少しはしょっていますが，900×40×15mmの木材(構造材)にプーリや減速機付きモータを取り付け，それぞれの間にワイヤを張っただけの簡単なつくりです．

使用したメカ部品はタミヤの「楽しい工作シリーズ」の金具や，プーリ，プラスチック部品を使いました．**表1**に使用部品の一覧を示します．モータ以外の小物部品は，どれも数百円程度のものです．使用した部品の一部を**写真2**に示します．

● 加工と組み立て

アングル・パーツは樹脂製でやわらかいのでニッパなどで簡単に切ることができます．**写真2**のように切ってストッパとして使用します．

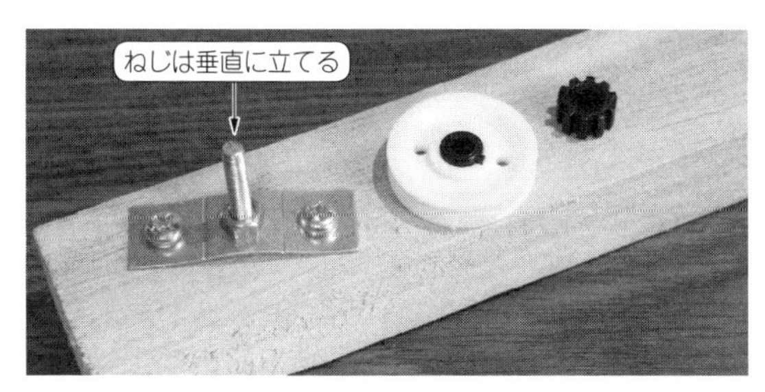

写真3　プーリ部に使用する部品

写真4　プーリを組み立てた様子

写真3，**写真4**はプーリの組み立てを示したものです．M3×20mmのナベねじをナットで金具に固定します．金具はタミヤのユニバーサル金具（ITEM70164）の1本を3穴だけ切ったものを使います．金具は筋目をペンチなどでつかんで数回曲げたり伸ばしたりすると簡単に折れます．この金具に**写真3**のようにねじが垂直に立つように木ねじで固定し，ねじにプーリを取り付けます．**写真1**の木材の両端に付いているφ30mmのプーリはこのようにして取り付けたものです．プーリの取り付け位置などは写真や**図1**を参考にして下側のワイヤがカーテン・レールにほぼ並行に走るようにします．

● 駆動部

モータは同じくタミヤの遊星ギア・ボックス・セット（ITEM72001）を使用し，減速比は80：1としました．遊星ギアは木材の端面にキット付属の金具を使い木ねじで固定しています．遊星ギアの出力軸にはφ20mmのプーリを取り付けます．

プーリには，φ0.5mmのワイヤを1周巻き付けて使用しますがこの際に，プーリがワイヤを引きずって回るような動きになるために，出力軸は強い力に負けて回ることがないように，しっかりとM3のナットで締め付けるようにします．ギヤ比はカーテン半面（約80cm）を大体3秒で走る程度になるように決めました．プーリの大きさや走りの速度を変更したい場合はギヤ比を変えて対応します．

● 張力調整のためのドロー部

ワイヤの張力調整のためのドロー部は**写真5**のように金具を切り分けたものを使います．ねじ・ナットは3組使います．上側の2組には金具に付属しているフランジ・ナットを使います．始めに，金具と丸圧着端子（1.25-4），ねじ，ナット，フランジ・ナットを**写真5**のように組み立てます．

ワイヤは，フランジ・ナットの大きくなった底面のフランジ部分を通して固定します．固定する場所はなるべくワイヤの中間地点にします．ワイヤを丸圧着端子の中に通すことで，ワイヤを外れにくくします．丸圧着端子はワイヤを通すだけで圧着はしません．

▶たるみで調整

ナットとナットの間でワイヤをたるませて，このたるみでワイヤの張り具合を調整します（**写真5**）．最初の組み立てでは少しだけたるませて組み立てます．組み立てが終わってから，たるみを大きくするように調整すると，ワイヤの張りは強くなります．

▶ワイヤを張る

最後に，ワイヤをモータ・プーリに1周巻き付けた上でプーリ間をぐるっと1周させます．

ワイヤの両端がカーテン・ドローのほぼ反対側に来たと思います．ここに，引きスプリングを取り付けます．

引きスプリングが少し伸びるくらいのテンションが

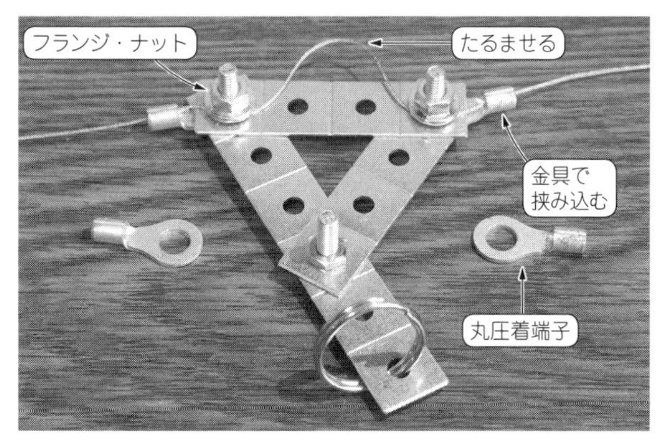

写真5　ドロー部の金具と丸圧着端子，ねじ，フランジ・ナットを組み立てた様子

コラム　フォトカプラの役割

● フォトカプラは外部機器の電源とCPUの電源を分離する

一般的に市販品のPLCの入力は，必ずと言ってよいほどフォトカプラが使われています．出力はリレーの場合もありますが，トランジスタ出力の製品には，ほぼフォトカプラが使われています．

これは主にPLC内部のCPUの電源と外部機器の電源を分離（アイソレート）するためです．**図A**はI/Oの回路を示したもので，フォトカプラを使うことで点線の部分でCPUと外部の電源の±COMが電気的に切れています．

● メモリから呼び出す命令が化けたらCPUは暴走する

世の中で使われているCPUは，ほとんどがストアード・プログラム方式と呼ばれるものです．これはバスのビット幅単位でメモリから読み出した命令やデータを，ステップごとに解釈して実行してゆくものです．プログラム実行の安定性はメモリの内容を読み書きする際に全てのビットの内容が安定して読み出されたり書き込まれたりすることが前提です．例えばあるメモリの内容を読み出した際に，どこかのビットの‘0’と‘1’が1つでも入れ替わったら（ビットが化けると言う），そして，それがプログラムの実行に関する命令であったら，プログラムの実行はめちゃめちゃになって暴走してしまいます．CPUの稼働中に何万回，何億回と繰り返される読み出しと書き込みの中で，1回でもこのようなことが起こっては大変です．

● 暴走はノイズで起こる

これらの暴走はノイズによって引き起こされることが多く，CPUやメモリの電源はノイズの少ない静粛なものが求められます．ノイズの発生原因はいろいろありますが，グラウンドに流れる電流の変動によって引き起こされる場合が多くあり，I/O端子につながる機器が溶接機や大きなモータを使って頻繁に起動停止を繰り返す場合などに，ノイズを発生する場合が多いです．これらのノイズからCPUの環境を守るために，フォトカプラによってそれぞれの電源を分離するのは重要なことなのです．

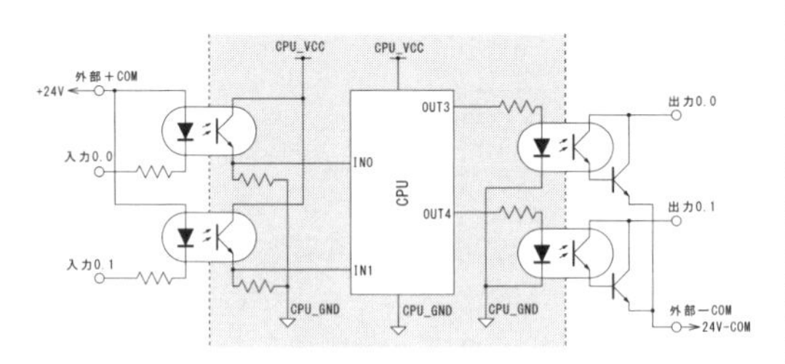

図A　CPU周りのI/O回路をフォトカプラで分離した例

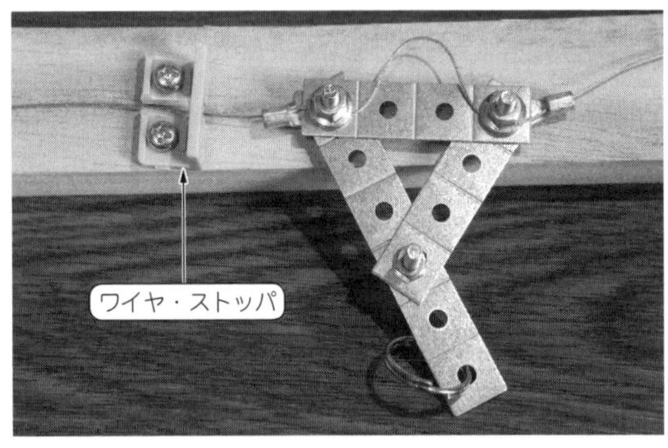

写真6　ワイヤ・ストッパを取り付けた様子

かかる長さでワイヤを切り，両端に丸圧着端子（1.25-4）を圧着し，**図1**のようにスプリングに引っ掛けます．カーテン・ドローの可動範囲を確保する形で左右のワイヤ・ストッパを**写真6**のように取り付けます．

● 取り付け

カーテン・レールの空いた穴などを利用して製作した木材を固定し，カーテンを開閉させながらワイヤのテンションを調整します．

モータの配線は第15章で紹介した家電コントローラの，MOT+とMOT－の端子につなぎます．モータの駆動電圧は5Vです.この電圧で駆動すると約3秒でフルストロークを走り切ります．走り切ってデッド・ストッパに当たった後に，モータが多少回長めに回っても，モータに付いた駆動プーリは1周巻き付いたワイヤのフリクションを押し切って空回りします．ですから，モータの駆動時間の設定タイマはフルストロークを走る時間より多少長めに設定します．

モータの制御は両端のデッド・ストッパに当たった後もフリクションを引きずって回るので，両端検知のためのリミット・スイッチは不要であり，プログラムではタイマの設定のみで行います．

アナログ入力が6，アナログ出力が3，2値入力が5，
2値出力が4チャネル増える！

第16章 Arduinoアナログ I/O 基板の使い方

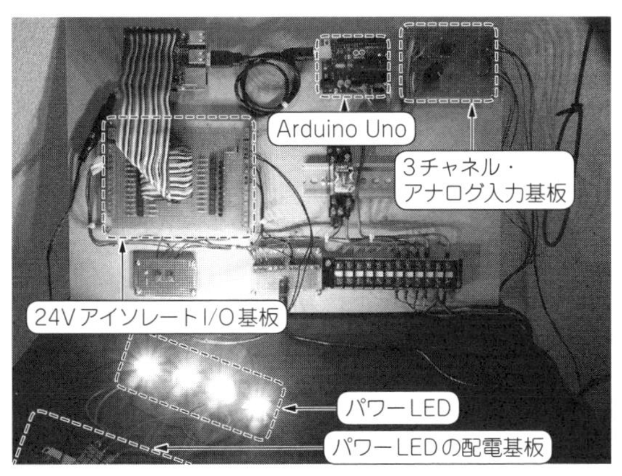

写真1　第11章にて製作したユニバーサル基板および制御装置全体の様子

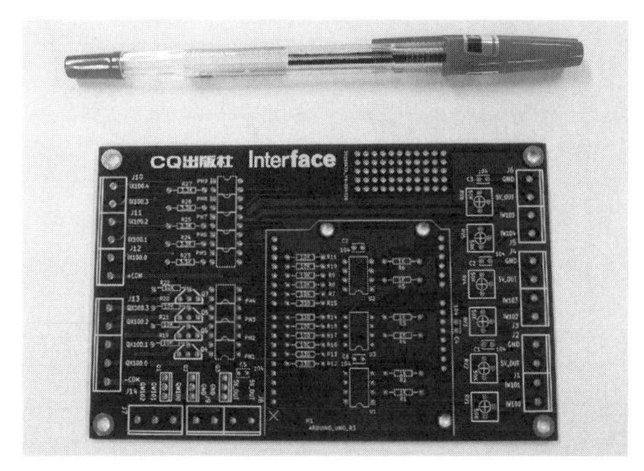

写真2　本書を買うと申し込み券が付いているArduinoアナログI/O基板
ラズベリー・パイとUSB接続したArduino Unoにアナログ電圧を出し入れするための基板

第11章にてArduino Uno Rev3（以下Arduino Uno）用の3チャネル・アナログ入力基板をユニバーサル基板を用いて製作しました（**写真1**）．

Arduino UnoからリモートI/Oを全て使えた場合，

アナログ入力	：6チャネル
PWM（アナログ）出力	：3チャネル
2値出力	：4本
2値入力	：5本

を制御できます．そこで，これらの端子を有効利用するためのプリント基板を製作しました（**写真2**）．

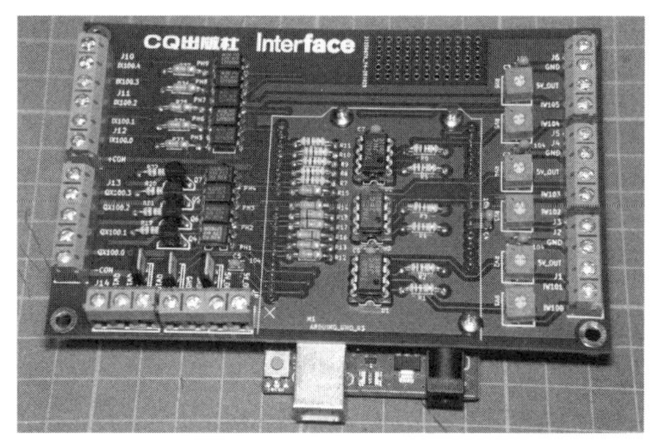

写真3　ArduinoアナログI/O基板を組み立てた様子

基板の概要

● 入力可能なアナログ電圧

回路を**図1**に示します．入力されたアナログ信号は50kΩの可変抵抗RV_1～RV_6とU_1，U_2によるボルテージ・フォロワを受け，Arduino Unoに入力されます．本回路はGNDを基準として0～5Vの直流信号を扱う前提になっており，可変抵抗の値を変更することでこれよりも大きな電圧も扱えます．ただし，入力における保護回路はありません．このため，信号入力の際には，一度可変抵抗を左に回し，絞った状態から確認しながら値を変更してください．

使用するセンサによって，入力されたアナログ信号のレベルが低く増幅が必要になることがあります．しかし，機械制御などにおいてはノイズ発生源ともなるソレノイド・バルブなどのデバイスが近くにあることも多く，ノイズの非常に多い信号に悩まされることがあります．微小信号に限らず，センサのデータは，センサの直近で増幅し送信するべきです．このため，ArduinoアナログI/O基板ではボルテージ・フォロワのみ搭載しました．

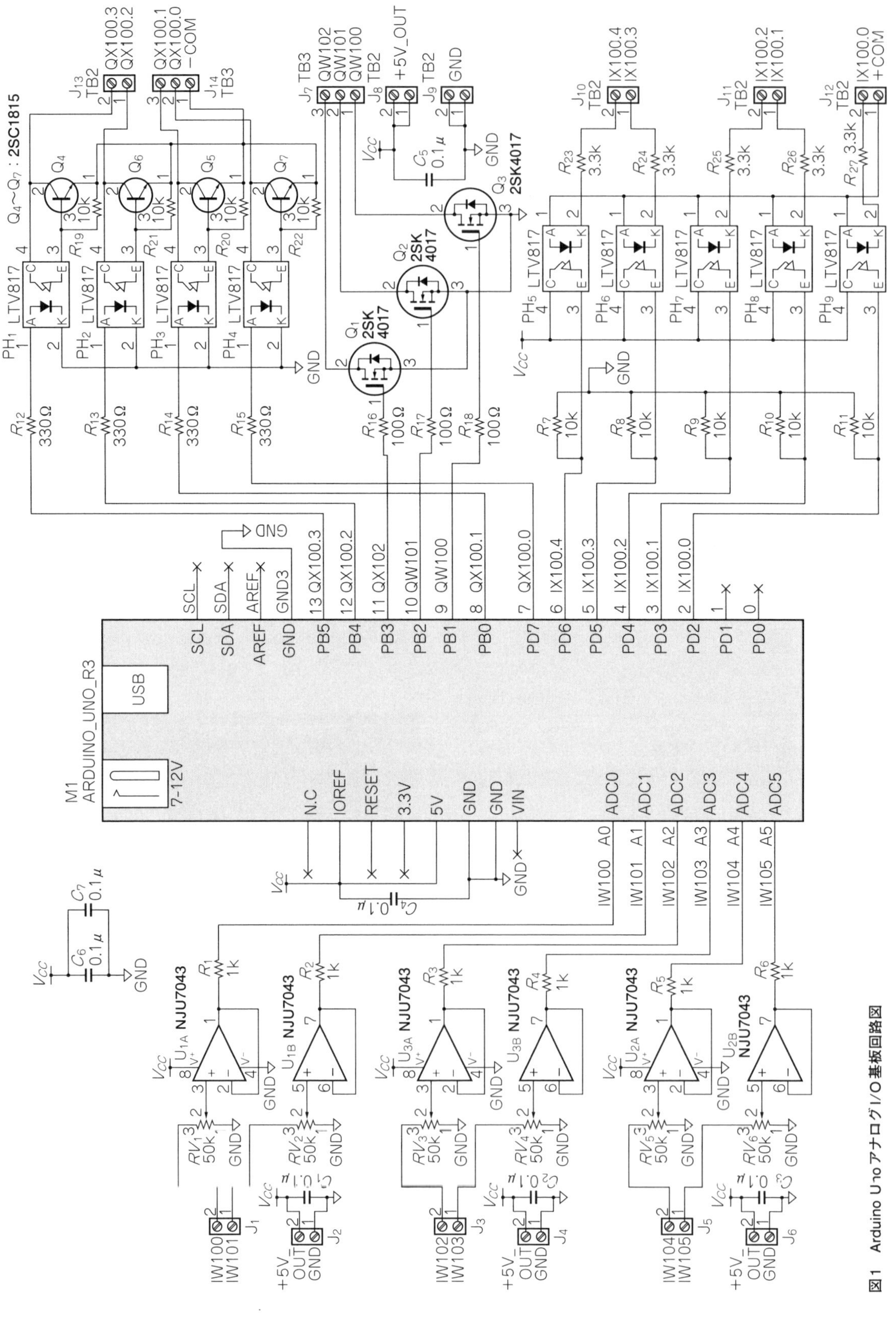

図1　Arduino U_{10} アナログI/O基板回路図

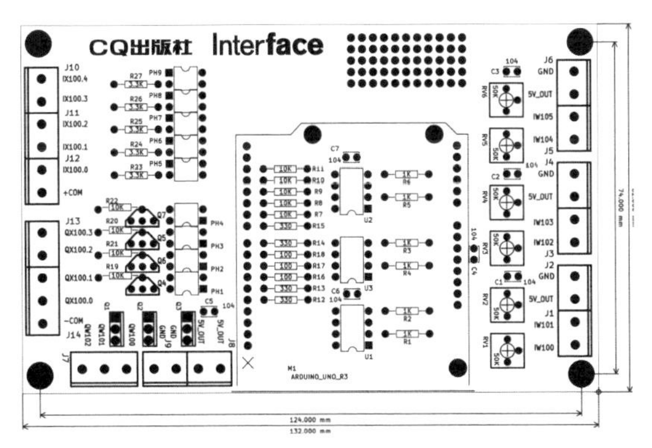

図2　Arduino Unoアナログ I/O 基板のシルク面

表1　使用部品一覧（部品セットを秋月電子通商で販売中，gk-15925で検索）

品　名	商品名	型　番		メーカ名	使用数	購入先	配布中のプリント基板におけるリファレンス番号	合計金額（参考）[円]
端子台2P	プリント基板用端子台 5.08mm（2P）	APF-142		フェニックスコンタクト	12	A	J_1〜J_6，J_8〜J_{13}	240
端子台3P	プリント基板用端子台 5.08mm（3P）	APF-143			2		J_7，J_{14}	60
フォトカプラ	フォトカプラ	LTV817		LITEON	9		PH_1〜PH_9	135
FET	Nchパワー MOSFET	2SK4017		東芝	3		Q1〜Q3	90
NPN トランジスタ	トランジスタ	2SC1815			4		Q4〜Q7	100
半固定VR	半固定ボリューム	3362P-1-503LF		BOURNS	6		RV_1〜RV_6	240
OPアンプ	CMOSオペアンプ	NJU7043D（または NJU7032D，NJM7062D）		新日本無線	3		U_1〜U_3	70
抵抗	炭素被膜抵抗	100Ω	1/4W	FAITHFUL LINK INDUSTRIAL	3		R_{16}〜R_{18}	100
		330Ω			4		R_{12}〜R_{15}	100
		1k			6		R_1〜R_6	100
		3.3k			5		R_{23}〜R_{27}	100
		10k			9		R_7〜R_{11}，R_{19}〜R_{22}	100
コンデンサ	コンデンサ	0.1μF	50V	村田製作所	7		C_1〜C_7	100
ピン・ヘッダ	ピンヘッダ	PH-1x40SG		Useconn Electronics	1			35
スペーサ	黄銅スペーサー（Ni） M3 L=20	ASB-320E		廣杉計器	4	H	—	76
M3なべねじ	ナベ小ネジ（金属） 黄銅Ni メッキ M3	B-0306			8		—	64
スペーサ	黄銅スペーサー（Ni） M2.6 L=11	ASB-2611E			3		—	51
M2.6なべねじ	ナベ小ネジ（金属） 黄銅Ni メッキ M2.6	B-2606			6		—	48

＊：Aは秋月電子通商，Hは廣杉計器

● 出力に使用できる電流・電圧

アナログ入力2本に対して1セットずつ5Vの電源を用意しました．ただし，Arduino Unoからの5V電源であり，大きな電流は使用できません．10kΩ程度のポテンショメータや可変抵抗器などに使う程度と考えてください．より大きな電流を消費するセンサなどは，別途外部電源から給電します．ラズベリー・パイ用に用意したUSB電源に複数出力端子があれば，余った端子を5Vの電源としても使用できます．

アナログ出力は，ラズベリー・パイのアナログ出力と同じように2SK4017のオープン・ドレイン出力です．ただし，ラズベリー・パイと違いArduino UnoのCPUは5V動作のため，V_{th}＝4Vのものの多くが使用できます．このため，多くのFETで代替することができます．

2値入力端子はラズベリー・パイのI/Oと同じフォトカプラで絶縁（アイソレート）しています．入力電圧は12〜24Vで動作します．これらは個別の電流規

表2 Arduino UnoアナログI/O基板のチェック・プログラム用の設定内容

#	名 前	種 類	Location	Documentation
1	OUT0	BOOL	%QX100.0	24V出力
2	OUT1	BOOL	%QX100.1	24V出力
3	OUT2	BOOL	%QX100.2	24V出力
4	OUT3	BOOL	%QX100.3	24V出力
5	RstPuls0	BOOL	%QX2.0	リセットパルス0
6	Time Puls0	BOOL	%QX2.1	0.5秒インターバル補助1
7	Time Rst0	BOOL	%QX2.2	0.5秒インターバル補助2
8	Time05	BOOL	%QX2.3	0.5秒インターバル
9	IN0	BOOL	%IX100.0	24V入力
10	IN1	BOOL	%IX100.1	24V入力
11	IN2	BOOL	%IX100.2	24V入力
12	IN3	BOOL	%IX100.3	24V入力
13	IN4	BOOL	%IX100.4	24V入力
14	AIN0	WORD	%IW100	アナログ入力
15	AIN1	WORD	%IW101	アナログ入力
16	AIN2	WORD	%IW102	アナログ入力
17	AIN3	WORD	%IW103	アナログ入力
18	AIN4	WORD	%IW104	アナログ入力
19	AIN5	WORD	%IW105	アナログ入力
20	AOUT0	WORD	%QW100	アナログ出力
21	AOUT1	WORD	%QW101	アナログ出力
22	AOUT2	WORD	%QW102	アナログ出力
23	TON0	TON		0.5秒インターバル補助3

注：ClassはLocal

制抵抗R_{23}～R_{27}を変更すればそれ以外の電圧にも対応できます.

2値出力は2SC1815を使用した場合定格は150mA/60Vですが電圧はフォトカプラLV817の耐圧が35Vなので3～24V, 100mA程度で使用するのが妥当です.

組み立ての注意点

● 回路図と使用部品

図1に回路図を, **図2**にシルク面を示します. 各端子の名前は基板上にシルク印刷しています. **写真3**に組み立てたArduinoアナログI/O基板を示します. 組み立てに使用する部品を**表1**に示します.

● ねじ止めとはんだ付け

Arduino Unoは基板の裏側に取り付けます. 基板との接続はM2.6×11mmのスペーサでねじ止めしますが4カ所のねじ穴のうち1カ所は, Arduino Unoのコネクタと干渉してしまい取り付けられません. このため, 3カ所を止めています.

Arduino Unoと接続するピン・ヘッダは4カ所ありますが, それぞれを個別にはんだ付けすると斜めになるなどして組み立てできないことがあります. はんだ付けの際には, 接続用のスペーサで仮組した状態ではんだ付けしてください.

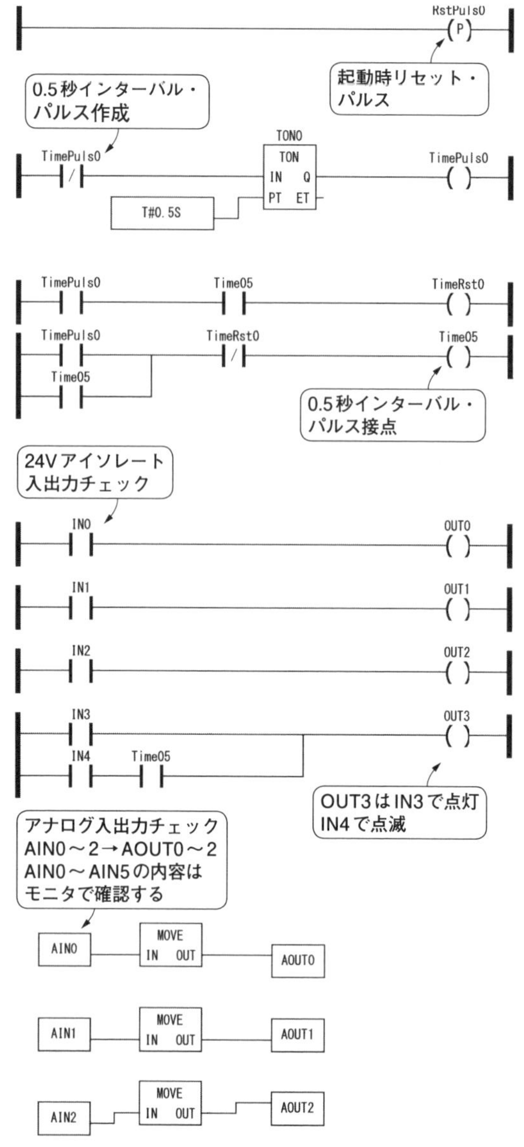

図3 チェック・プログラムの例

動作確認

● チェック・プログラム

アナログI/O基板のはんだ付けが終わったら, 動作確認をします. 筆者は簡単なプログラムと簡単な出力確認のための治具を作りました.

初めに, チェック・プログラムを紹介します. **表2**にI/Oの設定表を, **図3**にプログラムを示します. 24VのI/O端子は, 入力を受けて出力がONになります. 入力が1本多いので最後の入力がONに入ることで最後

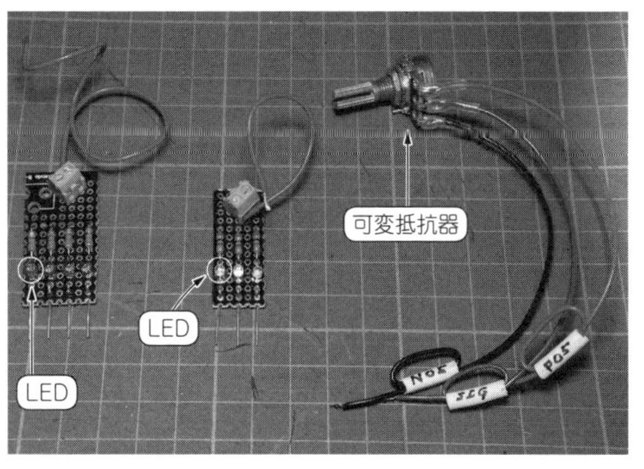

(a) 2値出力確認用　(b) アナログ出力確認用　(c) アナログ電圧入力用

写真4 動作確認用の治具

写真5 動作確認の様子

の出力が点滅します．アナログも同じように%IW100～%IW102を%QW100～%QW102にそれぞれMOV命令でコピーします．これによりIWにつないだ可変抵抗器でQWにつないだLEDを調光し，動作確認できます．残りのアナログ入力%IW103～%IW105は個別にモニタで確認します．

● 動作確認用治具

動作確認のために製作した治具を**写真4**に示します．左から，

(a) 2値出力確認用LED4個
(b) アナログ出力確認用LED3個
(c) 入力するアナログ電圧を変更する可変抵抗器

になります．2値入力端子への入力は，リード線で24VのGNDとショートすることで個別にONにします．

アナログ入力は，1チャネルずつつなぎ変えて確認します．治具を基板につないで動作確認した様子を**写真5**に示します．**図4**に治具の回路を示します．全く同じように作る必要はありません．可変抵抗器は10kΩを使いましたが，手でチャネルをつなぎ変えるためショートして回路を壊すことがないように2番ピンに1kΩの抵抗を入れています．LED治具も全部作らず，5V用に200Ω付きと，24V用に3.3kΩ付きを1つずつ作り，つなぎ変えてもよいでしょう．

使い方

● アナログ入力端子

図5にアナログ入力端子に信号源（センサなど）をつなぐ方法を示します．

(a) は単純に可変抵抗器の両端を内部電源にして信号を与えたものです．
(b) はセンサなどの電源を外部に用意し，入力信号を与えます．電源は5V以外でも可能です．
(c) は4～20mAの信号系につなぐための回路です．

4～20mA電流ループは多くのセンサ・システムに採用されている標準的な仕様で，最低レベルが4mA，最高レベルが20mAのアナログ電流が使われます．1つのループに流れる電流はどこを測っても同じという原理に基づき図のように250Ωの信号を受けると1～5Vの電圧信号に変換されます．この規格の信号は電線を用いて比較的長距離（数百m～1km程度）のアナログ信号を伝送できます．伝送距離は電線の内部抵抗の増大と信号源が出力電流を保つためにひずみなく発生できる電圧の大きさにかかっており，4～20mAのセンサ類は工業用が主で比較的高価な製品が多いです．本回路は，OPアンプを使うことで電圧を電流出力に変換する回路を自身で作ることも可能です．

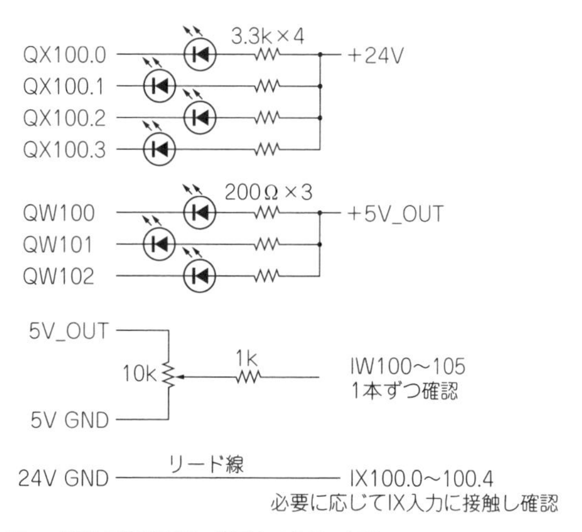

図4 基板の動作確認に使用する治具の回路

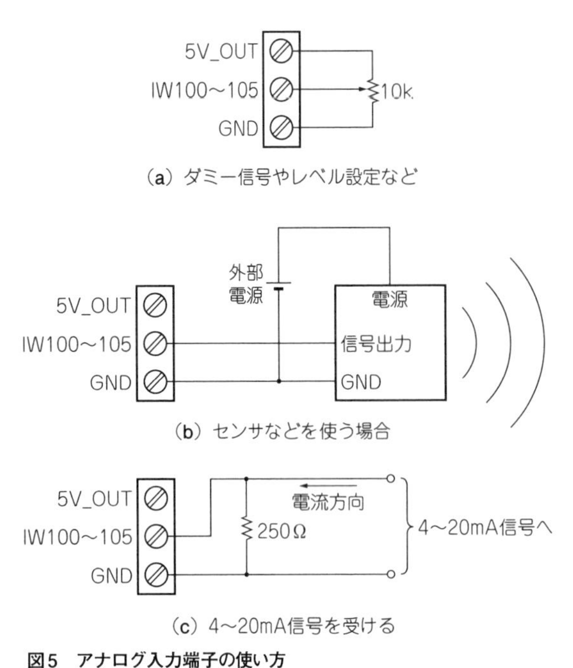

図5　アナログ入力端子の使い方

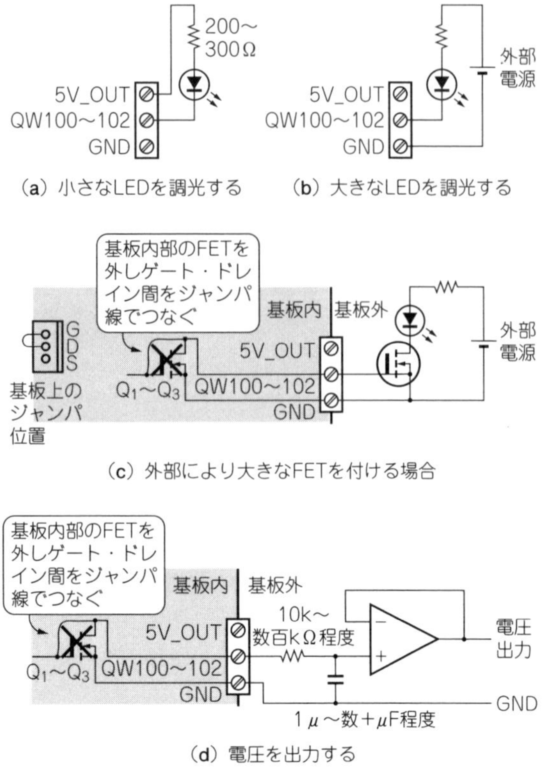

(a) 小さなLEDを調光する　(b) 大きなLEDを調光する

(c) 外部により大きなFETを付ける場合

(d) 電圧を出力する

図6　アナログ出力端子の使い方

● アナログ出力端子

アナログI/O基板のQW100 ～ QW102のアナログ出力端子は，Arduino UnoのPWM出力によって小型のFETを駆動してLEDを調光したり小さなモータを直接制御したりできるようにしました．このアナログ出力端子QW100 ～ QW102の使い方を**図6**に示します．

(a)は小さなLEDを内部電源(5V_OUT)につないで駆動するものです．出力電流は10mA程度です．

(b)は少し大きな照明用LEDを点灯したり，小型のモータを直接駆動したりできます．FETに2SK4017を使っている場合の定格は60V，5A，20Wです．定格損失が20Wとなるため，放熱板がないFETの場合，表面温度が50℃を超えないようにしましょう．半導体は高温になると壊れてしまいます．ブラシ付きモータを回す場合，回転方向が一定方向ならダイオード，正逆転する場合はコンデンサと抵抗によるダンパなどの逆電圧の吸収素子を付けないとFETの耐圧を超えた思わぬ高圧がかかってしまうことがあり，非常に危険です．

(c)はより大きなFETを使う，FETを複数使う，FETに放熱板を付けるなどのFETを基板外部に置く場合の接続方法を示します．この場合，基板上のFETを外しゲート-ドレイン間をすずめっき線などでジャンプ配線します．外部に図のようなFETによるパワー回路を作ります．基板内部のFETを外す場合，Q1がQW102，Q2がQW101，Q3がQW100用になります．FETの番号は出力端子番号とは逆順なので間違えないようにします．

(d)はインバータやモータ・コントローラなどに電圧指令を与えるなど，電圧出力が必要な場合の例を示します．(c)の場合と同じく基板上のFETを取り外してゲート-ドレイン間をジャンプ配線してPWM信号を引き出し，基板外部の*CR*フィルタにより矩形波をなだらかな電圧に変換します．フィルタ定数の抵抗の値とコンデンサの容量は，含まれるリプルの値と追従時間で決定します．PWMのキャリア周波数は固定で約500Hzです．また*CR*フィルタで平滑化した出力ポイントはインピーダンスが高いのでOPアンプのボルテージ・フォロワを通して出力します．より大きな電圧が必要な場合はこのボルテージ・フォロワを非反転増幅とすることで対応できます．逆に小さい電圧でよい場合は，出力にポテンショメータなどをつけて電圧調整をします．

コラム　ラズパイPLCは市販品よりも反応が遅い

● スキャン・タイムを確認するための回路

I/Oを動かした際に，UARTのTX，RXのLEDが点滅し，通信が行われていることが確認できます．ただし，この点滅が1秒間に10回程度のため，スキャン・タイムが通信レートに引っ張られて，長くなっているのではないかという疑念を抱きました(スキャンについては第4章のコラム1を参照)．そこで，スキャン・タイムを計測してみました．計測の仕掛けは次のようなものです．

まず，**図A**のように1行だけのラダー・プログラムを2本作ります．最初のプログラムはToggle1のアドレスを%QX1.2とし名前をScanTime1.stとします．次に同じプログラムのToggle1のアドレスを%QX100.0に変更し，名前をScanTime2.stとします．

プログラムの動作は以下です．

(1) 起動時：Toggle1はOFF．最初のスキャンでToggle1のB接点はON．Toggle1のコイルは駆動接点(自分のB接点)がONなのでONになります．
(2) 次のスキャンでToggle1のコイルはONになったのでB接点はOFFに，Toggle1のコイルは駆動接点がOFFなのでOFFになります．
(3) 次のスキャンではToggle1のB接点はONなのでコイルはON…と矛盾する結果を繰り返し結果的にToggle1のコイルはスキャンごとにON→OFFを繰り返します．

これは実物のリレーでも同じように自身のB接点でコイルを駆動して電源をつなぐとブザーのようにON/OFFを繰り返します．多分そのまま数日放っておくと接点が焼けて止まりますが職場などでやると「うるさい！」とひんしゅくを買うことでしょう．こんな些細なことでもラダー・プログラムはリレーをシミュレートしているんだと実感できます．

このプログラムの実行は，ラズベリー・パイの場合は%QX1.2を，Arduinoの場合は%QX100.0をオシロスコープでモニタすればONまたはOFFが1スキャンしていることが分かります．このプログラムは2ステップしかないのでこの状態でのスキャンは最速のものとなります．

● ラズパイのスキャン・タイムを計測する

初めにラズベリー・パイのスキャンを確認します．ScanTime1.stを送信します．この際に，スレーブ・デバイスが登録されている場合は削除し，RUNします．%1.2をオシロスコープで観測するとスキャンごとにON/OFFする波形が確認できます．%1.2の端子は電流出力なのできれいに波形が取れません．筆者はDC24Vアイソレート I/O基板上のR_{39}のラズパイ側(左側)にプローブをつなぎました．これでArduinoとの通信を行わない状態でのスキャン時間が確認できます．次にスレーブ・デバイスにArduino Unoを登録して同じようにプログラムをRUNします．この時の波形はArduinoと通信を行っているときのスキャン時間です．結果的に両者にはほとんど差はありませんでした．ラズベリー・パイ自体のスキャンはスレーブがあってもなくてもあまり変わらないということです．**図B**はラズベリー・パイのスキャン時間を計測したもので，"H"と"L"がそれぞれ1スキャンしています．周期がかなりバラついていますが長い場合28ms，短い場合13msでした．時間のばらつきはOpenPLCの裏でOSやHTMLサーバが処理を行っているためと推定されます．ただ，この程度なら速いとは言えませんがエアー・シリンダやベルト・コンベアなどを使うなら十分使えそうです．農業分野において水や

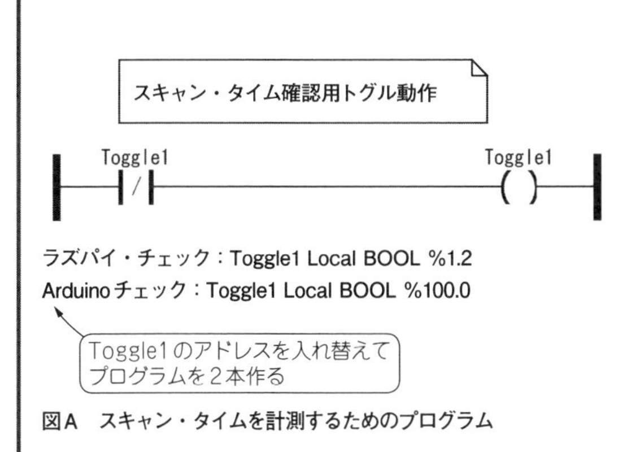

図A　スキャン・タイムを計測するためのプログラム

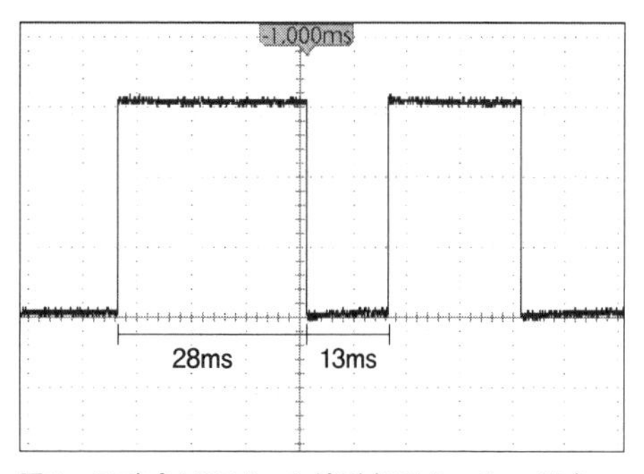

図B　ラズパイのスキャン波形(1V/div，8ms/div)

コラム ラズパイPLCは市販品よりも反応が遅い(つづき)

肥料などの供給，ホーム・ユースにおいて照明やカーテンの制御であれば問題なく使えるでしょう．

● Arduinoのスキャン・タイムを計測する

Arduinoの計測ではプログラム`ScanTime2.st`を使います．ブラウザから送信しスレーブ・デバイスにArduino Unoを登録します．オシロスコープのプローブはR_{15}のArduino側(左側)につなぎます．プログラムをRUNして波形を観測します．**図C**がその波形です．長い場合で800ms，短い場合で150msでした．しばらく観測しましたが，長いスキャンが2回続くことがないようなのが救いですがはっきり言えば遅いです．ここまでの結論からArduinoによるリモートI/Oは使い方に工夫が必要です．比較的早い機械制御ではArduino側はアナログ入出力を主に使い，コンベア上の物体通過などON時間にシビアな入力はラズベリー・パイ側の入力で行います．コンベア上のトラップなどシビアな出力が必要なものはやはりラズベリー・パイ側で行い，I/Oが足りない場合や反応が遅くても良い用途(押し釦スイッチなど)にはArduino側のI/Oを割り当てるなどの配慮が必要かもしれません．しかしこの程度の遅延は農業分野の応用では全く問題にならないと思います．

● 市販のPLCのスキャン・タイムを計測する

手持ちの市販品のPLCのスキャン・タイムを計測してみました．使用したPLCはSysmac mini SP10(オムロン)です．Sysmac mini SP10は10年以上前に製造を終了しています．このPLCはマイクロリレーによる有接点出力です．Sysmac mini SP10を使い，プログラムをOpenPLCと同じようにコイルのB接点で行おうとしましたが，うまく動作しません．矛盾に対するプロテクションがかかっているのか，接点に対する最適化が行われているかのどちらかだと思われ，コイルがONのままで動きません．そこで，コイル出力を入力にジャンパ線で戻し，プログラムをその入力のB接点で出力のコイルを駆動させることで，期待通りの動きになりました．Sysmac mini SP10の内部にリレーが入っており，高速にON/OFFするブザーのような機械音がします．スキャンの波形を**図D**に示します．有接点のため，OFF→ONのエッジに接点のバウンドによる派手なチャタリングがありますが，スキャン・タイムは約16msと安定しています．これは裏で複雑なOSや余計な動作をするものがないシンプルなシステムによるものと思われます．

● 農業やホーム・コントローラとしてなら使える

今回スキャンの波形を観測することで当たり前のことですがOpenPLCは裏でLinuxが動いているということを感じる結果となりました．

最近のLinuxはロバスト性が高く，かつてのWindows 95のように表で動いているプログラムもろともOSがどこかでループにはまって無反応やフリーズしてしまうことは少ないと思いますが….

OpenPLCはパーソナル・ユースとして自己責任で使用するにはロー・コストでそれなりの信頼性もありとても良いと思います．しかし，コマーシャル・ユースの過酷な条件下で使用することを考えた場合，システムの裏で複雑で大きなOSが動いていることを意識して十分に安定性を確認しておかないと思わぬトラブルに巻き込まれる可能性があります．メーカ製の市販品のPLCに支払うコストは性能とともに安心を買っているということでもあると思います．

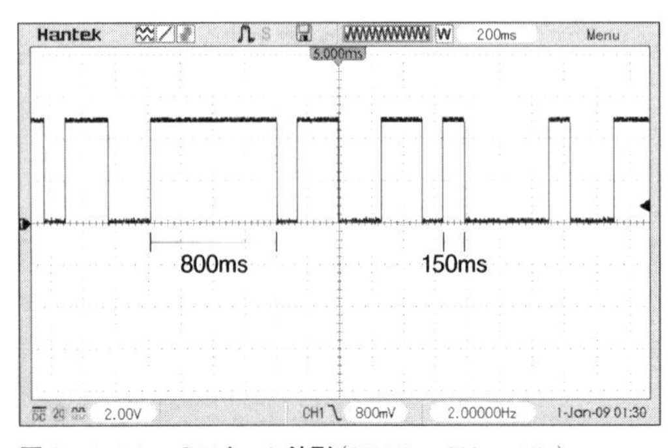

図C Arduinoのスキャン波形(2V/div，200ms/div)

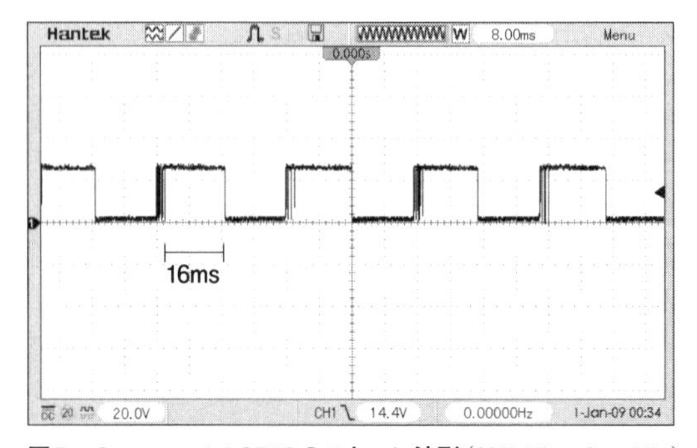

図D Sysmac mini SP10のスキャン波形(20V/div，8ms/div)

モータの逆起電力やオーバラン対策

第17章 リミット・スイッチと回生ブレーキを搭載した自動ドアを作る

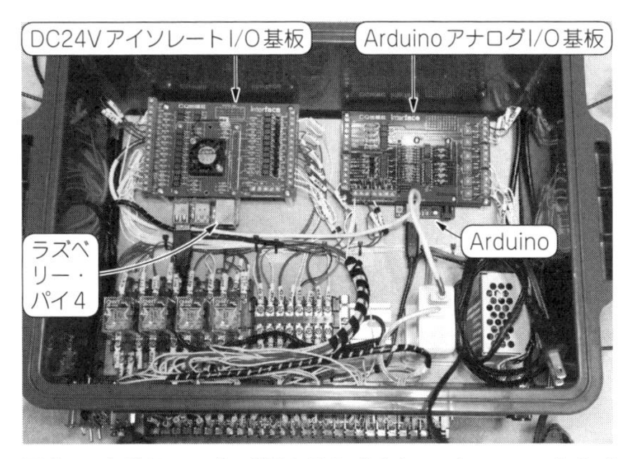

写真1　自動ドアのプログラムはラズパイPLCとArduinoおよびそれの拡張基板で構成される

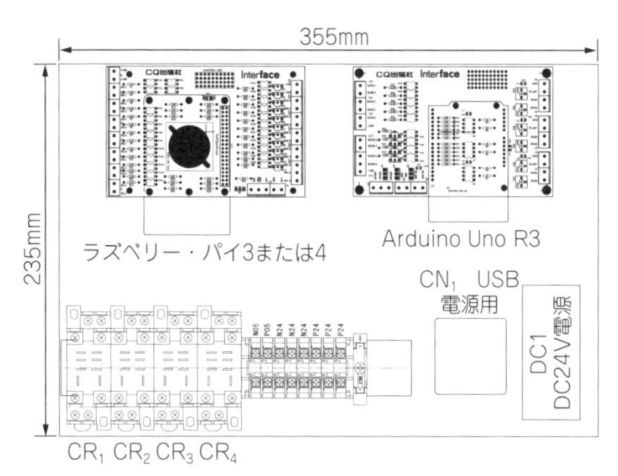

図2　コンテナ内の部品配置

写真2　リミット・スイッチと回生ブレーキを搭載した1/8スケールの自動ドア

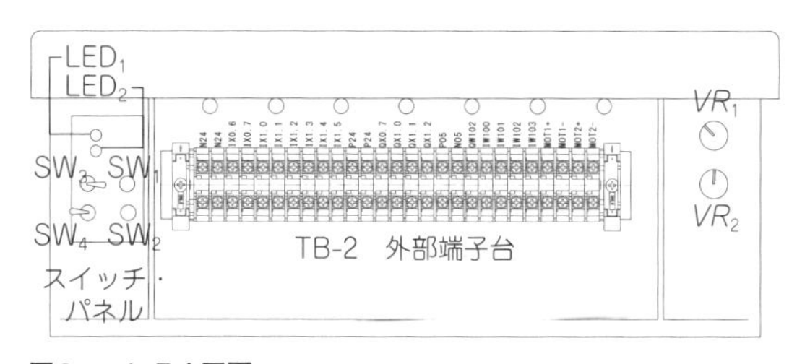

図3　コンテナ正面

準備…アナログI/O付きコンテナを作る

前章まででラズベリー・パイの「DC24Vアイソレート I/O基板」と「ArduinoアナログI/O基板」が完成しました．そこで，これらの基板をコンテナに組み込みました．

● 結線

図1（次ページ）がコンテナ内の結線図です．①DC24VアイソレートI/O基板と②ArduinoアナログI/O基板の外の回路について記載しています．

● 部品配置

図2はコンテナ内の配置図で，**写真1**が中の様子です．コンテナは今までと同じBL-13（アイリスオーヤマ）です．収納するデバイスが増えてきたので，少し狭くなってきました．**図3**はコンテナ正面の図です．端子台回りとスイッチやボリュームの配置を表しています．

このセットは実験用に作ったので，空いているディ

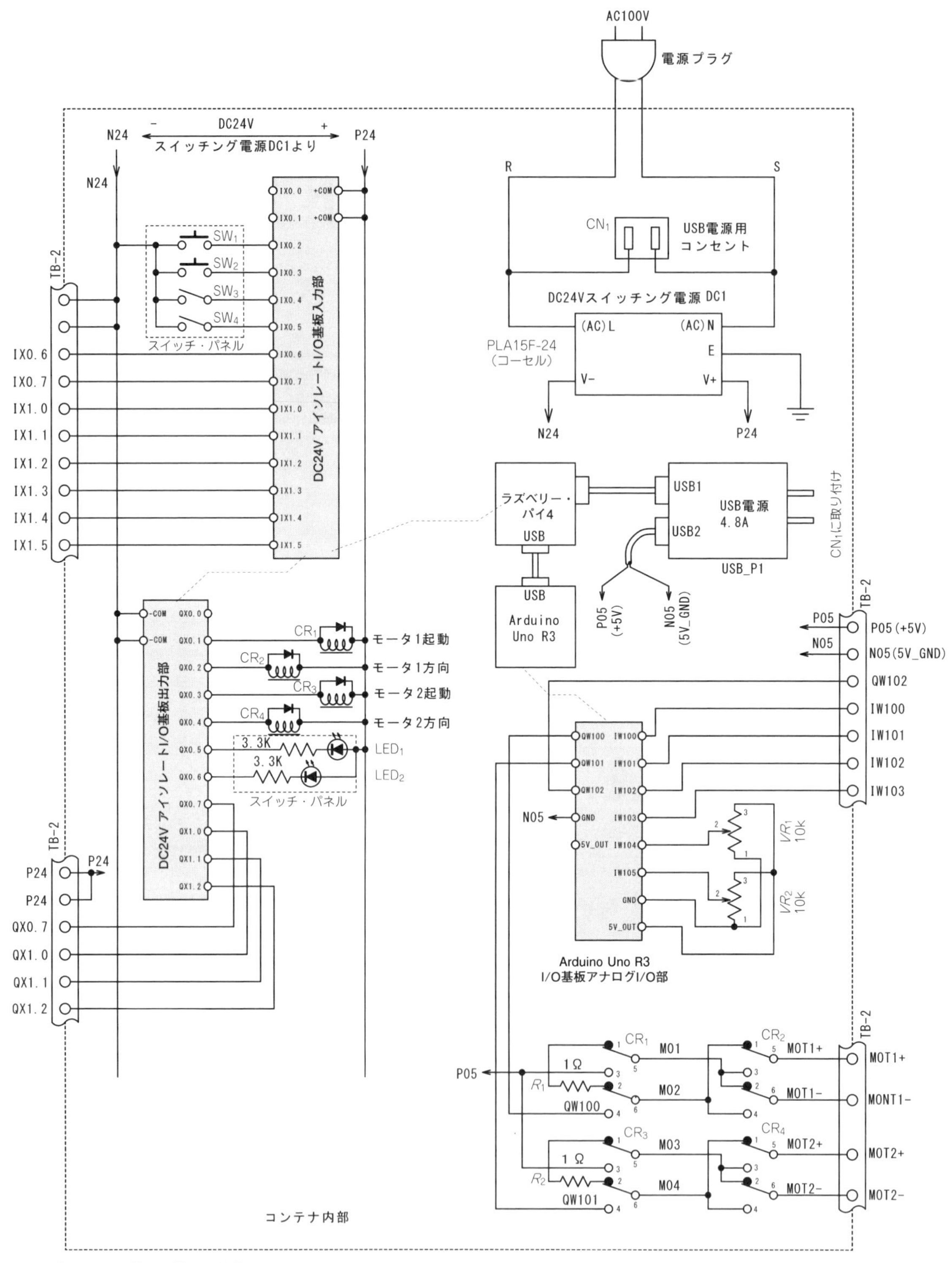

図1　自動ドアを模した装置の結線

ジタルI/OやアナログI/Oをなるべく正面の端子台に引き出して，多くの実験に対応できるように考えました．

この「アナログI/O付きコンテナ」でモータを回して，1/8スケールの自動ドアを作ります(**写真2**)．

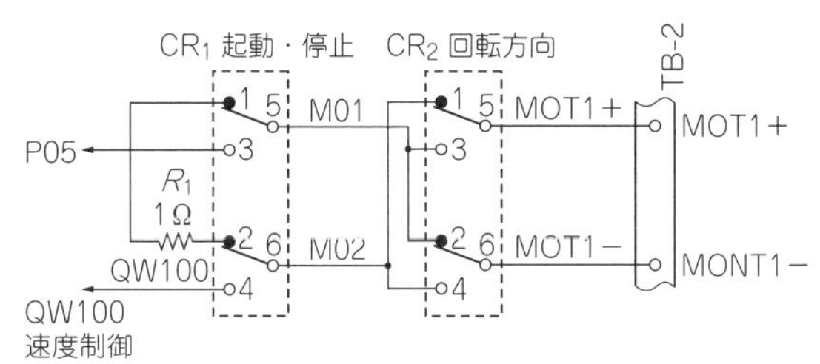

図4 モータの起動/停止と順回転/逆回転はリレーで切り替える

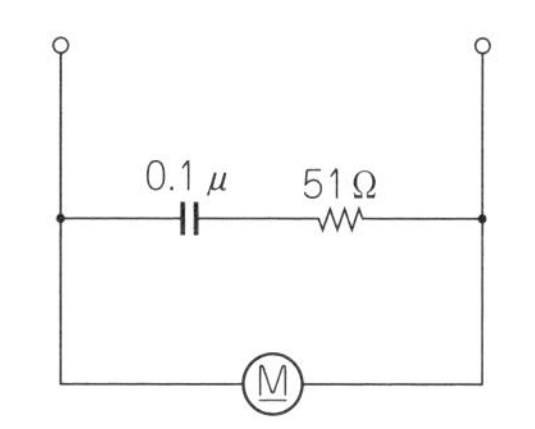

図7 逆起電力を抑えるダンパ回路

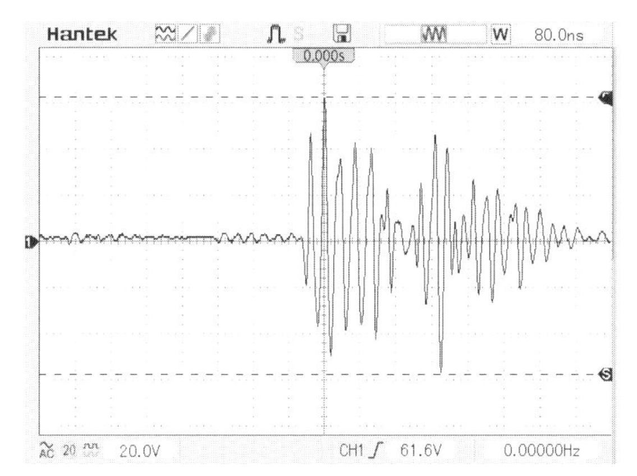

図5 モータをDC3Vの乾電池で動かしたときの電圧波形(20V/div, 80ns/div)

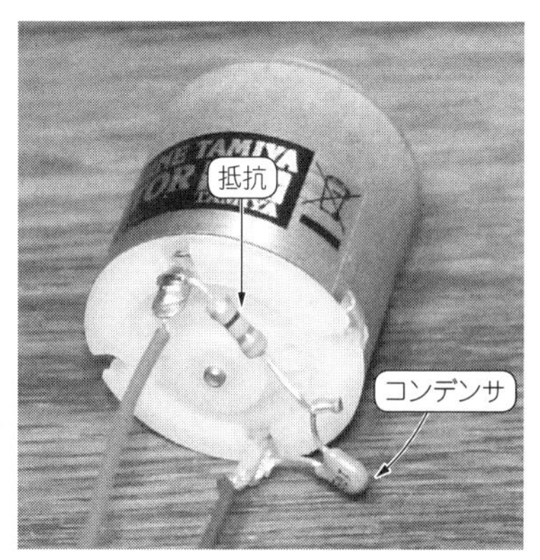

写真3 ダンパ回路の抵抗とコンデンサはモータの端子に直接はんだ付けした

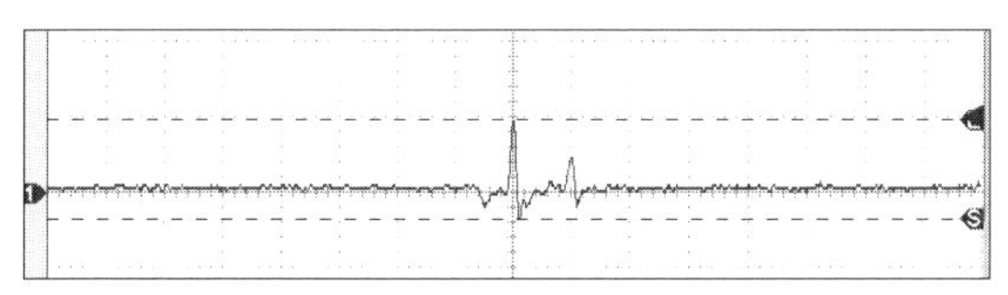

図6 ダンパ回路で対策後(20V/div, 80ns/div)

モータ・ドライバの製作

● 速度制御

準備が整ったところで模型用モータを回します．モータは「4速ウォームギアボックスHE(タミヤ)」に付属している260タイプです．

モータ・ドライブ回路はコンテナ内に同じものが2組あります．**図1**のQW100, CR_1, CR_2で1組，QW101, CR_3, CR_4でもう1組です．前者を抜き出したのが**図4**です．QW100に書き込まれたデータは，モータを回すための電圧をPWMで制御します．CR_1はモータ駆動のためのリレーです．CR_1をONするとQW100の出力と＋5Vがモータ端子に接続され，モータが動きます．

● ブレーキ

CR_1がOFFのときはモータ端子の両端がR_1(1Ω)でショートされ，動いているモータが回転している場合は回生電流が還流して急停止(回生ブレーキ)します．

R_1は抵抗値が小さいほど回生ブレーキが強く利きますが，小さくし過ぎるとモータのブラシが焼けたりブラシの寿命が短くなったりするので注意が必要です．今回は1Ωを付けてありますが，小さな模型用モータなので抵抗を使わずにジャンパ線でショートしても大丈夫です．CR_2はONとOFFでモータの端子を反対につなぎモータの回転方向を切り替えます．

今回は回生ブレーキを使用するために1回路当たり2個のリレーを使用しましたが，回生ブレーキが必要ない場合はCR_1を省いて，停止したいタイミングでQW100に0を書き込めばモータは自然停止します．

● モータの逆起電力を殺す

リレーだけでモータをコントロールしている場合は問題ないのですが，今回はモータの回転速度を制御するために，リレーを通してFETがモータとつながります．そのため，モータを回路につなぐ前に，モータ・コイルから発生する逆起電力の電圧を確認します．電圧が高いと，FETのゲート絶縁層を破壊してしまうことがあります．これは，おもちゃ程度のモータでも発生する可能性があるので，おろそかにできない項目です．

今回使うモータを素の状態で，DC3Vの乾電池で動かしたときのモータの電圧波形が**図5**です．ピーク・トゥ・ピークで約120Vあります．たった3Vで回した

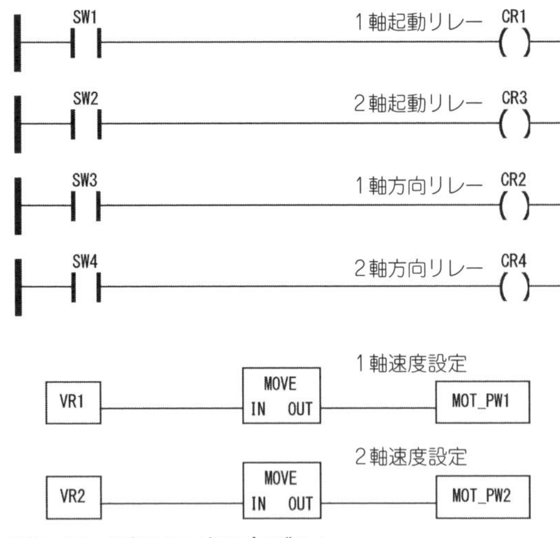

図8　モータをテストするプログラム

表1　プログラムのI/O割り当て

#	名　前	種　類	Location	接続先
1	SW1	BOOL	%IX0.2	押しボタン1
2	SW2	BOOL	%IX0.3	押しボタン2
3	SW3	BOOL	%IX0.4	トグル・スイッチ3
4	SW4	BOOL	%IX0.5	トグル・スイッチ4
5	CR1	BOOL	%QX0.1	1軸起動リレー
6	CR2	BOOL	%QX0.2	1軸方向リレー
7	CR3	BOOL	%QX0.3	2軸起動リレー
8	CR4	BOOL	%QX0.4	2軸方向リレー
9	PL1	BOOL	%QX0.5	パイロット・ランプ1
10	PL2	BOOL	%QX0.6	パイロット・ランプ2
11	VR1	WORD	%IW104	ボリューム1
12	VR2	WORD	%IW105	ボリューム2
13	MOT_PW1	WORD	%QW100	1軸モータPWM
14	MOT_PW2	WORD	%QW101	2軸モータPWM

注：classはLocal

模型モータが，一瞬ですが120Vを発するのです．QW100の出力に使っている2SK4017の定格電圧はドレイン-ソース間，ゲート-ソース間ともに60Vです．エネルギー・レベルが小さいので，すぐにFETが破壊されることはないとは思いますが，半波で定格電圧ぎりぎりのレベルです．

そこで51Ωと0.1μFのダンパを付けて同じ条件で測定した電圧波形が図6です．この程度のダンパを付けただけで逆起電圧のピーク・トゥ・ピークは30V以内に収まります．ダンパ回路は図7のように抵抗とコンデンサを直列につないでモータの両極端子に加えた簡単なものです．実装は写真3のように部品を直接はんだ付けするだけです．

モータの動作テスト

● とりあえずのプログラムを作った

逆起電力の対策ができたのでモータを回してみます．取りあえず回してみるだけなので2つ付けてあるボリュームVR_1，VR_2でそれぞれのQW100とQW101のデータをセットし，4つのスイッチでリレーを直接動かして単純にモータを回します．

このプログラムのI/O割り当ては表1，ラダー・プログラムは図8です．SW1とSW2の押しボタン・スイッチでCR1とCR3の起動リレーを，SW3とSW4のトグル・スイッチでCR2，CR4の方向リレーを直接駆動します．また，VR_1の値を1軸モータのPWMに，VR_2の値を2軸モータのPWMに直接書き込んでいます．

具体的な動きはMOT1+とMOT1−にモータを1個つなぎます．もう1つモータがあればMOT2+とMOT2−につなぎます．そしてSW3，SW4でそれぞれの回転方向を設定して，SW1，SW2の押しボタン・スイッチを押してモータを回します．VR_1，VR_2のボリュームを回すと2個のモータの回転速度が変化します．

● 回転方向は現物合わせで

モータの出力軸はギアやプーリを使っていると一義的に回転方向が定まらないので，必要に応じて回転方向を変更します．変更するにはDCブラシ付きモータの場合は+/−線の接続を変更します．3相モータの場合は任意の2本の線の接続を入れ替えて回転方向を変更します．単相インダクション・モータは単相3線式，単相4線式などがあり，それぞれ反転の方法が異なるのでモータの説明書に従って配線を変更します．

モータの回転方向を切り替える場合は，モータが回転しているときにいきなり回転方向を切り替えると大きな負荷がかかったり，モータの種類によっては回転方向が変わらずそのまま回り続けたり，ガタガタと大きな振動が発生したりすることがあります．そのような場合はタイマで回転がいったん停止するまで待ってから方向を変えるなど，ソフトウェア的な工夫で対応する必要があります．

1/8スケール自動ドアを作る

● 全体像

モータで駆動してリミット・スイッチの間を移動するスライド・ユニットを制作します．駆動の仕掛けは先出のカーテン駆動部と同じワイヤとプーリです．直線動作をさせるためには，この構造にガイド・レールとスライダ，リミット・スイッチを使用しました．樹脂製のスライダとアルミ製のガイドの組み合わせでベアリングなどは入っていません．安価に製作できて軽く動くのですが，ガタが大きめです．

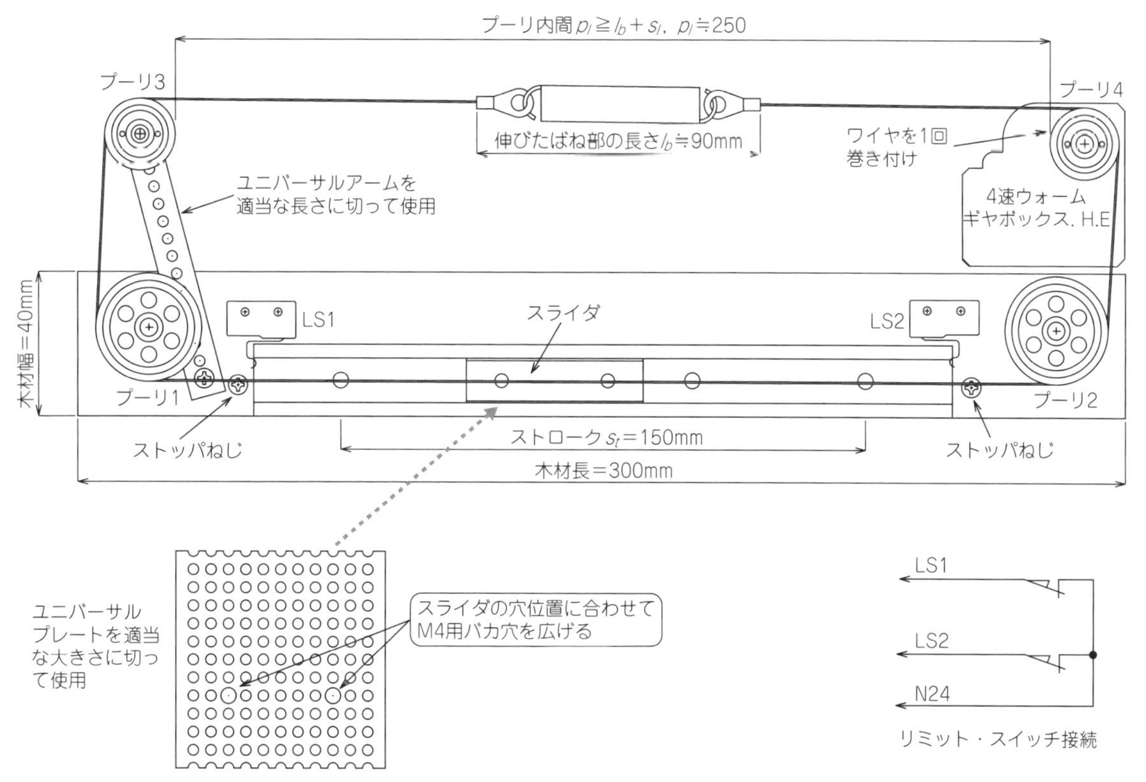

図9　スライド・ユニットの構成

スライド・ユニットの構造を図9に，主な使用部品を表2に示します．また組み立てた状態を写真4に示します．ギア・ボックス周りの様子が写真4(b)，スライド・メカを詳細に見たもが写真4(c)です．

● 木枠の作成

写真4(c)ではスライド・ユニットの両端に足を取り付けてあります．足の長さは床面からスライド・ユニット下面の高さが約200mmになるように適当な木材を現物合わせで作って取り付けました．ガイド・レールの長さは200mmでスライダの長さが50mmなので，ストロークは約150mmです．主材の木材の長さは300mmです．スライダにはM4のタップ穴が30mm間隔で2個空いています．ここにユニバーサルプレート(タミヤ)を加工して取り付けました．

加工方法は図9の左下に示しています．適当な大きさに切ったユニバーサルプレートにスライダを止めるための穴をφ4.2のドリルで空けます．そこに取り付けワイヤとともにM4のねじで共締めします．

● 組み立て

スライド・ユニットの主材の木材とガイド・レールの寸法は決まっていますが，各プーリの位置などは現物合わせで図9のように取り付けます．ガイド・レールの左右にはスライダが2～3mm程度出る位置に木ねじでストッパを取り付けます．またマイクロスイッチのレバーを図のように折り曲げて，スライダの角が当たるとONする位置に取り付けます．レバーはあまり丈夫に付いていないので，曲げるときは破損しないように気をつけてください．

表2　1/8スケール自動ドアの主要部品

品　名	型番/仕様	使用個数	メーカ名
木材	300×40×12mm	1	―
ミニガイドキャリッジ(スライダー)	MR-20-CS	1	スガツネ工業
ミニガイドレール200mm	RS20-200	1	スガツネ工業
4速ウォームギアボックスHE(555.4：1で組み立て)	ITEM72008	1	タミヤ
プーリーセット(小)	ITEM70140	1	タミヤ
ユニバーサルプレート	ITEM70156	1	タミヤ
金具	ITEM70462	1	タミヤ
ユニバーサルアーム	ITEM70143	1	タミヤ
ステンレス・ワイヤφ0.45	―	2～3m	―
マイクロスイッチ	SS-10GL13	2	オムロン

▶プーリの間隔に注意

組み立ての際に注意しなければならないことはプー

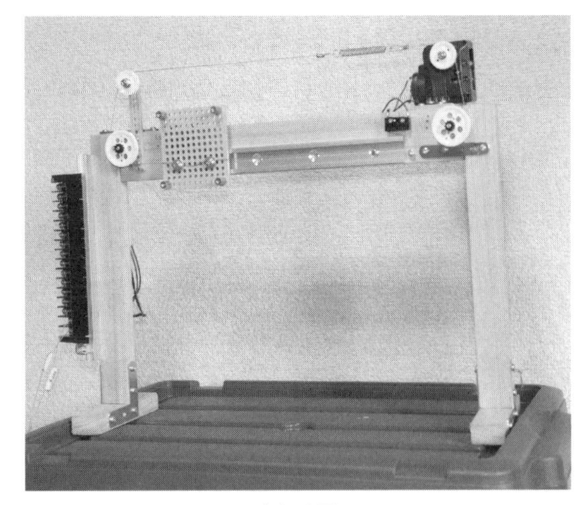

(a) 全景

(b) ギア・ボックス周り

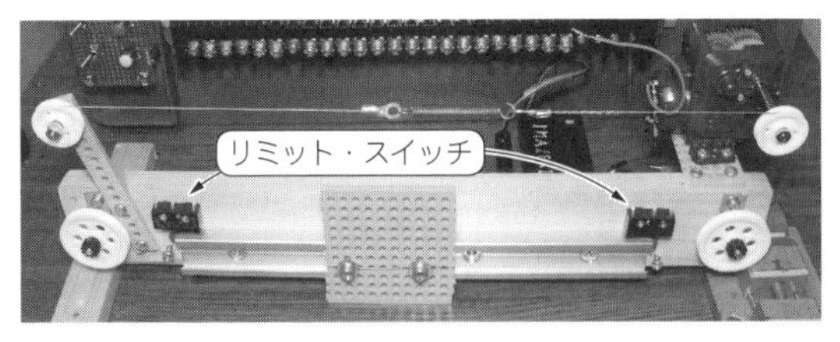

(c) スライド・メカを上から見た

写真4 スライド・ユニットを組み立てた

リ3とプーリ4の間隔です．**図9**に示すように，プーリ同士の間隔（内間）がスライダのストロークとスプリングの引き状態の長さを足したものより広くなければなりません．プーリ4の付いたギアはなるべく外側に取り付け，反対側のプーリ3を取り付ける際にこのあたりをうまく調整して取り付けます．プーリ3と4

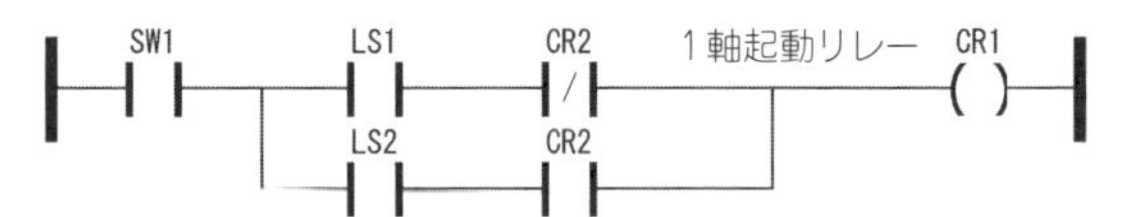

図10 自動ドアのテスト・プログラム

の間隔が狭いとスライダがストローク端に到達する前にスプリングがプーリに乗り上げてしまいます．

● 配線の接続

スライド・ユニットが一通り組み上がったら，**図1**の右下のようにリミット・スイッチLS1，LS2を配線します．そしてLS1は%IX0.6に，LS2を%IX0.7に接続しN24を接続します．また，モータのリード線をMOT1＋とMOT1－に接続します．

● フェイルセーフのためのB接点

リミット・スイッチはB接点を使っています．モータで駆動するスライド・ステージなどの両端のリミット・スイッチは通常B接点を用います．これはリミット・スイッチの配線が切断するなどのトラブルに対するフェイルセーフのために行うものです．

B接点を使用することでリミット・スイッチの配線が切断したり接点不良が起こって接点の接触が確認できない場合に，モータが進む方向に動かなくなります．ですからこのようなトラブルが発生した場合，モータがオーバランしてデッド・ストッパに当たっても停止せずに過負荷で破壊したりするトラブルを防ぐことができます．今回作った小さなスライド・ユニットは破壊したり燃えたりする心配はありませんが，この辺のフェイルセーフは踏襲しておきます．

製作したハードウェアの動作確認

● 動作確認のプログラム

手動による動作確認は，**図8**のプログラムを改造して行います．まずI/O割り当てにLS1 %IX0.6とLS2 %IX0.7を追加して，**図8**の先頭の1行を**図10**のように変更します．

モータ出力軸の回転方向が合っていたら，SW1を押して扉を動かして，進行方向の先のリミット・スイッチを動作させるとモータが停止します．もし逆側のリミット・スイッチでモータが停止するようなら，モータの配線MOT1＋とMOT1－を入れ替えます．何度かフルストロークを往復させてモータ・プーリに巻き付けたワイヤがギシギシ音をたてたり絡まったりしそうになるなら，ワイヤにシリコン・オイルかスプレーの撥水材（はっすい）を塗布します．それらがないようならオイルを少量塗布します．

自動ドアの動きを作る

● スライド・ユニットに扉を付けてみた

製作したスライド・ユニットとコンテナ・ボックスに取り付けたスイッチ・パネルで自動ドアの動きを実現してみます．シミュレーションを行うにあたってスライダが動くだけでは気分が出ないので，扉らしきものを作って付けてみたのが**写真2**です．ここまでのシステムでは人感センサがないので代わりにSW1を押すことで人体を検出したこととして動くようにします．

● 何かあったときは開く

プログラムを作る前に自動ドアの動き方を想像してみます．まず開くときを考えます．センサが人を検出したら開きます．これはよく見る光景です．さて閉まるときはどうでしょうか．センサが人を完全に検出しなくなることが閉まる条件です．では，センサの検出が全て消えたら直ちに閉まるかというと，一般的にそうでもありません．センサの検出が消えてから数秒待って閉まるようになっています．

閉まる途中に人が来たらどうでしょう．この場合は直ちに閉まる動作を中止して開ける動作へと移行します．つまり閉める動作より開ける動作が優先になっています．開けると閉めるは順次動作のように見えますが順次動作ではありません．これらのことを考慮したプログラムが**図11**です．

● 安全を最優先したドア制御のプログラム

図11の3行目と4行目でリミット・スイッチを反転して，LS1A，LS2Aとしています．B接点を使ってフェイルセーフを行っているので，考えやすいようにA接点に直しているものです．

B接点をそのままプログラムに反映するのはその接点を複数個使用する場合，とても頭で考えにくく，ミスをする可能性が高くなるので，最初に反転しています．リミット・スイッチは「端まで行き着いたらON」というロジックが受け入れやすいと思います．

人感センサの代わりのSW1がONすると，LS1AがONになるまで扉開指示を保持します．この扉開で扉を開方向に駆動し，LS1AがONすると停止します．逆にSW1が一定時間（この場合10秒に設定）OFF状態が続くと，扉閉が保持しLS2AがONになるまで扉閉を保持して扉を閉めます．

ここで扉閉動作中にSW1がONになると，扉閉保持回路を切る要因である扉開のB接点が開いて，扉閉保持は切れます．同時に扉開の保持が始まり，扉は開動作に移ります．

このように扉開は開ききるまで必ず動作し，扉閉は閉まり切る前に人を感知すると直ちに開く動作に移ります．モータの起動出力のCR1にリミット・スイッチと起動方向を組み合わせた条件が入っています．これはリミット・スイッチでモータのオーバランを防ぐインターロックですが，このプログラムを見る限り，もっと手前のそれぞれの保持条件で十分，その条件を満たしているので不要に思えます．しかし，何かの都合でソフトウェアを改造する場合などにそのような個々の安全条件が崩れてオーバランしてしまうことが考えられます．そこでこのように出力に直接インターロックをかけて，絶対にそのようなことが起きないようにしておくのがよいと思います．このようなひと手間が大きな事故を防ぐことになります．

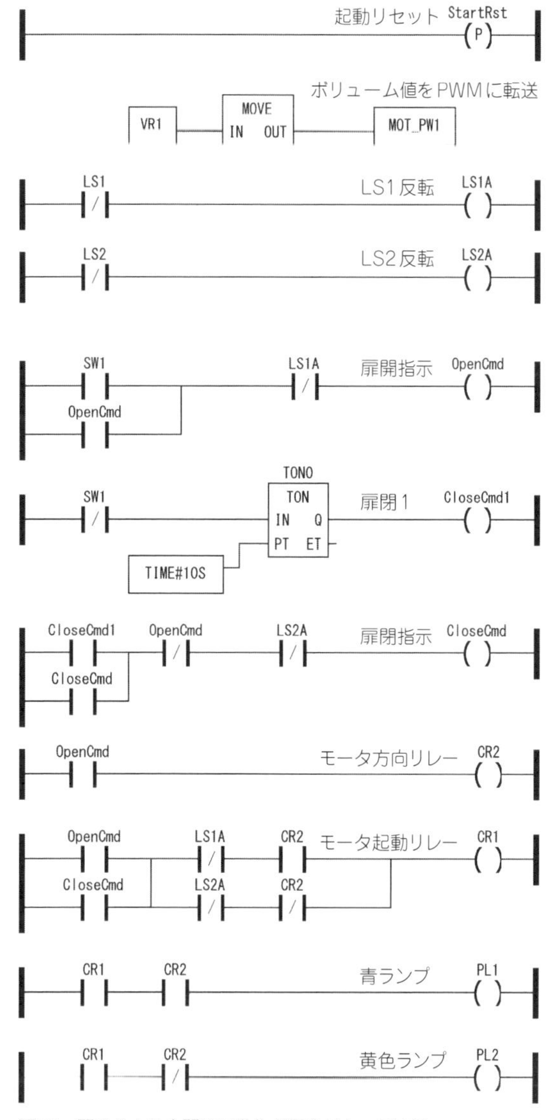

図11　閉めるよりも開ける動作が優先になっている

ひとまず動くからキチンと動くへレベル・アップ

人感センサを付けて本格化した自動ドアの安心安全を追求する

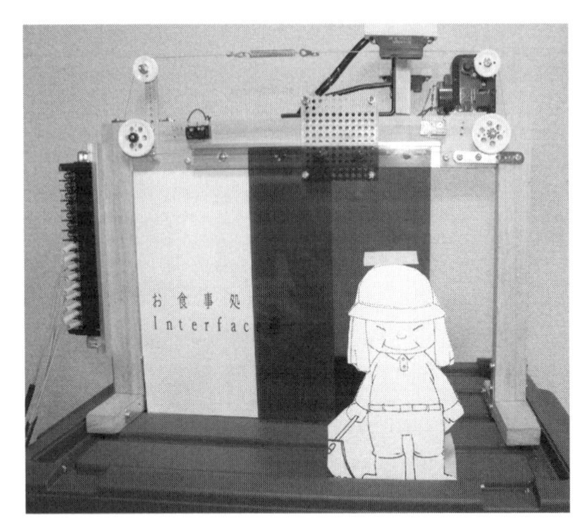

写真1　前章で製作した1/6スケールの自動ドア

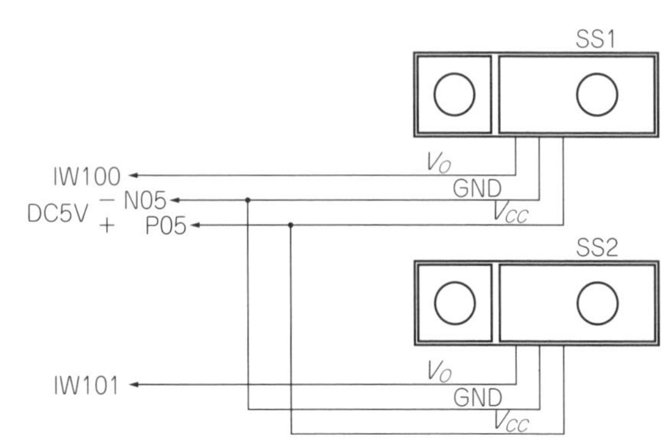

図1　2個の測距センサをDC24Vアイソレート I/O 基板を通してラズパイに接続

前章の自動ドアの続きです．前章よりも本物に近づけるように改造します(**写真1**)．なお，この記事で紹介しているのはあくまで実験用の模型システムです．このまま実用化しないでください．実用に供するためには自己責任で各部を精査して十分なテストを行ってください．

● 目標…人感センサでドアを開閉する

前章は1/8スケールの自動ドアを作りました．まだ人感センサが付いておらず，ドアの開閉命令は押しボタン・スイッチで入力していました．

動作条件の一部をスイッチなどに置き換えて動作させることは，設計現場でもよく行われます．例えば，複数人で作る大規模なプログラムの場合，全てのプログラムが同時に完成するとは限らず，また，デバッグの複雑化を避けるためにブロック単位で動作確認をするために，一時的にスイッチなどを取り付けて使うことがあります．

このようにすれば複雑な構造を適宜分割してブロックごとにデバッグを済ませておくことができます．また，ブロック単位の問題点やメカを含めた追い込み，修正が事前に行えます．このように部分ごとに動作が確認できれば全体のデバッグが楽になります．

人体の検知方法

● 検出範囲の小さい測距センサを利用する

本章は押しボタンで代替したものを測距センサに置き換えます．本来，自動ドアは人体を検出して動くものですから焦電型赤外線センサを使いたいです．ところが，この模型はサイズが小さいので，焦電型赤外線センサでは検出範囲が広すぎて使えません．測距センサで代用します．GP2Y021YK(シャープ)という型名の製品です．センサは扉の表裏に2個使います．

● ラズパイPLCとの接続

出力はアナログ入力%IW100，%IW101につなぎます．センサの電源は4.5～5.5Vとなっているので，ラズパイ用のUSB電源の余りの電源 P05，N05から供給します．この測距センサは赤外光を利用します．測距センサはほかに超音波を使用したものがあります．それらは感知式の交通信号機や交通量把握に使われており，地面からの距離を測って車の有無を検知しています．

コラム1　ラダー・プログラムでは変数の型はゆるいほうがよい

C言語黎明期のカーニハン＆リッチーの仕様では，変数の区分けが明確でなかったために，多くの分かりにくいバグを世に出したといわれています．その苦い経験から現在のC言語は変数の型に厳格です．そのC言語を踏襲してIEC 61131-3は厳格な変数の型の区分けをしているのだと思います．個人的な感想ですがごちゃ混ぜで使えた方がラダー・プログラムの場合は便利なことが多いと思います（もちろん型のビット幅や符号の有り無しが頭に入っていての話です）．ちなみに国内のメーカのPLCはこの型の区分けはかなり緩いと思います．

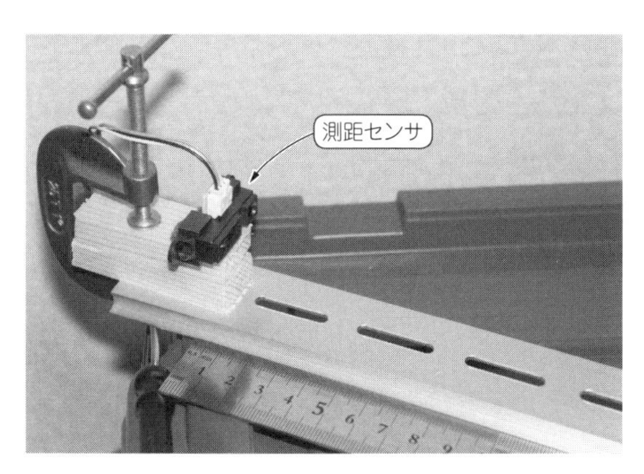

写真2　測距センサはDINレール上に固定した厚み30mmの木のブロックの上に両面テープで取り付けた

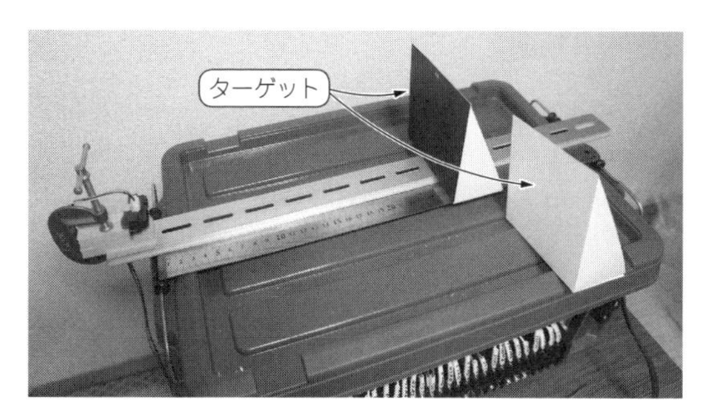

写真3　DINレール上に固定した厚み30mmの木のブロックの上に両面テープでセンサを取り付け

測距センサを使いこなす

● 距離と出力電圧の関係を把握する

測距センサを2個用意して距離と出力の相関を確認します．測距センサは**図1**のように%IW100と%IW101に接続します．電源はDC5VのP05とN05です．センサの電源は5Vで，グラウンドが共通なので入力が過電圧になる心配はありません．

ゲインはなるべく大きく使いたいので%IW100と%IW101のゲインを設定するボリューム RV1とRV2は右いっぱいに回しておきます．測距センサ出力信号の確認は，**写真2**のようにDINレール上に固定した厚み30mmの木のブロックの上にセンサを両面テープで取り付けて行いました．DINレールの横にスケールを置いて目盛りを目安にターゲットを置きます．そのときの読み値をモニタで確認して記録しました．ターゲットは白と黒の2種類を用意しましたが，有意差は見られませんでした．**写真3**は実験の様子です．

● 測定値の移動平均化

最初はただ読み値を記録しましたが，数値のばらつきが大きく読みづらいので，3データの移動平均を取るプログラムを作りました．**図2**（次頁）の②部は移動平均プログラムです．

図3は移動平均の手順を示したものです．まず，データをデータ2→データ3，データ1→データ2の順に移動して最新データをデータ1に入れます．そして，3つのデータの平均値を取って移動平均の値とします．他の言語を使っても同じですが，データを移動する順番を間違えると全部同じデータになってしまって測定値のばらつきが収まらなくなります．データの移動後は最新のA-Dコンバータの値をデータ1に入れます．

A-Dコンバータの測定値は6ビット左シフトした値が%IWで読み出されるようになっています．そこで，A-Dコンバータ（%IW100や%IW101）から読み出した値を右に6ビット・シフトしてデータ1にストアします．ここで最後に平均値を算出するために数値演算を

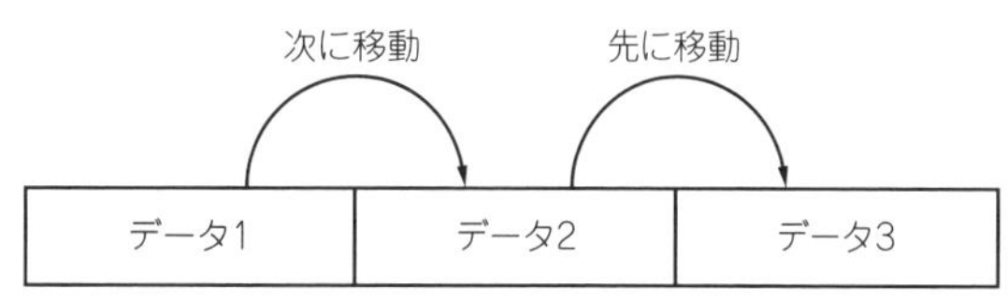

図3　移動平均の手順

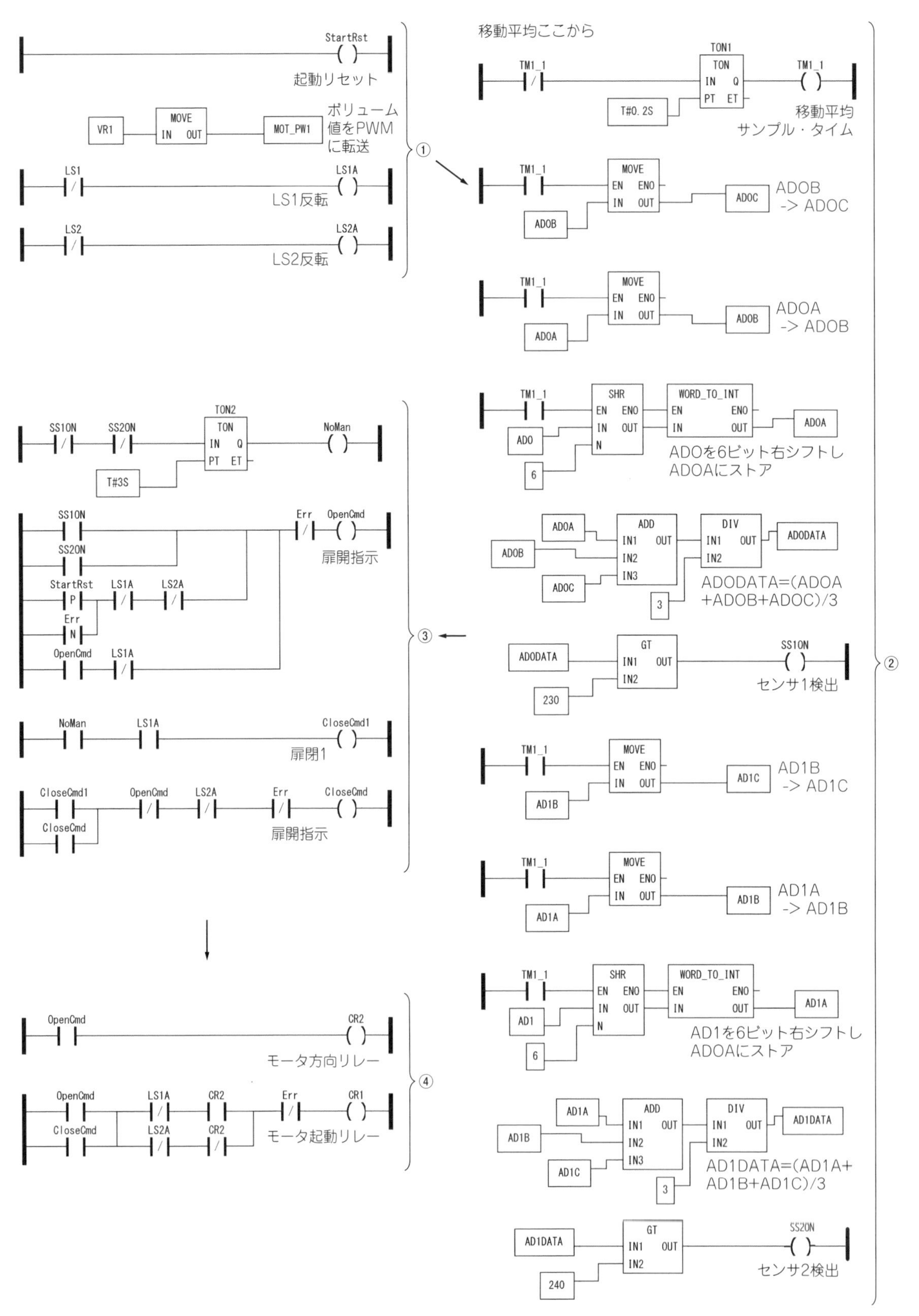

図2　できるだけ安心安全に動くように試行錯誤中の自動ドアのラダー・プログラム

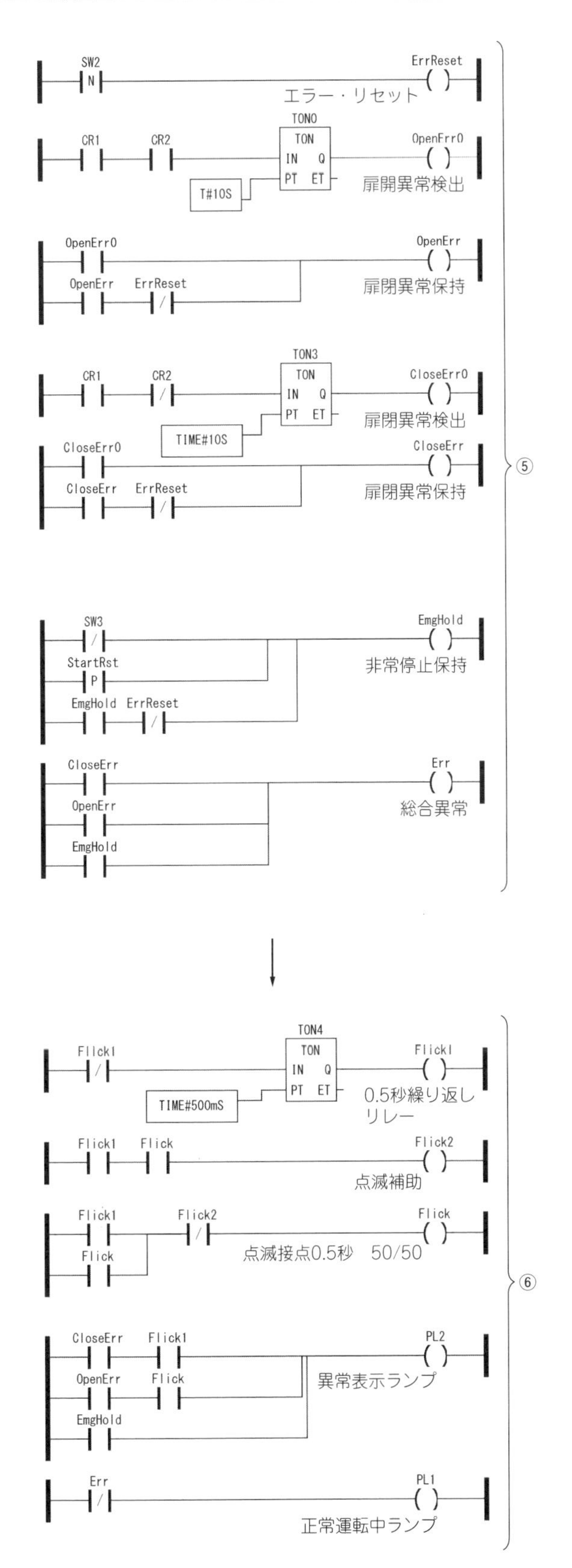

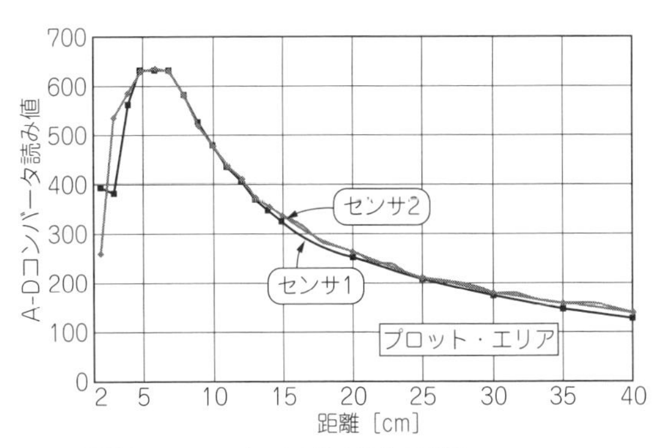

図4　距離とA-Dコンバータの読み値との関係

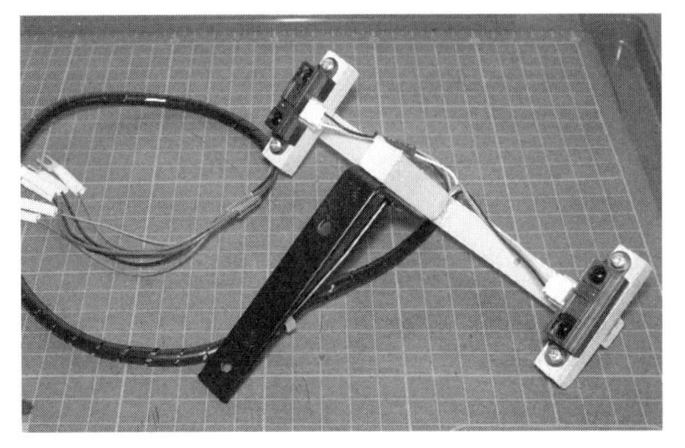

写真4　製作した測距センサ・ユニット

しなければなりませんが，その際に全ての値がIEC 61131-3の仕様により数値でなければなりません．IEC 61131-3ではWORD，BOOLなどのビット列とINT，UINTなどの数値の型を明確に分けていて，混用するときは型変換を行わなければなりません．

今回のプログラムの場合，A-Dコンバータ値を読み出す%IW100，%IW101はビット列であるWORDでなければアクセスできません．一方，測定結果を演算するときは数値であるINTを必要とします．そのためI/O割り当てでは平均化のためのデータはあらかじめINTと宣言しておいて，測定データを6ビット右シフトした後にWORD→INTの変換を行ってからデータ1（AD0AやAD1Aなど）にストアしています．

移動平均をかけて取った距離と数値の相関は**図4**のようになりました．8～40cmまでは2個のセンサの値は合致しているようです．1～7cmにかけてデータの折り返しがみられ，8cm付近と3cm付近の出力が同じレベルで区別がつきません．この測距センサを使う場合はセンサの検出方向8cm付近にガードを付けるなどして物理的に被測定物が近づかないような工夫が必要かもしれません．

表1　自動ドアのI/O割り当て

#	名　前	種　類	Location	Documentation
1	SW1	BOOL	%IX0.2	押し釦1
2	SW2	BOOL	%IX0.3	押し釦2
3	SW3	BOOL	%IX0.4	トグル1
4	SW4	BOOL	%IX0.5	トグル2
5	LS1	BOOL	%IX0.6	左リミット
6	LS2	BOOL	%IX0.7	右リミット
7	CR1	BOOL	%QX0.1	モータ1起動
8	CR2	BOOL	%QX0.2	モータ1方向
9	CR3	BOOL	%QX0.3	モータ2起動
10	CR4	BOOL	%QX0.4	モータ2方向
11	PL1	BOOL	%QX0.5	ランプ1
12	PL2	BOOL	%QX0.6	ランプ2
13	StartRst	BOOL	%QX2.0	起動リセット
14	StartRst1	BOOL	%QX2.1	起動リセット補助1
15	StartRst2	BOOL	%QX2.2	起動リセット補助2
16	OpenCmd	BOOL	%QX2.3	扉開指令
17	CloseCmd1	BOOL	%QX2.4	扉閉補助
18	CloseCmd	BOOL	%QX2.5	扉閉指令
19	LS1A	BOOL	%QX2.6	LS1反転
20	LS2A	BOOL	%QX2.7	LS2反転
21	VR1	WORD	%IW104	ボリューム1
22	VR2	WORD	%IW105	ボリューム2
23	MOT_PW1	WORD	%QW100	モータ1 PWM設定
24	MOT_PW2	WORD	%QW101	モータ2 PWM設定
25	AD0	WORD	%IW100	測距センサ1
26	AD1	WORD	%IW101	測距センサ2
27	AD0A	INT	%MW100	移動データ1
28	AD0B	INT	%MW101	移動データ2
29	AD0C	INT	%MW102	移動データ3
30	AD0DATA	INT	%MW103	移動平均
31	AD1A	INT	%MW104	移動データ1
32	AD1B	INT	%MW105	移動データ2
33	AD1C	INT	%MW106	移動データ3
34	AD1DATA	INT	%MW107	移動平均
35	TM1_1	BOOL	%QX3.0	タイマ補助1
36	SS1ON	BOOL	%QX3.1	センサ1 ON
37	SS2ON	BOOL	%QX3.2	センサ2 ON
38	NoMan	BOOL	%QX3.3	人非検出
39	OpenErr	BOOL	%QX3.4	―
40	OpenErr0	BOOL	%QX3.5	開異常補助
41	CloseErr	BOOL	%QX3.6	閉異常
42	CloseErr0	BOOL	%QX3.7	閉異常補助
43	Err	BOOL	%QX4.0	異常
44	EmgHold	BOOL	%QX4.1	非常停止
45	Flick	BOOL	%QX4.2	点滅
46	Flick1	BOOL	%QX4.3	点滅補助1
47	Flick2	BOOL	%QX4.4	点滅補助2
48	ErrReset	BOOL	%QX4.5	エラー・リセット
49	TON 1	TON	―	―
50	TON2	TON	―	―
51	TON0	TON	―	―
52	TON3	TON	―	―
53	TON4	TON	―	―

注：classはLocal

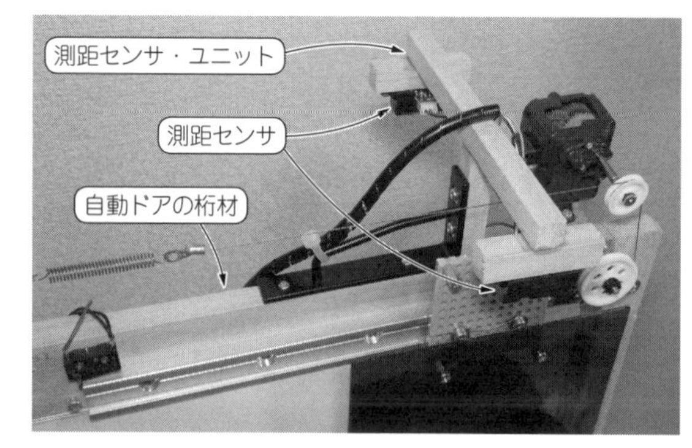

写真5　測距センサ・ユニットを自動ドアに取り付ける

ハードウェア

● 前章の自動ドアに測距センサを追加する

写真4は製作した測距センサ・ユニットです．測距センサは扉の裏と表に1つずつ扉の上から床面を見る形で**写真5**のように自動ドアの桁材に取り付けます．取り付けた測距センサはセンサ下の距離を測ります．**写真1**のように人物がセンサの下に入ると，センサの測定距離が縮まります．測定距離がしきい値を超えて縮まるとドアが開きます．なお測距センサが2つでは，扉の真下辺りに不感帯があるので実用には不向きです．実運用において扉の周辺に不感帯があったのでは，その付近に立ち止まった人を挟んでしまう可能性があります．

測距センサ付き自動ドアのプログラム

測距センサを追加して前章のプログラムを改造します．**図2**にプログラムを示します．**表1**はプログラムのI/O割り当てです．まず，運転手順の説明からはじめます．

● 自動ドア運転の手順

前章の自動ドア制御プログラムは，電源をつなぐかプログラムが走り始めると，ドアのコントロール動作が始まりました．本章は異常検出や非常停止を付けたので，前章ほど単純ではありません．

まずは大まかな条件を説明します．表示ランプ1(PL1)点灯時は正常運転中です．同じくランプ2(PL2)はエラーと非常停止の兼用表示です．点滅と変則点滅は扉開閉異常を表します．また点灯は非常停止状態を表します．電源ONまたはプログラム起動直後は必ず非常停止状態です．非常停止状態を解除するには非常停止SW(SW3)をONにしてリセット・ボタン(SW2)

コラム2 異常処理の方がメイン・プログラムより長いことも

シーケンス制御であるかどうかにかかわらず異常を検出してオペレータに対して異常を知らせるということは重要なことです．特に生産設備に関しては機械や設備は異常停止したことを強くアピールしないと，誰も気が付かないまま半日も機械が止まっていたなどということになりかねません．こんなことが起きたら生産計画がめちゃくちゃになってしまいます．機械メーカの担当者は呼び出され大目玉をいただくのはもちろん，場合によってはペナルティを請求されるなどという事態になり大変です．異常を検出した場合はそれを保持してランプなどで表示します．さらに作業者が近くにいないことが多い場合はブザーなどで知らせたり工場の管理システムに通知したりするなどの処置が必要とされます．

そして，どこが不具合なのか，何が原因で不具合が生じているのかをなるべく細かく表示することが望まれます．

このように細かく異常処理をしていくとプログラムの中で異常処理をしている部分は案外大きくなります．メインの制御部分よりも異常処理の方が大きいなどということもよくある話です．

を押します．異常ランプ(PL2)が消灯して運転中ランプ(PL1)が点灯します．

運転中は測距センサSS1またはSS2が指定レベル以上を感知すると扉が開きます．また一定時間以上無人状態が続くと扉が閉まります．

写真6はコンテナに付けているスイッチ・パネルです．今回はこのうちのSW2(非常停止)，SW3(リセット)，PL1(運転中表示)，PL2(異常表示)を使用します．

写真6　コンテナに付けているスイッチ・パネル

● ①先頭部分

図2に示すプログラム先頭の①は前章のプログラムの先頭部分と同じです．簡単に説明するとMOV関数でVR1の設定をモータ駆動力(MOT_PW1)にスキャンごとに書き込みます．LS1A，LS2Aはそれぞれフェールセーフのための B接点になっているリミット・スイッチを反転しています．

● ②移動平均処理

②は移動平均のルーチンで既に説明した通りです．ただし少し変更があります．測距センサのテスト段階では，出力はPL1とPL2を使って目視確認できるようにしてありましたが，今度はSS1ONとSS2ONというコイルを駆動するようにしてあります．この出力コイルを組み合わせて人体センサとして使います．

● ③メイン処理

③はプログラムの本体部分です．人検出がスイッチ1個から測距センサ2個になったため，少し扉開閉の起動条件が複雑になっています．この程度なら頭の中で考えるだけでも十分ですが，分かりにくくなった場合は次のように条件を口に出して整理してみるのが一番です．「扉を開く条件，SS1ONまたはSS2ONがONするまたは両方ONのとき」，「扉を閉める条件，SS1AとSS2AがともにOFFしたとき」と唱えながら作ったメモが**図5**です．

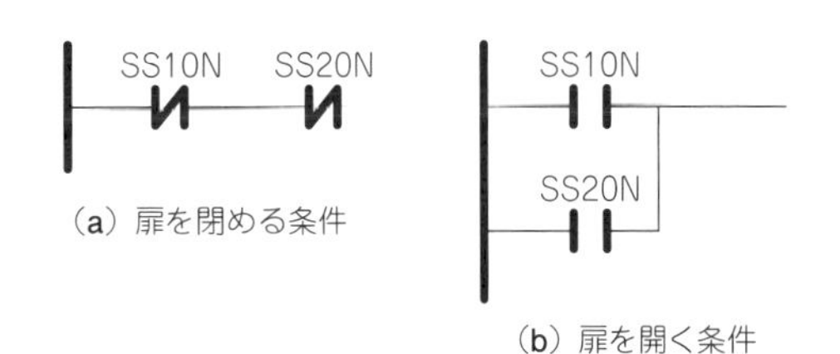

図5　扉開および扉閉の条件を整理してみた

このうち扉閉ですが，このままではセンサ範囲から人体が外れたとたんに扉が閉まってしまいます．センサの検出範囲は扉の可動域内の全てで人体を検出する建前になっていますから，これでも人を挟んでしまうことはないのですが通過する人が安心感を得られるようにタイマを使って少し閉まるタイミングを遅らせます．そのようにして作った回路が**図2**の③の先頭の1行NoMan(無人条件)です．

コラム3　リレーを保持する2つの回路

ラダー・プログラムでは，リレーの保持回路をよく用います．順次動作などでは，現在の状態を保持して次々と状態をリレー（伝達の意味）していきます．機械制御は「保持と保持するための条件」でできていると言っても過言ではありません．異常保持や電源の入り切りなどにも保持を多用します．

図Aの回路1と回路2は，どちらもリレーの保持（自己保持）回路です．回路1と回路2の違いはリセットのための接点Cの入っている位置です．回路1はBのコイル寄りにCが入っていて，回路2はBの保持接点寄りにCが入っています．一般的に回路1を使うことが多いですが，回路1ではリセット接点のCが開いている間はAがONになってもBはOFFのままです．回路1はCが仮に1スキャンだけ切れるエッジ動作でもその1スキャンだけ不感時間が生じます．回路2の場合はCをエッジ動作にするとAが1スキャンだけONしても保持され不感時間はなくなります．そのような理由から異常保持などの場合は回路2を用いてリセット接点はエッジ動作にするのが望ましいということになります．

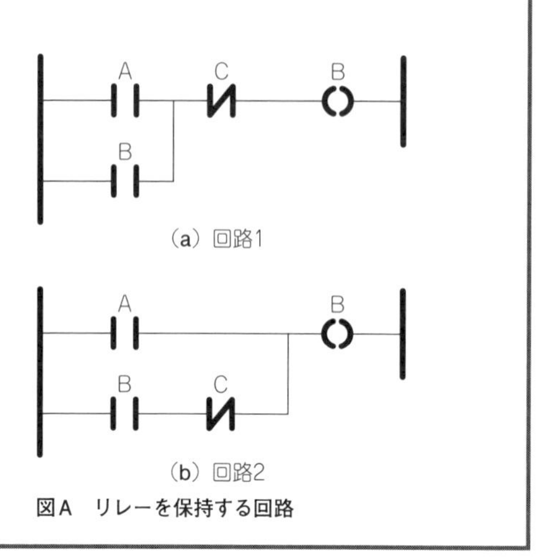

図A　リレーを保持する回路

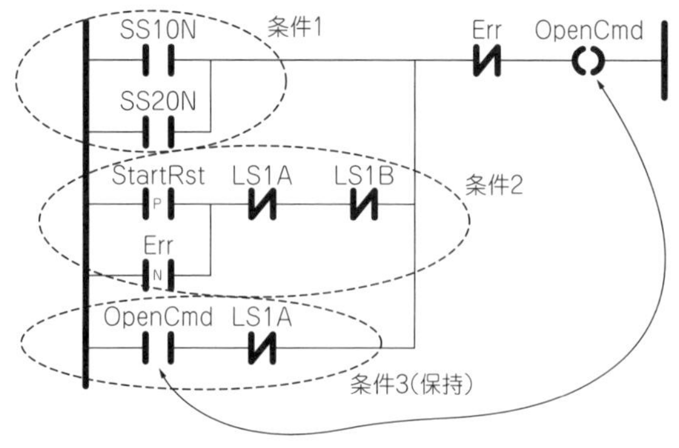

図6　扉開リレーが有効になる条件

▶扉開指令

その下の回路はOpenCmd（扉開指令）です．このリレーが有効になる条件はちょっと複雑です．説明のためにこの部分だけ抜き出したのが**図6**です．OpenCmdの起動条件は丸印で囲んだ3点です．

条件1は③で言及した扉を開く条件です．

条件2は先ほどと同じく言葉にして唱えると「StartRst（起動時ON）の立ち上がりエッジまたはErr（異常保持）の立ち下がりエッジでLS1A（扉開端）ではなく，なおかつLS2A（扉閉端）でもないとき」となります．つまり条件2は電源ON時かエラー解除時にLS1AでもLS2Aでもない，つまり扉が途中で止まっているときが条件です．このままではこのプログラムでは開くも閉じるも動かず無反応になってしまいます．こんなときはいったん扉を端まで開いてLS1AをONにしてその後は自然プログラム動作で閉じる動作になるのを待ちます．

条件3はOpenCmdの保持の条件です．図中の矢印線のコイルと接点は同じものです．OpenCmdの保持はLS1A（扉開端）が入るまで続きます．しかしその後も条件1のSS1ONやSS2ONが成立している場合，これらはLS1Aの保持解除接点よりOpenCmdコイル側につながっているので保持はさらに続きます．

さて，③の最後の回路CloseCmd（扉閉指令）ですが今度はあちこちから条件を拾ってきています．条件はこのようにも組めるということです．CloseCmdはCloseCmd1（扉閉補助1）によって起動されます．

このCloseCmd1はどうなっているかというと先出の扉閉条件NoManかつ扉開端LS1Aです．この辺は前回とちょっと違っています．前回はSW1がOFFが10秒続いたら扉を閉めるとなっていました．この条件には扉が完全に開く程度の時間を含んでいましたが，この条件では何人も連続して通過した場合，扉は全開のまま最後の人の通過後10秒間閉まらないことになります．いわば間抜けな10秒間です．そこでタイマは3秒として扉開端でなおかつタイマのタイムアウトという条件で閉まると，1人が素早く通過した場合，扉が全開になった後すぐに閉まります．すぐに閉まるといっても扉は全開まで3秒以上かかるので閉まり始めるまでは3秒以上かかります．そして扉が全開になったまま何人も通過しても最後の人が通過後3秒

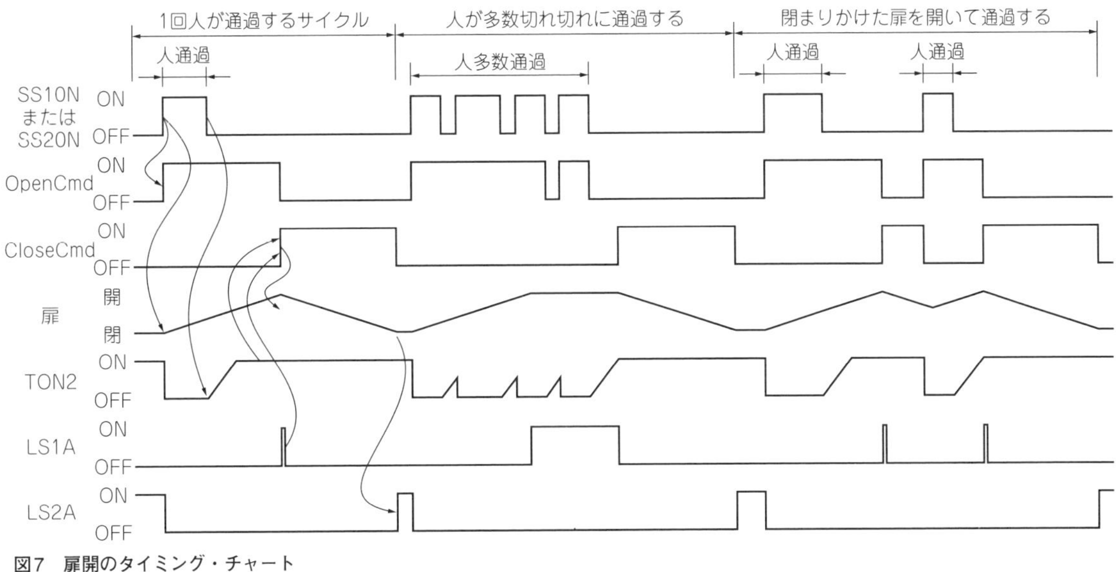

図7　扉開のタイミング・チャート

で閉まり始めます．そのため前回のプログラムの閉まるまでの「かったるさ」はだいぶ解消されました．ラダー・プログラムはこのような改善を気軽にできる自由度があります．

▶タイミング・チャートを使う

動作を表したタイミング・チャートを**図7**に示します．タイミング・チャートはスライダなどの動作時間を反映することができるので運転のサイクル・タイムの検討などに使います．このチャートでは扉が開くときの3パターンを展開しています．最初のパターンのみ各内部信号などの因果関係を矢印線で表しています．タイミング・チャート上の各サイクルの開始と終了を見ると扉は閉まった位置で停止しています．そのため扉閉の位置が機械の原位置と考えてもよいでしょう．そして必ずサイクルは原位置（扉閉端）で終わるので行儀の良いマシンだといえます．

● ④モータ出力部

図2の④は出力部です．ここで使う出力はモータ1に関する部分だけなので使うのはCR1，CR2の2つだけです．CR1はモータの起動を管理し，CR2はモータの回転方向を管理します．CR2はONで扉が開方向に回転するようにモータを接続します．CR1は先出のOpenCmdとCloseCmdで起動されるようになっており，LS1AとLS2Aの両端のリミットとCR2の方向を組み合わせたインターロックを施してあります．このインターロックによって，間違ってモータに起動がかかり，モータがオーバランしたり，焼けたりする心配がなくなります．

● ⑤異常処理

大げさに書きましたが今回は自動ドアの模型なので，こんなことになる心配はありません．しかし，模型とはいえメカを壊してしまうような異常や人身事故を起こすような異常は，ちゃんと処理しておかなければなりません．

⑤は異常処理をしている部分です．扉開閉の異常検出はそれぞれタイマで動作時間を計ってモータが10秒以上回り続けた場合に異常検出とします．タイマはTON0が扉開異常検出，TON3が扉閉異常検出です．検出した異常はそれぞれOpenErr，CloseErrに保持します．保持状態はSW2（リセットSW）を押して離すことで解除になります．これらの保持状態でErr（総合異常）をONして，このErrの接点で扉開，扉閉などの指令を強制的に切るようにしてあります．今回は模型なのでありませんが，自動ドアという人のごく直近で使われる装置なので，実物ではドアに接触の際は素早く止めるための接触センサを付けるなどして万が一の人身事故を避ける装備を充実しておく必要があるでしょう．

⑤のEmgHoldが非常停止です．非常停止は通常，キノコ・ボタンと呼ばれる大きな赤いボタンの付いたスイッチを用います．今回はSW3のトグル・スイッチを使いました．非常停止はフェイルセーフのB接点を使用します．そのためSW3の接点はONで正常，OFFで非常停止状態です．非常停止状態でEmgHoldはONになり，そのままSW3を復帰し（ONにし），SW2でリセットするまでEmgHoldは保持状態です．EmgHoldはプログラム起動時にONになるように

コラム4　保持回路でエラーを引っ掛ける

ラダー・プログラマはよく「エラーを引っ掛ける」と言います．これは言い得て妙だと思います．保持回路をどこかに潜ませておいて，罠のようにエラーという現象を捕まえるのです．これは機械の異常時に限らず，デバッグ中の不可解な現象の解明にも使えます．

ラダーのプログラミング・ツールには大抵モニタ機能が備わっていますが，一瞬起こる現象を目視で確認するのは難しいことです．ましてや複数の現象が同時に起きるのを確認するのは不可能でしょう．例えば，一緒にONしてはならない2つのリレーが同時にONしているかもしれない不具合の確認には，この2つのリレーの接点のANDを保持回路に入れておけば，「あってはならないことが起きたときに保持回路がONする」という具合に使うことができます．

全てが同時進行するラダー・プログラムはメカの制御をすることが多く，思いもよらないおかしなタイミングができて，不具合につながることもよくあります．

このような異常やエラーを捕まえるのが目的の保持回路は，その怪しい要素でリレー・コイルを直接引っ張る**図B**のような回路を使います．**図B**のAとBが絶対に同時にONしてはならないなら，Cは絶対にONしない「はず」なのでリセット回路も要りません．そして，この回路をプログラムのどこかに潜ませておいて，プログラムを走らせてモニタを見ているだけです．もしモニタ上でCの接点がONになったなら，少なくとも1回は「あってはならない」瞬間があったということです．「あってはならない」ことがあったならば，後は知恵を絞って対策を考えなければなりません．

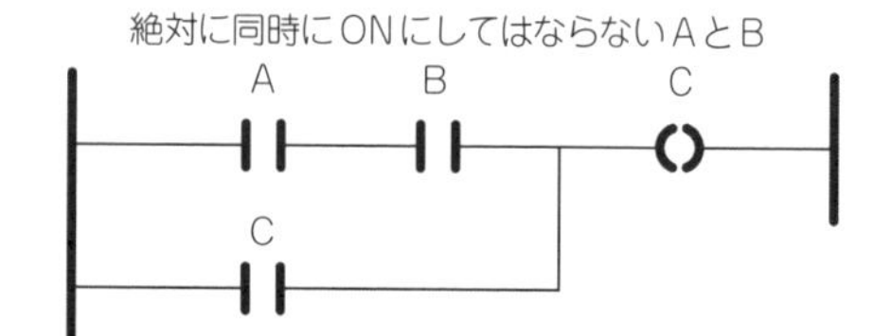

図B　エラーを引っ掛ける工夫を盛り込んだ回路
CがONすることがあってはならない場合に確認のために使う

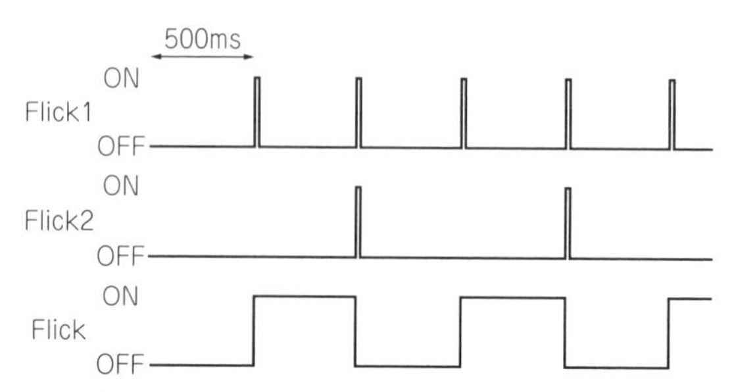

図8　表示灯の点滅タイミング・チャート

StartRstの立ち上がりエッジで保持するようになっています．

▶異常や非常停止のリセット

異常保持状態や非常停止状態の解除はリセット・スイッチで行いますが，リセット・スイッチを押しっぱなしにしたら全て解除してしまうようでは困ります．今回はリセット・スイッチを押して離したときに解除するようにしてあります．実際の動作はSW2の立ち下がりエッジで取ってErrResetリレーを起動して，そのB接点を各異常や非常停止保持回路に入れることで保持回路が切れる時間を最小にしてあります．

● ⑥表示灯の制御

⑥は表示灯の制御回路です．最初のFlick，Flick1，Flick2で表示用点滅を作っています．それぞれのタイミングは**図8**の点滅タイミング・チャートの通りです．このタイミングのうちCloseErr（扉閉異常）はFlick1とANDで，またOpenErr（扉開異常）はFlickとANDでPL2を駆動するので，それぞれ**図8**中のFlick1とFlickのタイミングで点滅します．またEmgHoldは直接PL2を駆動するので，このPL2のときは点灯します．そしてErr（異常）が全て解除されるとPL1が点灯して運転中になります．

第19章

より本格的な装置へのセンス磨き

鉄道模型で磨くモータの加速/減速テクニック

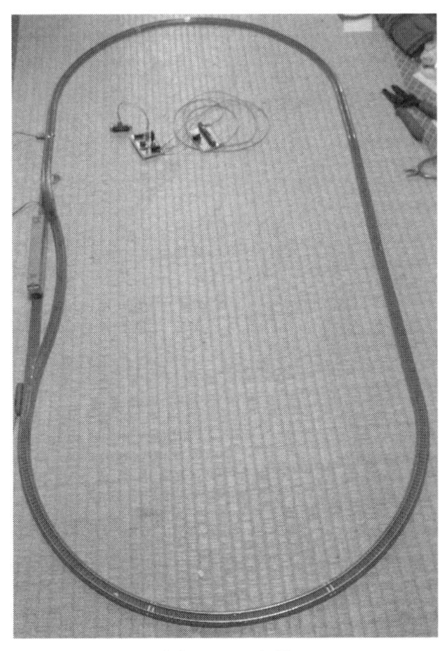

(a) レール全景

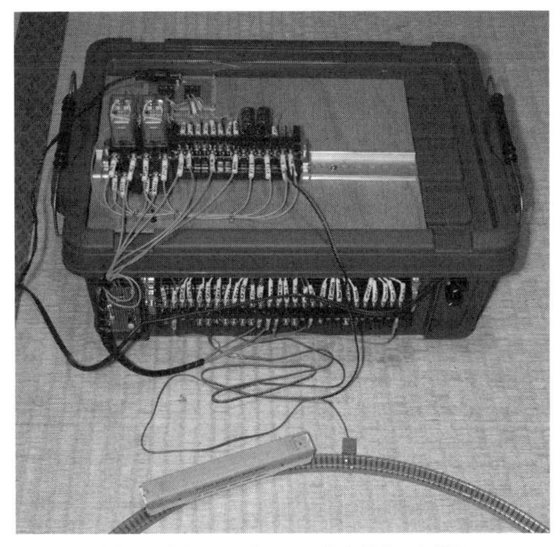

(b) ラズパイPLCとレールとを接続した様子

写真1　車両走行を例に加速と減速のプログラムを覚える
縦130cm，横60cmの範囲を走行する

鉄道模型の車両制御に挑戦してみましょう(**写真1**).

● 鉄道模型を使う理由

PLCで制御する対象として，鉄道模型は最適な例の1つです．理由は3つあります．

1つ目は，鉄道模型は車両内に制御ユニットや電源を置かなくてもよいことです．制御ユニットは，車両の速度や進行方向，ポイント切り替えなどの動作を制御します．車や船などの模型は，制御ユニットや電源を車体や船体内に置かなければなりません．鉄道模型なら制御ユニットを車体の外に置けるのでラズパイPLCによる制御実験にピッタリです．

2つ目は，鉄道模型はレール上を移動し，脱線することはあっても手が届く範囲で動くことです．車や船などの模型は，操作を間違えば手が届かないところへ移動してしまいます．

3つ目は，鉄道模型は玩具類とはいえ，動力系統の出来が良く，耐久性が高いために繰り返し実験ができることです．

● 模型車両の自動走行制御

本章と次章に分けて，測距センサ(**写真2**)によって車両の通過位置などを検出し，ポイント切り替えを行って，車両が自動走行できるよう制御する仕組みを作成します．本章では，車両の走行環境と基本的な走行機能を作成します．では，鉄道模型の制御に出発進行しましょう．

ハードウェア

● 模型車両とレール

模型車両とレールは，トミーテックが発売しているものを利用します．車両の種類はNゲージ，レール幅はNゲージに対応した9.5mmです．レール幅の規格は全社共通仕様であるため，車両とレールがそれぞれ別のブランドであっても車両はレール上を走行できます．しかし，レールは嵌合(かんごう)部分がブランドによって異

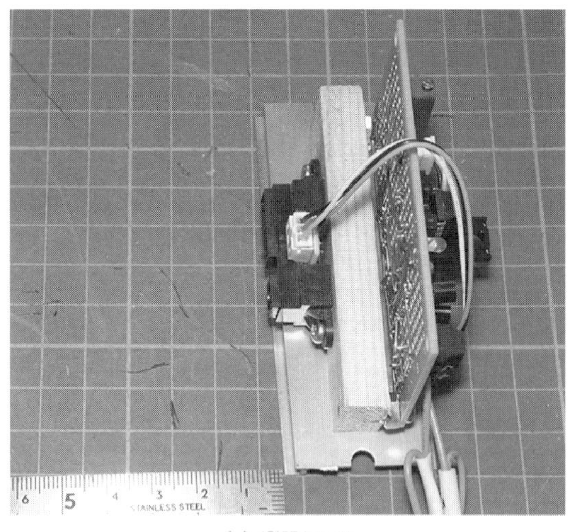

（a）測距センサ

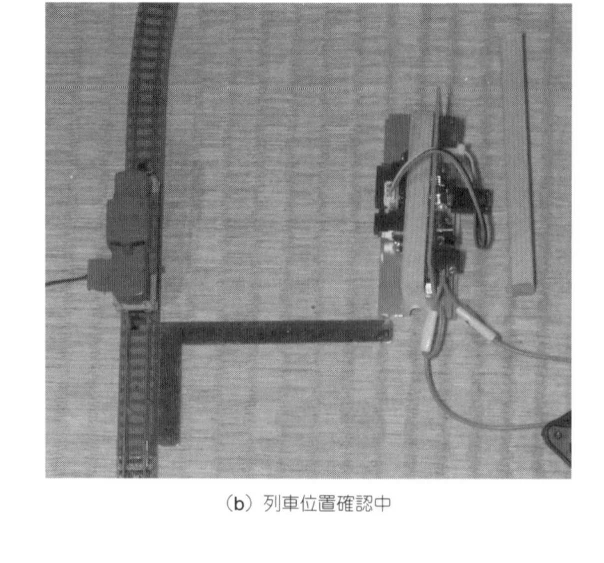

（b）列車位置確認中

写真2　測距センサを使って車両位置を検知する

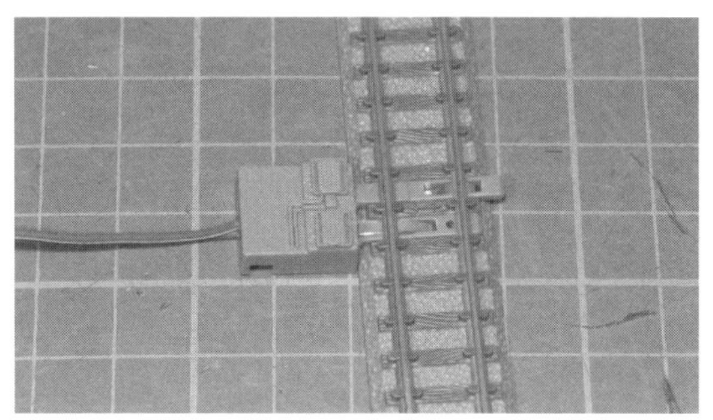

写真3　フィーダを介してレールへ電圧を供給
各レールの下には差し込み口があり，都合の良い所にフィーダを差し込むことができる

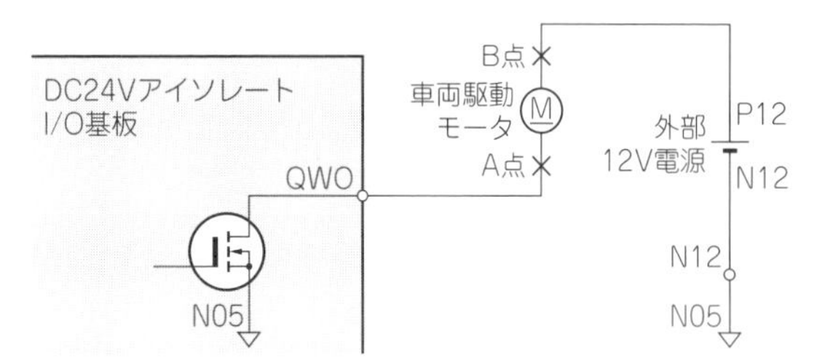

図1　ラズパイPLCでレールへ供給する電圧を制御
A点とB点をリレーで入れ替えることで，逆走行もできるようになる

なることもあるため，別のブランドのものを組み合わせて利用できないかもしれません．

● レールへの電圧供給

車両はレール上を，左右のレール間に加わる電圧を受けて走行します（**写真3**）．車両の走行には，直流12V程度の電圧を必要とします．鉄道模型ではこの電圧の強弱を調整することによって，車両の走行速度を変えています．そこで，ラズパイPLCからフィーダと呼ぶ給電コネクタを介して，レールへ電圧を供給し，車両の速度を制御します（**図1**）．

今回はラズパイPLCのQW0端子からのPWM出力を使って速度を制御します．QW0は前面端子台に引き出してレール制御ユニットに中継します．車両の駆動電圧は12Vなので，外部に12V電源を用意して，この12VをQW0で制御してレールに供給します．**図1**のA点とB点とをリレーで入れ替えることで，逆走行もできるようになります．

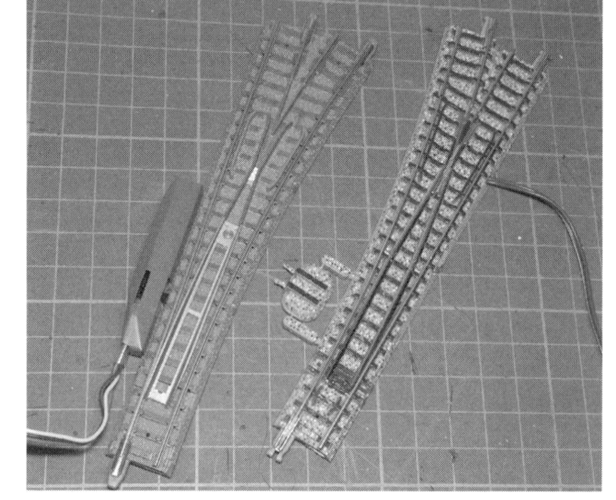

写真4　切り替えポイント…左が旧品

● リレーによるポイント切り替え

ポイントは，現行型と旧型のものを利用します（**写真4**）．ポイントは2線式で制御したいため，3線式である旧型ポイントはダイオード1N4007を2つ入

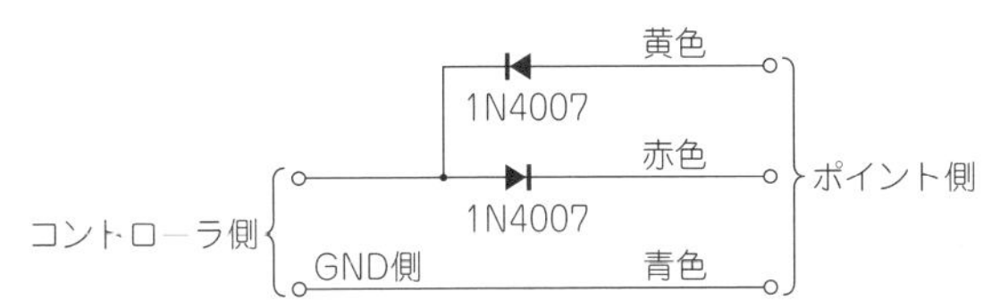

図2　3線式ポイントを2線式ポイントへ変換
ダイオード1N4007を2つ入れて2線式へ変換する

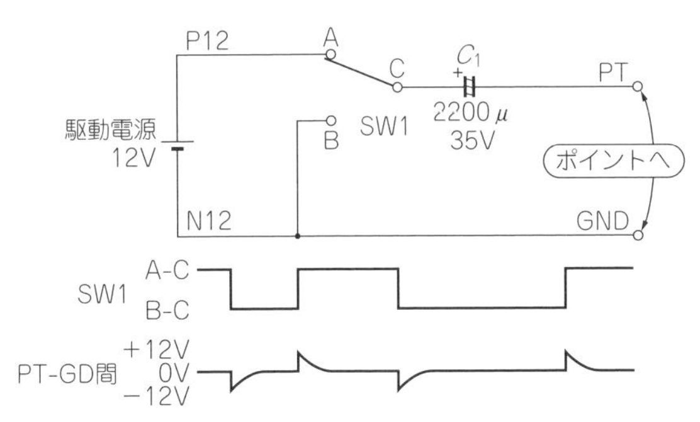

図3　ポイント切り替えパルス

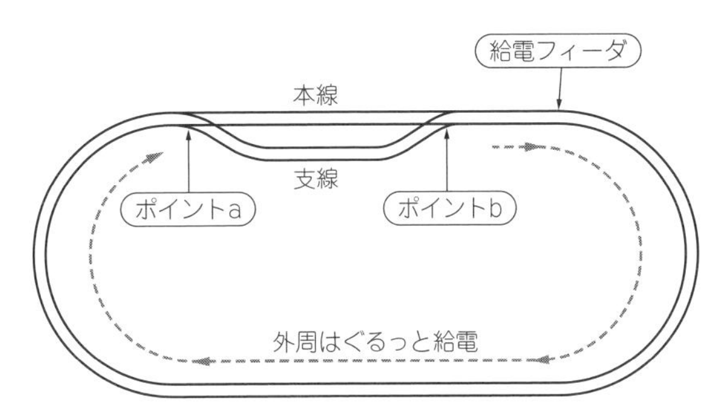

図4　外周レールと支線レールへ電圧を供給
フィーダを介して電圧供給すると，ポイントbからポイントaの間の外周はぐるっと給電される

れて2線式へ変換します(**図2**)．ポイントは，＋12Vパルスで片方へ，－12Vパルスで逆の片方へ動きます．パルスには，ポイントが動ききるまでの時間が必要です．Nゲージ模型車両の制御では，**図3**に示す仕組みによってパルスを作成しています．

ここではスイッチの代わりに，リレーでこの仕組みを作ります．この方式の長所は電力が最小であることです．短所は電源を入れたときにポイントの向きや切り替えの位置が不定であることです．この問題はスイッチをON/OFFすれば解決するため，最初に1回ポイントが空動作するよう処理します．

ポイントが切り替わるとレールの接続が変化します(**図4**)．レールにはフィーダを介して電圧がかかっています．車両が外周レール側を走るようにポイントが倒れていると，外周レールに電圧がかかり支線レールには電圧がかかりません．逆に車両が支線レール側を走るようにポイントが倒れていると，外周レールには

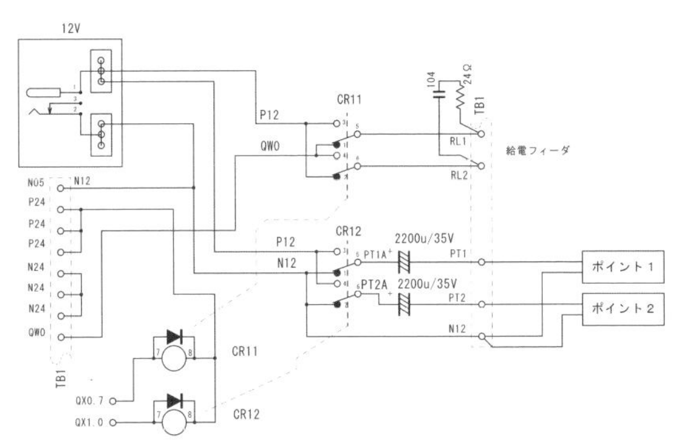

図5　レール制御ユニットの回路図

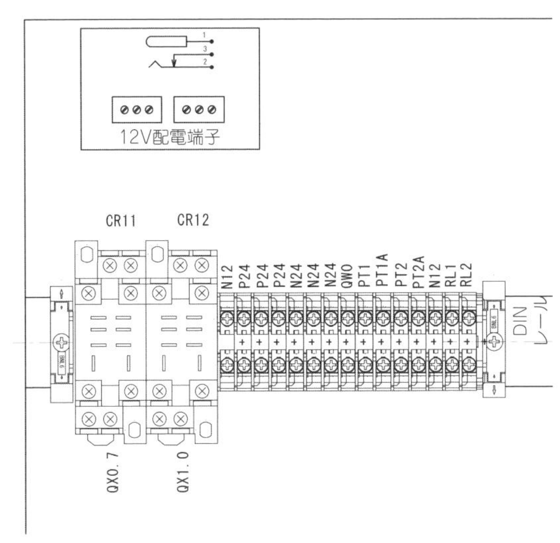

図6　レール制御ユニットの実装図

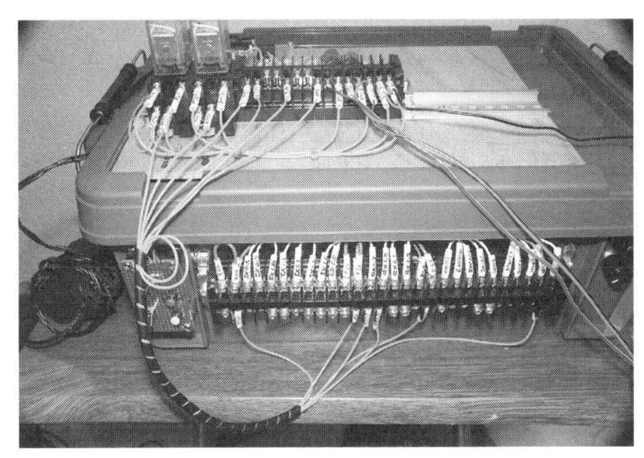

写真5　準備が整ったラズパイPLC

電圧がかからず支線レールに電圧がかかります．これをうまく利用すれば，外周レール側と支線レール側に1両ずつ車両を置いて，1本のレール上を車両が交互に走行できます．

● レール制御ユニット

レールを制御する回路は，30cm×20cmの大きさのベニヤ板上に作成します（**写真5**）．回路図を**図5**に，実装図を**図6**に示します．電源は，手持ちのACアダプタDC12V出力品を利用しました．リレーは，オムロンのLY2DC-24Vを2個使用します．リレーにはLY2DC-24Vよりも電流容量の少ないMY2DC24Vを使ってもよいです．

リレーのポイントは2つあり，CR12の2つの接点をそれぞれに使い，1つのリレーで2つのポイントを切り替えます．2つのポイントは同じ向きに切り替える必要があります．一方が逆の場合は，他方のポイントの2本の線を入れ替えれば，ポイントの向きはそろいます．

レールへの給電端子RL1とRL2の間に，抵抗とコンデンサを取り付けます．抵抗は10Ω～数十Ω程度，コンデンサは0.1μ～1μF程度のものを利用します．

ユニットを組み立てたら，ラズパイPLCユニットとの連結部分を配線します．N12とN05の結線を忘れないようにしましょう．

筆者提供プログラムで動作チェック

● レール制御

まずは，目視とテスタで回路図と配線をチェックします．次に，電源を入れて各部の電圧をテスタでチェックして，異常がなければ簡単なプログラムで動作をチェックします．

ラズパイPLCへ筆者提供プログラム[注1]を転送し，モニタを起動します．12V電源をつないで，ボリュームVR1を左いっぱいに絞ります．次に，レールを適当な長さの円形などエンドレスにつないで，フィーダを制御ユニットの端子台RL1とRL2に接続します．そして，車両をレールへ乗せ，VR1を右に回していくと車両が走り始めます．

ここでいったん，VR1を左に絞って車両を止めます．トグル・スイッチ1を現在の位置と反対に倒すと，CR11が動いてレールへ給電する極性が切り替わります．再びVR1を右に回すと，車両は反対方向へ走り始めます．ここまで動作すれば，CR11周りの配線に間違いはないと確認できます．

このとき，VR1の位置を調整して車両が低速で確実に走り続ける位置を探し，VR1かQW0の値をモニタで確認してメモしておきましょう．この値は64飛びなので，かなりばらつきます．そのため，適当に上位2～3桁の値を読んで，後は切り捨てても構いません．筆者の場合は，29000～30000程度でした．

以上で，車両とレール周りの動作チェックは完了です．ちなみに，レール表面がさびていると，車両の速度は遅く安定しません．このようなときは，車輪とレールの接触部分をペーパ・タオルなどで拭くか，細かいサンド・ペーパなどで磨くとよいでしょう．

● ポイント制御

ポイントはCR12で切り替えを実行します．**図7**，**表1**のプログラムにおいて，トグル・スイッチ2を切り替えると，CR12が動きポイントが切り替わります．最初はポイントの位置が不定ですが，1往復動作すればポイントの位置がそろいます．このことを考慮して，最初に必ずポイントを空動作するとよいでしょう．そろったポイントの向きがそれぞれ逆向きならば，どちらかの配線を入れ替えてポイントの向きがそろうようにします．

ソフトウェア

車両の速度を制御できるよう，ラダー・プログラムを変更してみましょう．プログラムは，一定時間ごとに速度を変化させ加速と減速また減速停止を実現します．プログラムを5つのブロックに分けて説明します（**図8**，**表2**）．

注1：https://www.cqpub.co.jp/interface/download/contents.htmから入手できる．

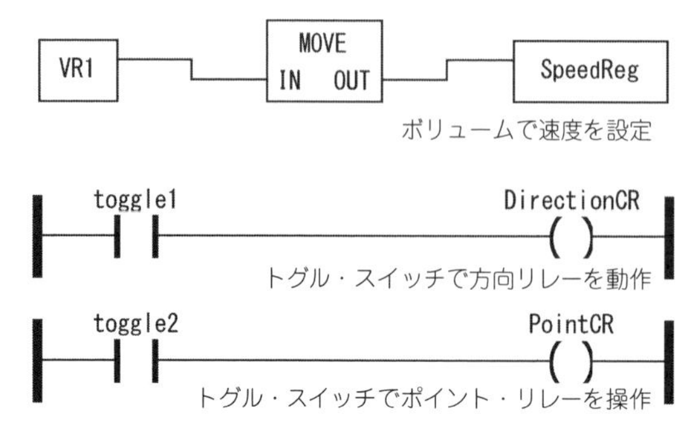

図7　動作チェック・プログラム

表1　動作チェック・プログラムのI/O割り当て

名　前	種　類	Location	備　考
Push1	BOOL	%IX0.2	押しボタンSW 1
Push2	BOOL	%IX0.3	押しボタンSW 2
Toggle1	BOOL	%IX0.4	トグルSW 3
Toggle2	BOOL	%IX0.5	トグルSW 4
DirectionCR	BOOL	%QX0.7	CR11方向リレー
PointCR	BOOL	%QX1.0	CR12ポイント・リレー
VR1	WORD	%IW104	ボリューム1
SpeedReg	WORD	%QW0	速度レジスタ

注：classはLocal

コラム　図8のブロック(3)～(5)の動作イメージ

図Aは加速動作と，加速動作を起動する部分です．最初の行がブロック起動です．ブロック外の接点UpCmdでInUpDrive(加速中)をONしてブロックを起動します．そのままUpCmdをUpDriveEnd(加速完了)がONになるまで保持すると加速が完了します．このInUpDrive(加速中)を切ることで，ブロック内の保持や記憶は全て切るようにして全てクリアするようにしておきます．こうすれば異常検出で停止した後にブロック内の保持などが残ってしまうことを防げます．

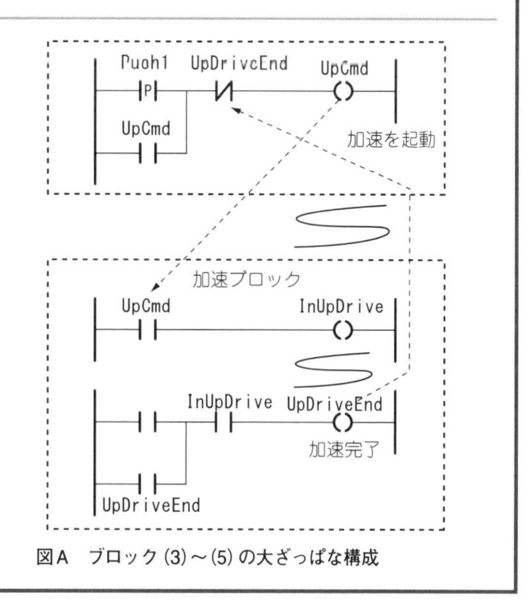

図A　ブロック(3)～(5)の大ざっぱな構成

● 加減速の動作確認用

この処理によって車両はスイッチを使って加速や減速，または減速停止します．Push1は加速，Push2は減速，Toggle1は停止の役割を果たし，それぞれのブロックを起動できます．スイッチは，コンテナ正面についたスイッチ基板上のものです．このプログラムでは，ポイントの切り替えと進行方向の切り替えはできません．

● 変数の初期化

先頭行の，起動時ONのコイルが立ち上がるエッジの接点で，以下の変数を初期化します．ここで扱う数値は，%QW0の速度制御で取りうる値です．%QW0はWORD(16ビット)のため0～65535の間の値を取り，数字が大きいほど車両の速度は速くなります．

初期化する変数は，TargetSpd(目標速度)，UpRate(加速レート)，DnRate(減速レート)，BaseSpd(基本速度)の4つです．特に，TargetSpdは加速動作時の最終目標速度，BaseSpdは車両が確実に走る最低のスピード値です．また，初期化しない変数にCurrentSpd(現在速度)があり，これは常に現在速度を示します．例えば，CurrentSpdに40000を書き込むと，車両は最初から速度40000で走行します．

最終行にフリーランのタイマTONOがあります．車両の速度を上げたいときは，タイマのタイムアップごとにCurrentSpdにUpRateを加えて加速します．車両の速度を下げたいときは，CurrentSpdからDnRateを減じて減速します．%QW0はWORDのため符号なし16ビットですが，これらの変数はDINT(符号付き32ビット変数)です．変数同士を加算または減算するとき，桁あふれが生じたことが分かるようにビット幅の広い変数としています．例えば，16ビット符号なし変数では，65534(0xFFFE)に3を加算すると0を越して1になってしまいます．桁あふれが生じたかどうか判断できません．これでは，車両は最高速に近い状態で走行できず，速度1で走行してしまいます．32ビット符号付き変数ならば，65537(0x10001)になり，65535(0xFFFF)を超えたかどうか判断できます．

● 加速運転

内部変数を初期化し，ブロック内部の変数にTargetSpdとUpRateをセットします．CurrentSpdはBaseSpdより小さければ，BaseSpdの値をCurrentSpdに代入します．この処理は，車両は速度0～BaseSpdの値を取っていればほぼ動かないため，無駄な部分をカットしています．その次の行では，加速のオーバラン部分を確認し初期化しています．初期化は，TgtSpdとUpRtを加算して，65535(0xFFFF)を超えていれば，この値を超えないようTgtSpdからUpRtと1を減算してTgtSpdにセットします．以降，SpdTimがONするたびにCurrentSpdにUpRateを加算して車両の速度は大きくなっていきます．

この処理の終了条件は，CurrentSpdがTgtSpd以上の値を取ることです．従ってTgtSpdが大きければUpRateのぶんCurrentSpdがオーバランして0xFFFF

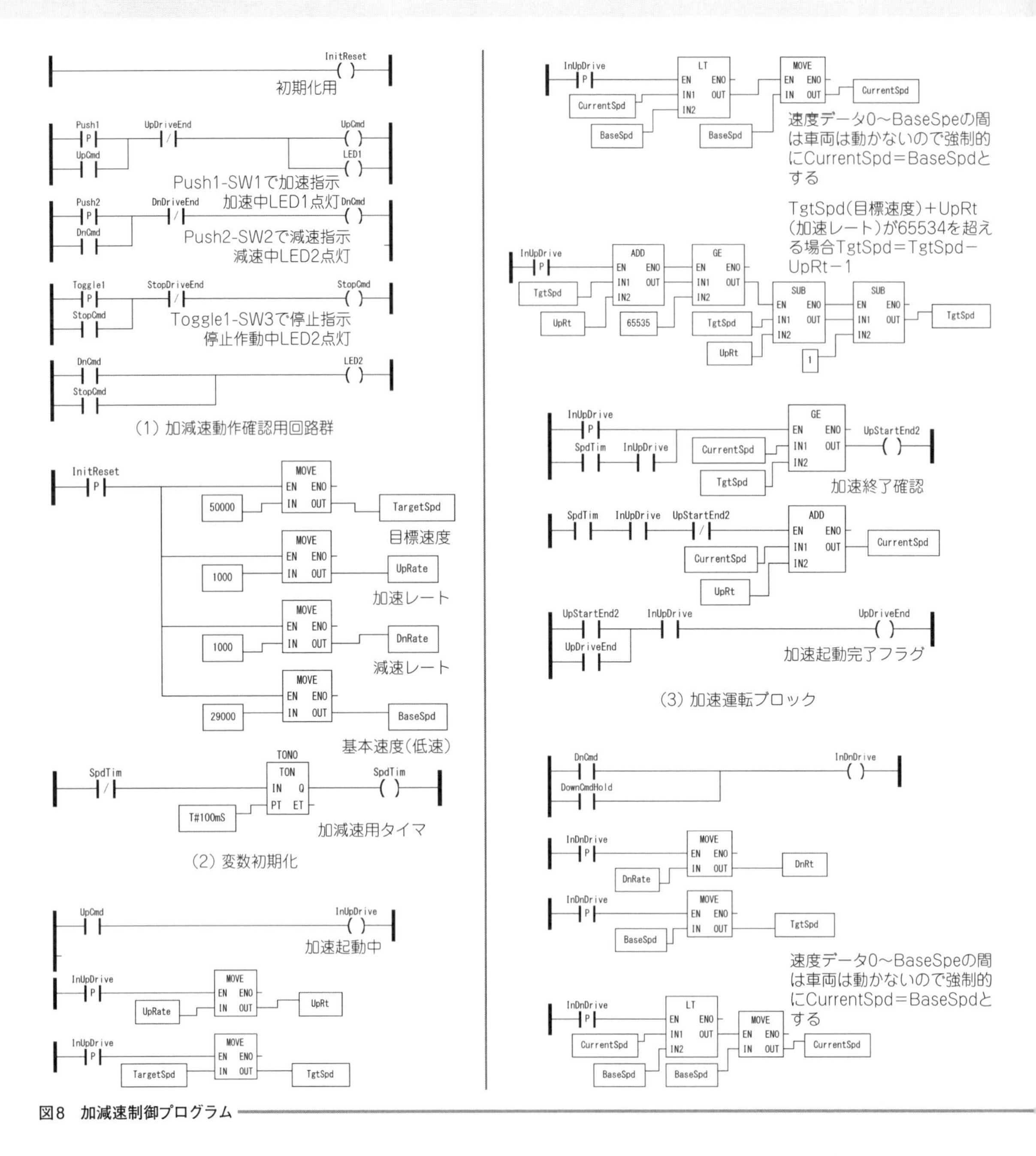

図8　加減速制御プログラム

を超え，車両は超低速または停止する可能性があります．そのため，初期化時にTgtSpdにUpRateを加算した値がオーバランしても，0xFFFFを超えないようにTgtSpdを補正しています．

● 減速運転

車両は完全停止した状態から減速処理を起動すると，速度をゆっくり保ったまま走行します．DnRはDnRateの値で初期化し，TgtRtはBaseSpdの値で初期化します．CurrentSpdの値がBaseSpd以下のとき，CurrentSpdにBaseSpdを代入します．

加速運転と同じように，終了条件は，CurrentSpdの値がTgtSpdの値以下を取ることです．SpdTimごとにCurrentSpdからDnRtを減算し，車両の速度を落とします．減速運転では，終了条件にBaseSpdを採用しており，これはオーバランしても0を超えてしまう可能性はないためそのままチェックせずにオーバランに任せています．

● 停止運転

車両は，CurrentSpdがBaseSpdの値以上で走行していれば，速度を落としていきます．そして，CurrentSpd

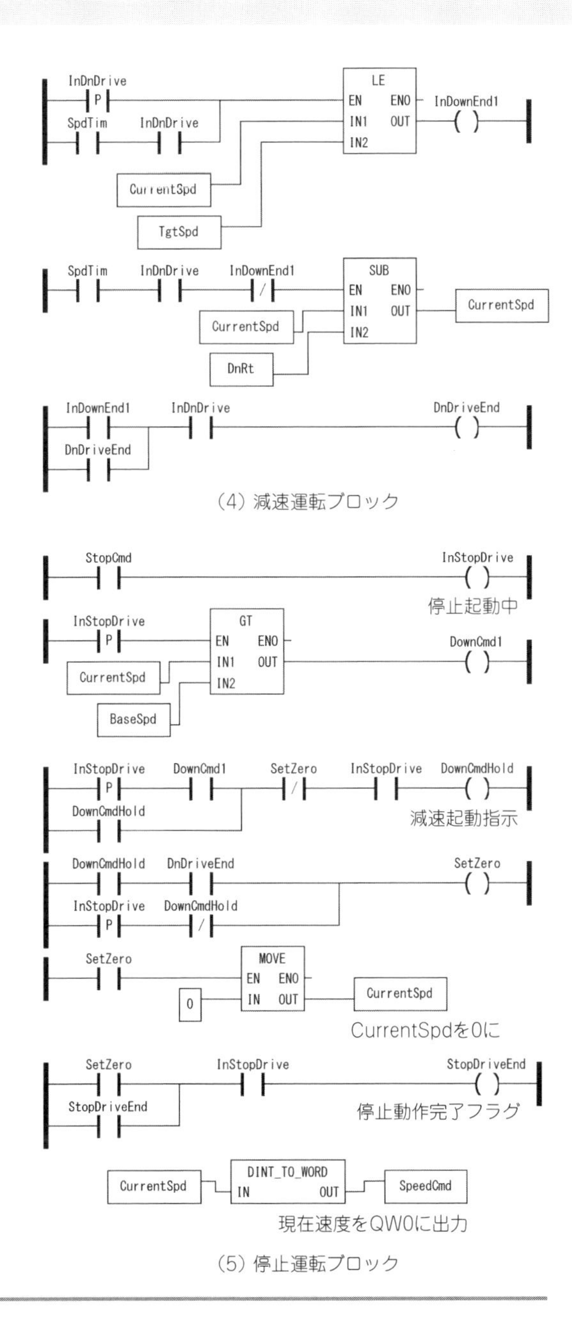

(4) 減速運転ブロック

(5) 停止運転ブロック

表2　加減速制御プログラムのI/O割り当て

名　前	種　類	Location	備　考
Push1	BOOL	%IX0.2	押しボタン1
Push2	BOOL	%IX0.3	押しボタン2
Toggle1	BOOL	%IX0.4	トグルSW 3
Toggle2	BOOL	%IX0.5	トグルSW 4
LED1	BOOL	%QX0.5	緑LED
LED2	BOOL	%QX0.6	赤LED
CR11	BOOL	%QX0.7	方向リレー
CR12	BOOL	%QX1.0	ポイント・リレー
InitReset	BOOL	%QX2.0	初期化用
SpdTim	BOOL	%QX3.0	速度更新タイマ
InUpDrive	BOOL	%QX3.2	加速動作中
UpDriveEnd	BOOL	%QX3.3	加速完了フラグ
UpStartEnd2	BOOL	%QX3.4	加速完了補助
InDnDrive	BOOL	%QX4.0	減速動作中
InDnStart0	BOOL	%QX4.1	減速補助
InDownEnd1	BOOL	%QX4.2	減速終了補助
DnDriveEnd	BOOL	%QX4.3	減速完了フラグ
InStopDrive	BOOL	%QX5.0	停止動作中
DownCmd1	BOOL	%QX5.1	減速認識
DownCmdHold	BOOL	% QX5.2	減速指示
SetZero	BOOL	% QX5.3	速度0セット
StopDriveEnd	BOOL	%QX5.4	停止完了フラグ
UpCmd	BOOL	%QX6.0	加速指示
DnC m d	BOOL	%QX6.1	減速指示
StopCmd	BOOL	%QX6.2	停止指示
PointL	BOOL	%QX6.3	ポイントL
PointR	BOOL	%QX6.4	ポイントR
SpeedCmd	WORD	%QW0	速度出力
CurrentSpd	DINT	%MD0	現在速度
TgtSpd	DINT	%MD1	目標速度(実行)
UpRt	DINT	%MD2	加速レート(実行)
DnRt	DINT	%MD3	減速レート(実行)
TargetSpd	DINT	%MD4	目標速度設定
UpRate	DINT	%MD5	加速レート設定
DnRate	DINT	%MD6	減速レート設定
BaseSpd	DINT	%MD7	基本低速設定
TON0	TON	—	—

注：classはLocal

に0を書き込み，駆動電源のPWMを0にして停止します．

プログラムの最終行は，CurrentSpdを%QW0に書き込んでPWMに出力する処理です．CurrentSpdの下位16ビットの数値が，車両の走行速度にあたります．

● シミュレーションの際は少しパラメータを変える

以上がプログラムの全容です．設定した加減速時間は3秒程度で完了してしまうため，OpenPLCエディタのシミュレータで確認するには時間が短すぎます．従ってTON0の時間は現行の100msから500ms程度へ変更し，加減速の時間を延ばします．そして，OpenPLCエディタでシミュレータを起動して，CurrentSpdの値をモニタしながらPush1，Push2，Toggle1を強制的にON/OFFすると，加速，減速，停止の状態を確認できます．

ここまで出来ればあとは実践で腕を磨こう

第20章 鉄道模型を例に…リレーとセンサで装置の動きを作る

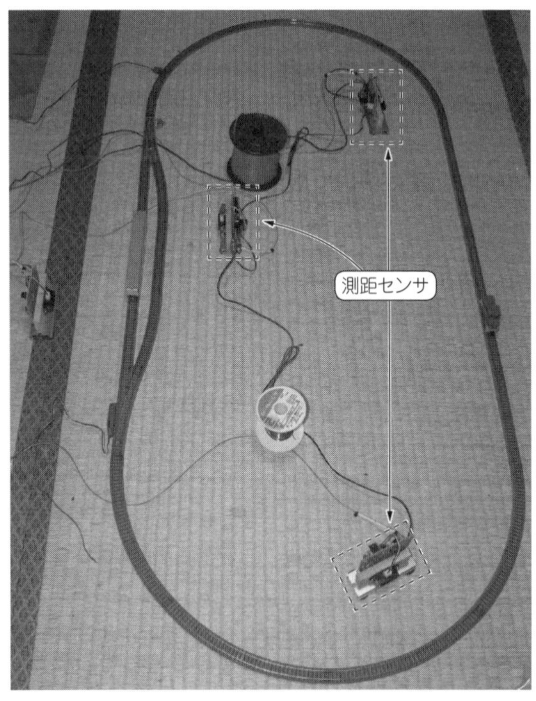

写真1　鉄道模型の車両制御を例に装置の動きを作る
レールに沿って測距センサ・モジュールを配置した

前章から引き続き，鉄道模型の車両制御に挑戦してみましょう(**写真1**)．前章ではレールのポイントと車両の走行方向を切り替える装置と，車両の加減速を制御するプログラムを作成しました．本章では，センサによって車両の速度や停止を制御する装置と，ポイントを切り替えて2両の交互単線運転を制御するプログラムを作成します．

ハードウェア

● 車両の通過や位置を検出するコンパレータ回路

測距センサによって，車両がレール上にいる/いないを検出します．これは，コンパレータが測距センサの出力を受け，しきい値を境に信号をON/OFFする回路を作成することで実現します．その信号はディジタルI/O端子へ接続し，車両の通過や位置を出力させます．

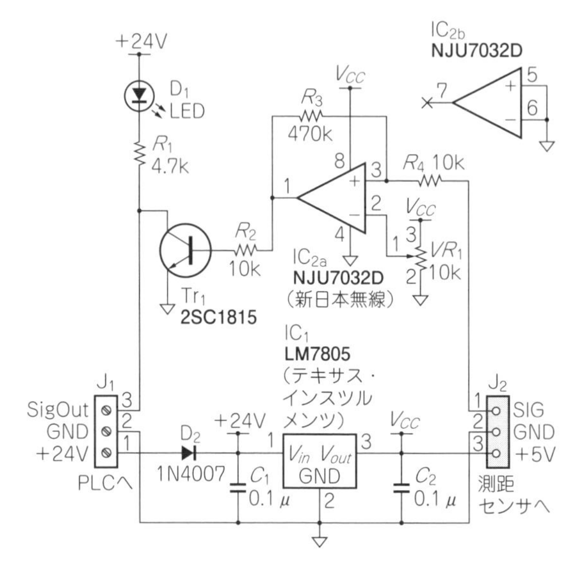

図1　測距センサの信号を受けるコンパレータ回路

信号は多くの場合，アナログ値ではなく，しきい値を境にON/OFFの2値へ変換したディジタル値を利用します．アナログ信号は，プログラム上でアナログ補正を行うときや，そのアナログ値を元に何かを算出するときなどに利用します．例えば，第18章において自動ドアの制御を紹介したときには，アナログ入力端子に測距センサを接続し，ArduinoのA-Dコンバータによってアナログ値を計測しました．

本章で作るコンパレータ回路は，例えば温度計や明るさセンサなどによってアナログ値を計測し，それにしきい値を設けて2値に変換します．ラズパイPLCではON/OFF信号としてそのまま利用できます．ここでは，測距センサを搭載したコンパレータ回路を4セット作成します．

表1　コンパレータ回路に使う部品

デバイス	個数	仕　様
C_1, C_2	2	0.1μF/50V セラミック・コンデンサ
D_1	1	LED
D_2	1	1N4007ダイオード
J_1	1	3P端子台
J_2	1	B3B-HX-A，コネクタ，直付けでも可
Q_1	1	2SC1815
R_1	1	4.7kΩ
R_2, R_4	2	10kΩ
R_3	1	470kΩ
RV_1	1	10kΩ，25回転ポテンショメータ
U_1	1	7805，V_{in}=35V（最大）
U_2	1	NJU7032DまたはNJU7043D

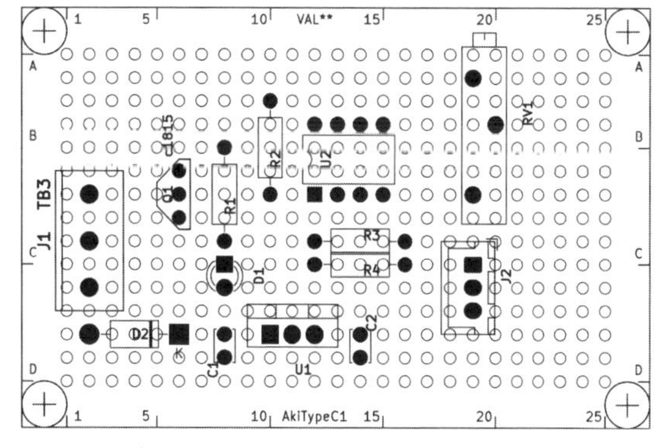
図2　コンパレータ基板表面の部品配置図

● コンパレータ回路の設計

作成するコンパレータ回路は，しきい値付近の電圧ばらつきを抑えるためシュミット・トリガ入力を持ちます．回路図を**図1**に，部品表を**表1**に示します．OPアンプは2個入りですが，1個のみ使用します．使用しないOPアンプの入力端子は，確実にGNDに落とします．その理由は，OPアンプはインピーダンスが高いため，そのままにすると発振し消費電力が極端に増えたり，使用するOPアンプの動作が不安定になったりする可能性があるためです．

センサ電源は，単独でPLCと組み合わせて物体センサとして使用することも考えて，Nゲージ用の12VではなくPLCと同じ24Vから取ります．従って3端子レギュレータ7805は，定格入力電圧が35Vのタイプを使用します．7805は定格入力電圧が20Vのタイプもあるため，電圧値に注意して選択して下さい．

PLCへの接続には，小さな3Pの端子台を使用します．ここでは測距センサへの接続は日本圧着端子製造のXHタイプの3Pコネクタを使用しました．

コンパレータ回路の入力電圧範囲は0～5Vです．測距センサ以外にも，温度センサなどのアナログ信号を扱えます．他のセンサ類を使用するときに出力のばらつきが残るようなら，R_4の10kΩを調整します．抵抗値が大きくなると，ヒステリシスが深くなってばらつきが減りますが，ONに入る値とOFFに抜ける値との差が大きくなります．

● コンパレータ回路の組み立て

コンパレータ回路は，ユニバーサル基板上へ組み立てます．使用した基板は，秋月電子通商のタイプC両面スルー・ホールです．片面基板ははんだ付け中にパターンが簡単にはがれる可能性があるため，両面基板を選択することをお勧めします．片面と両面基板の金額差はわずか数十円です．

図2に，基板上の部品配置を示します．基板上への部品の組み立ては，抵抗など背の低いものから順にはんだで留めていきます．最初は，部品1つに対して1ピンをはんだ付けして仮固定します．その後，配置図と見比べて間違いないことを確認してから，全てのピンをはんだ付けします．

配線は，主に基板の裏面にスズめっき線で結線していきます．**図3**に，裏面のスズめっき線接続図（裏面

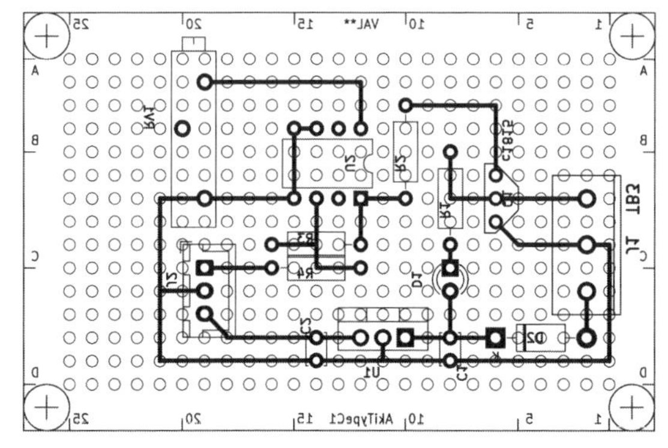
図3　コンパレータ基板裏面の部品配線

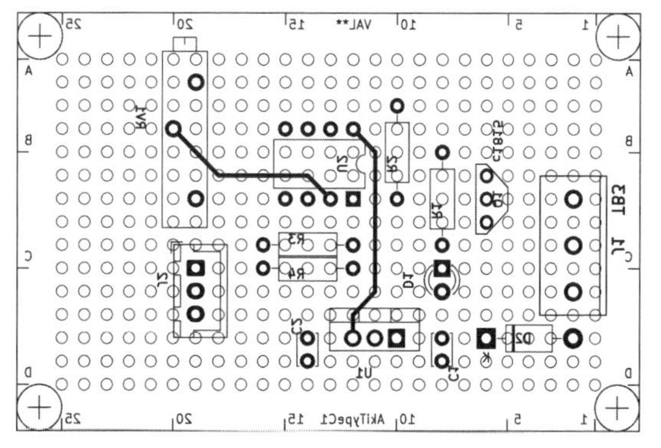
図4　コンパレータ基板裏面の被覆接続

(a) 表面

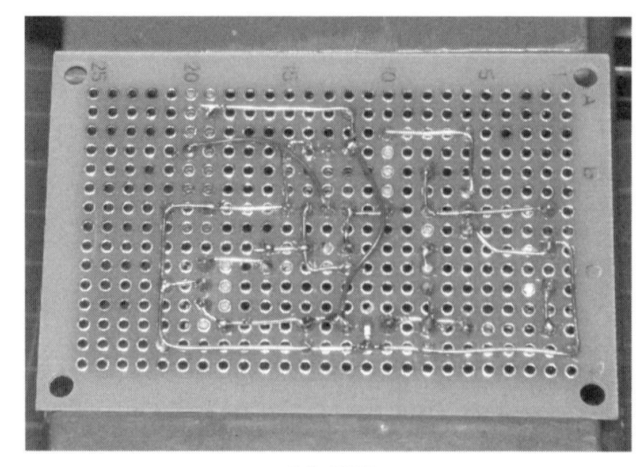

(b) 裏面

写真2　コンパレータ基板

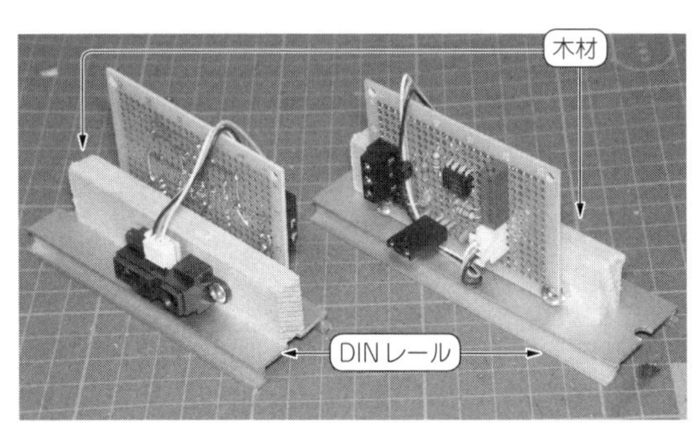

写真3　組み立てた測距センサ・モジュール

写真4　測距センサの取り付け位置

視)を示します．めっき線はなるべく基板から浮き上がらないよう，長く引く部分は5穴に1カ所ほどはんだで留めます．また，角になる部分は浮き上がりやすいため，全てスルー・ホールにめっき線をはんだで留めていきます．スズめっき線で通しきれない線は，細めの被覆配線で接続します．ここでは，被覆配線が2本残りました．**図4**に，被覆接続図(裏面視)を示します．この2本をつなぐと完成です．

作成した基板に測距センサを接続し，24Vの電源側で消費電流を測ると20m～30mAになります．この値から極端に外れていれば，どこかに間違いがあると思ってください．**写真2**に部品配置を示します．この程度の配線でも，はんだ不良がなければ，長期間使用できます．

● 測距センサ・モジュールの組み立て

作成した基板は，**写真3**に示すように，DINレールの端材に断面が10×20mm程度の木材を現物合わせで切ってねじ止めし，その木材の裏と表にセンサと基板を取り付けて自立モジュールとしました．完成後にDINレールの座りが悪い場合は，四隅に小さなゴム足を貼り付けるとよいでしょう．**写真4**に示すように，センサの高さは車両の側面の高さに合うように取り付けます．

RV_1の位置を中央に置き(2番と3番ピン間の抵抗値は約5kΩ)，適当な物体を数十cm前からセンサへ近づけて，LEDが点灯することを確認します．逆に，物体をセンサから遠ざけて，LEDが消灯することを確認します．

● 車両検出位置の調整

RV_1は，右に回すと検出位置が近くなり左に回すと遠くなります．車両の検出距離は，100mm程度が感度が高く良好です．また，検出距離が90mmより近くなるとセンサ・レベルが頭打ちになるため，90～120mm程度が良いでしょう．このような理由から，今回センサは車両の直近に配置せず，車両から100mm離した位置に配置しました．**写真5**に示すように，センサ・レベルの調整は，車両から約100mm離した位置にセンサを配置しLEDが点灯していれば

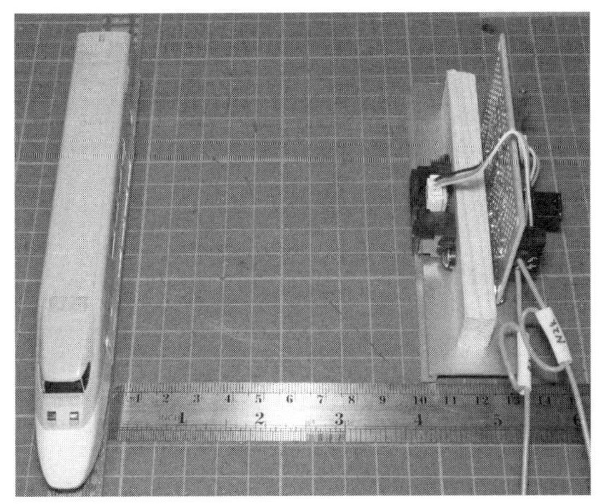

写真5 測距センサ・モジュールは車両から約100mm離したところに配置した

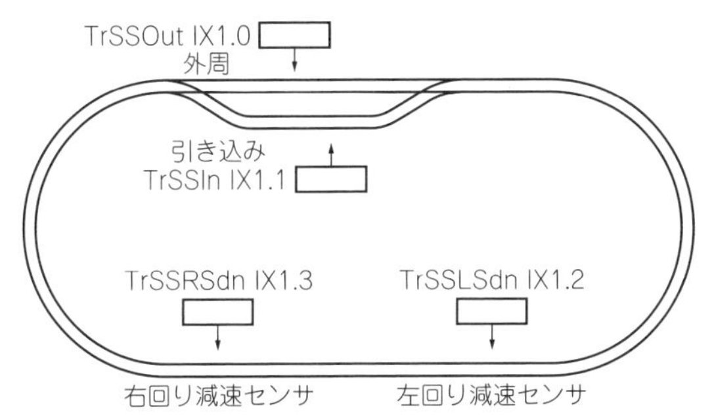

図5 測距センサ・モジュールの配置

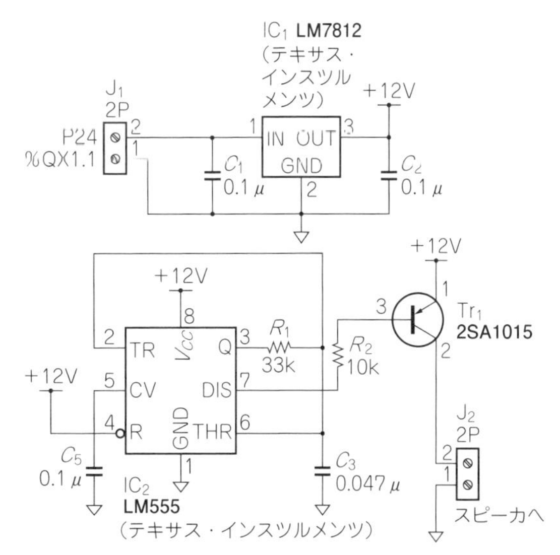

図6 発車ブザーの回路

表2 ブザー回路に使う部品

デバイス	個数	仕 様
C_1, C_2, C_5	3	0.1μF/50V セラミック・コンデンサ
C_3	1	47000pFマイラ，スチロールなど
J_1, J_2	2	2P端子台
Q_1	1	2SA1015
R_1	1	33kΩ，要調整
R_2	1	10kΩ
U_1	1	7812，V_{in}=35V(最大)
U_2	1	NE555またはLMC555

RV_1を右に回し，いったんLEDの消灯を確認してからLEDの点灯までRV_1を左へ戻します．LEDが消灯していれば，RV_1を左へ回してLEDが点灯する位置を探します．RV_1の位置が決まれば，センサを近づけたり遠ざけたりしてヒステリシスを確認します．筆者の環境では，センサの位置は2～3mm程度でした．車両はセンサが点灯する位置から移動し，確実にLEDが点灯/消灯することを確認します．

● 測距センサ・モジュールの配置

測距センサは光学センサであるため，互いの光が干渉しないようレールの円周に対して外を向くように配置します．また外周センサと引き込み線センサは，**図5**に示すように光軸が向かい合わせにならないよう配置します．場合によっては，斜めに配置しても良いでしょう．センサは，P24(+24V)とN24(24Vコモン)から電源を取ります．また，各車両センサの出力は，%IX1.0～1.3に接続してI/O割り付けに加えます．各センサの名前は，TrSSInはTrain Sensor Inの略称で内周(引き込み線)トレイン・センサを意味し，TrSSOutはTrain Sensor Outの略称，TrSSLSdnはTrain Sensor Left Slowdownの略称，TrSSRSdnはTrain Sensor Right Slowdownの略称から決めています．

左右の減速センサは，車両が減速する具合によって置く位置を調整します．減速開始が早すぎると，車両は停止位置まで最低速度で走り続けます．逆に減速開始が遅すぎると，車両は停止位置で停止しきれず通過してしまいます．また，車両の種類によって走行速度が違うため調整が必要です．**写真1**に今回のセンサの配置を示します．

ここまでの作業で，外周と引き込み線に1両ずつ置いた車両は，交互にポイントを切り替えて片方は停止し，もう片方の車両が出発するようになりました

● 鉄道運行の臨場感を演出する工夫

車両が発車するときにブザーを鳴らす装置を作成しましょう．今回は，空いている%QX1.1にNE555を使ったブザーを追加しました．このように改造しても，端子台配線とPLCのラダー・プログラムは柔軟

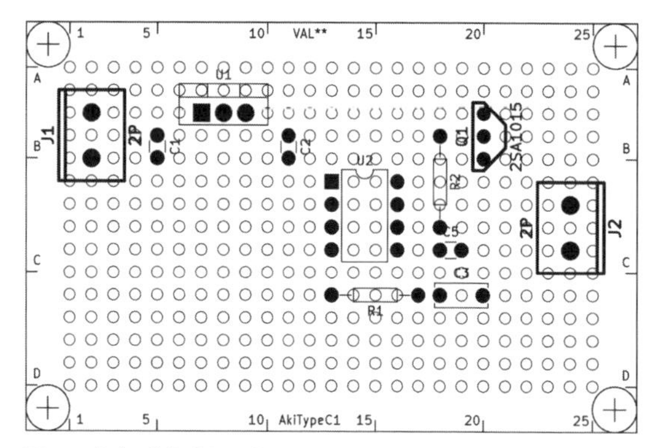

図7　ブザー基板表面の部品配置

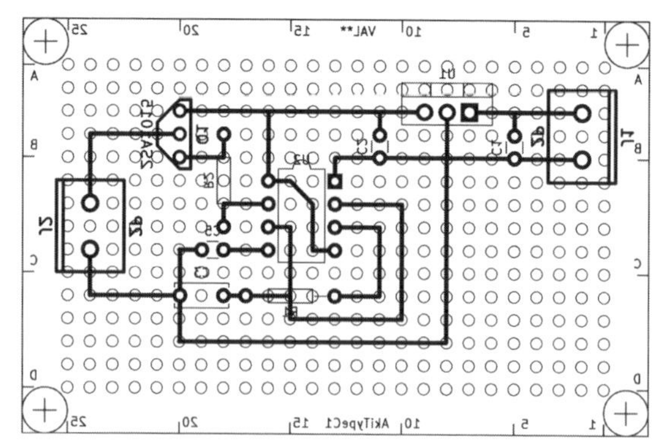

図8　ブザー基板裏面の部品配線

写真6　端子台に接続したブザー

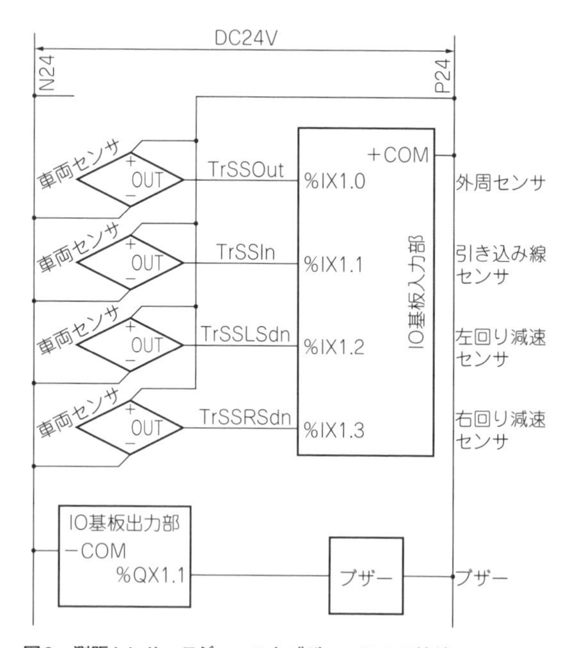

図9　測距センサ・モジュールとブザー，PLCの接続

に動作します．

図6にブザーの回路図を，**表2**にブザーの部品表を示します．C_3とR_1は時定数なので，C_3にはマイラなどのフィルム系のコンデンサを使用します．C_3にセラミックを使うと音程が安定しません．R_1の値を調整して，好みの音程へ変更します．U_1の7812によって12Vを作り電源としていますが，7812は一時電圧が24Vのため定格入力電圧が最大35Vのものを使用してください．スピーカは小さなもので十分です．音が大きすぎるときは，数十Ω程度の抵抗をスピーカと直列に入れて調整します．

図7に基板表面の配置図を，**図8**に基板裏面のスズめっき線配線図を示します．使用する基板は，秋月電子通商のCタイプです．ここでの配線は，スズめっき線のみで完結しています．

完成した発車ブザーは，プラス電源端子をP24へ，マイナス電源端子を%QX1.1へ接続し，電源はI/O端子でON/OFFしてブザーを鳴らします．**写真6**に端子台に接続したブザーを，**図9**に測距センサ・モジュールとブザー，PLCの接続図を示します．ブザーはなくても車両の走行に問題ありませんが，ブザーがあると鉄道走行の臨場感を演出できます．

ソフトウェア

● 発車ブザーの動作を追加

発車ブザーは，前章で作成したラダー・プログラムのうち，発車前の時間待ちタイミングとして確保した1コイルを利用します．これをBellと名前を改め，Bellの接点で%QX1.1（bellOut）を動かします．

このように，ブザーやランプなどを追加し，それに伴ってプログラムを変更することは，現場でもよくあります．そして，この手のプログラムの変更は，適当なタイミングや条件などを元に出力します．適当なタイミングのコイルがあれば，そのコイルの接点を出力

表3　車両走行を制御するラダー・プログラムのI/O設定

No.	名　前	種類	Location	備　考
1	Push1	BOOL	%IX0.2	押しボタン1 SW1
2	Push2	BOOL	%IX0.3	押しボタン2 SW2
3	Toggle1	BOOL	%IX0.4	トグル1 SW3
4	Toggle2	BOOL	%IX0.5	トグル2 SW4
5	TrSSOut	BOOL	%IX1.0	トレイン・センサ外周
6	TrSSIn	BOOL	%IX1.1	トレイン・センサ引き込み
7	TrSSLSdn	BOOL	%IX1.2	TrSS左回り減速
8	TrSSRSdn	BOOL	%IX1.3	TrSS右回り減速
9	LED1	BOOL	%QX0.5	LED1
10	LED2	BOOL	%QX0.6	LED2
11	CR11	BOOL	%QX0.7	ONで右回り
12	CR12	BOOL	%QX1.0	ONで引き込み線
13	BellOut	BOOL	%QX1.1	発車ベル追加
14	InitReset	BOOL	%QX2.0	初期リセット
15	SpdTim	BOOL	%QX3.0	速度変更タイマ
16	InUpDrive	BOOL	%QX3.2	加速起動中
17	UpDriveEnd	BOOL	%QX3.3	加速完了
18	UpSatrtEnd2	BOOL	%QX3.4	加速完了補助
19	InDnDrive	BOOL	%QX4.0	減速起動中
20	InDownStart0	BOOL	%QX4.1	減速補助
21	InDownEnd1	BOOL	%QX4.2	減速終了補助
22	DnDriveEnd	BOOL	%QX4.3	減速完了
23	InStopDrive	BOOL	%QX5.0	停止起動中
24	DownCmd1	BOOL	%QX5.1	減速
25	DownCmdHold	BOOL	%QX5.2	減速指示
26	SetZero	BOOL	%QX5.3	速度0セット
27	StopDriveEnd	BOOL	%QX5.4	停止完了
28	NoUse	BOOL	%QX5.5	使用不可
29	TrSSOut1	BOOL	%QX5.6	外周センサ1
30	TrSSIn1	BOOL	%QX5.7	引き込みセンサ1
31	InDrive	BOOL	%QX6.0	運転中
32	ExistIn	BOOL	%QX6.1	引き込み車両あり
33	ExistOut	BOOL	%QX6.2	外周車両あり
34	InStop	BOOL	%Q X 6.3	停止処理中
35	StopEnd	BOOL	%QX6.4	停止確認
36	PointOn1	BOOL	%QX7.0	ポイント初期化
37	PointOnOk1	BOOL	%QX7.1	ポイント初期化
38	PointOff1	BOOL	%QX7.2	ポイント初期化
39	PointOffOk1	BOOL	%QX7.3	ポイント初期化
40	CycleStart1	BOOL	%QX7.4	サイクル・スタート
41	TogglePoint	BOOL	%QX7.5	ポイント切り替え
42	TogglePoint0	BOOL	%QX7.6	ポイント切り替え
43	PointON2	BOOL	%QX7.7	ポイント強制ON
44	PointOFF2	BOOL	%QX8.0	ポイント強制OFF
45	ToggleDirect	BOOL	%QX8.1	方向切り替え
46	ToggleDirect0	BOOL	%QX8.2	方向切り替え補助
47	Bell	BOOL	%QX8.3	発車ベル
48	Bell0	BOOL	%QX8.4	発車ベル補助
49	UpDriveCmd	BOOL	%QX8.5	加速指示
50	UpDriveCmd0	BOOL	%QX8.6	加速指示補助
51	DnDriveCmd	BOOL	%QX8.7	減速指示
52	StopDriveCmd	BOOL	%QX9.0	停止指示
53	NextTrig	BOOL	%QX9.1	再トリガ
54	PointOnCont	BOOL	%QX9.2	ポイントON制御
55	PointOffCont	BOOL	%QX9.3	ポイントOFF制御
56	DirectionOnCont	BOOL	%QX9.4	方向ON制御
57	DirectionOffCont	BOOL	%QX9.5	方向OFF制御
58	FlickTime	BOOL	%QX9.6	点滅タイマ
59	Flick	BOOL	%QX9.7	点滅接点
60	FlickReset	BOOL	%QX10,0	点滅補助
61	error1	BOOL	%QX10.1	異常検出1
62	ErrorHold	BOOL	%QX10.2	異常保持
63	ErrorRst	BOOL	%QX10.3	異常リセット
64	TrSSLSdnRise	BOOL	%QX10.4	TrSSLsdn立ち上がり
65	SpeedCmd	WORD	%QW0	速度指令レジスタ
66	CurrentSpd	DINT	%MD0	現在速度
67	TgtSpd	DINT	%MD1	目標速度
68	UpRt	DINT	%MD2	加速レート
69	DnRt	DINT	%MD3	減速レート
70	TargetSpd	DINT	%MD4	目標速度設定
71	UpRate	DINT	%MD5	加速レート設定
72	DnRate	DINT	%MD6	減速レート設定
73	BaseSpd	DINT	%MD7	基本低速設定
74	TON0	TON	−	−
75	TON1	TON	−	−
76	TON2	TON	−	−
77	TON3	TON	−	−
78	TON4	TON	−	−
79	TOF0	TOF	−	−
80	TOF1	TOF	−	−
81	TON5	TON	−	−
82	TON6	TON	−	−

注：ClassはLocal

のランプやブザーへ結び付けるだけで済みます.

● 車両の走行を制御するプログラムの全体像

前章で作成したラダー・プログラムのうち，車両の加減速処理はそのまま利用します．その際に，プログラム先頭に記述したスイッチによるダミー運転の処理を削除しました．**表3**にI/O設定を示します．

図10は，本章で追加したプログラムです．本章では，**図10**の「(6) 運転開始停止制御」以降の処理を追加しました．

● 車両センサの安定化［図10(ア)(イ)］

追加した最初の2行は，外周と引き込み線の車両停止用センサが，車両の凸凹を拾って瞬間的にOFF

すること防ぐために入れたTOF（オフ・ディレイ・タイマ）です．TrSSInとTrSSOutは，直接ではなくTrSSIn1とTrSSOut1の接点で全て評価するようにします．瞬時の信号切れは一般的に光学系センサでよく発生するため，このような回路の構造は定番です．また，市販のセンサの中にはそのためのタイマが入っているものもあります．

図11に，TrSSOutとTrSSOut1信号のタイミングを示します．車両の通過時は，タイマの設定時間以内の信号切れに影響されなくなります．ただし，車両が停止した状態で信号が連続して切れてしまうことは防げません．このような現象は，センサの角度や位置を調整して発生を防ぎます．なお，左右の減速用センサTrSSLSdnとTrSSRSdnは，動作上の不具合はないため入力をそのまま評価に使っています．

● 車両の走行開始・停止制御［図10（ウ）］

車両の走行は，SW1を立ち上げて開始します．走行条件は，TrSSIn1（引き込み線車両）かTrSSOut1（外周線車両）のどちらか，あるいは両方あれば，InDrive（走行中を）ONして起動します．InDriveは，走行中には保持して常にONです．

● 車両の走行開始条件［図10（エ）（オ）］

車両の走行開始において，まず車両がどこにあるかを確認し保持します．レール外周側の車両の位置はExistOutに，引き込み線側の車両の位置はExistInに記憶します．車両は走り始めるとセンサの外へ行ってしまうため，最初に保持した記憶を頼りにポイントの切り替えなどを行います．両方の記憶があると，1周ごとにポイントを切り替えて外周と引き込み線の車両を交代しながら単線走行します．どちらか片方だけに車両があれば，ポイントは車両がある方に固定して車両は1周するごとにポイント間で停止して，発車ブザーを鳴らして発車する動作を繰り返します．走行中はLED1を点灯することにします．

● 車両の走行終了条件［図10（カ）（キ）］

InDrive（走行中）の近くに，分かりやすいように停止操作としてInStopを作成します．この処理は，車両の走行終了準備中を意味します．InStopは，走行中はどこでもSW2で受け付けます．走行終了位置は，走行中の車両がポイント間の停止位置で停止した状態で終了します．StopDriveEndの接点がその停止タイミングです．走行終了処理中，LED2は点灯することにします．そして，走行終了でInDriveを切って走行中から抜けます．同時に，LED1とLED2も消灯します．またSW1を押すと，再び車両は走行します．以上が，SW1（走行開始）とSW2（走行終了）を管理する処理です．

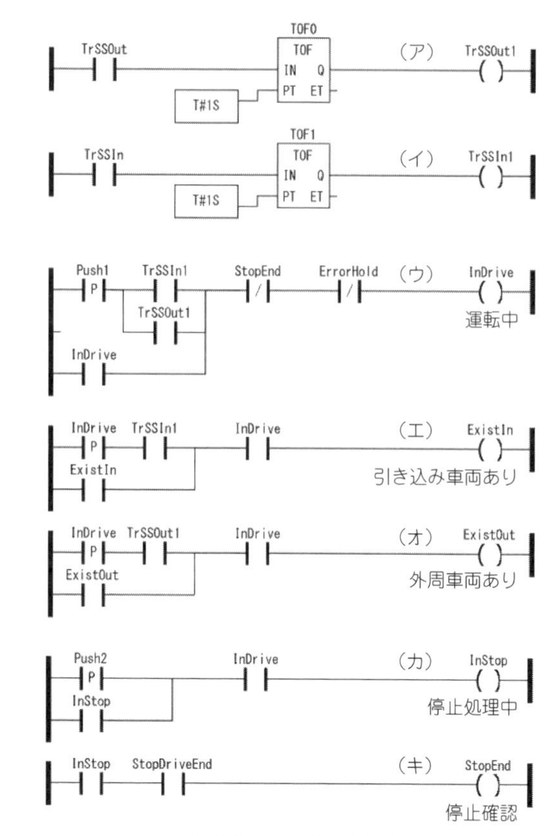

(a)（6）運転開始停止制御

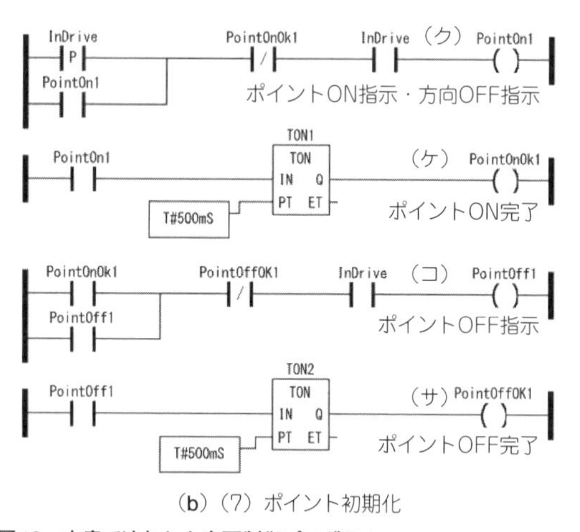

(b)（7）ポイント初期化

図10　本章で追加した車両制御プログラム

● ポイント初期化［図10（ク）～（サ）］

車両の走行開始にあたって，ポイント切り替えを空で1回実施しポイントの方向を揃えます．その方法は，CR12を1回0.5秒間隔で一度ON/OFFします．

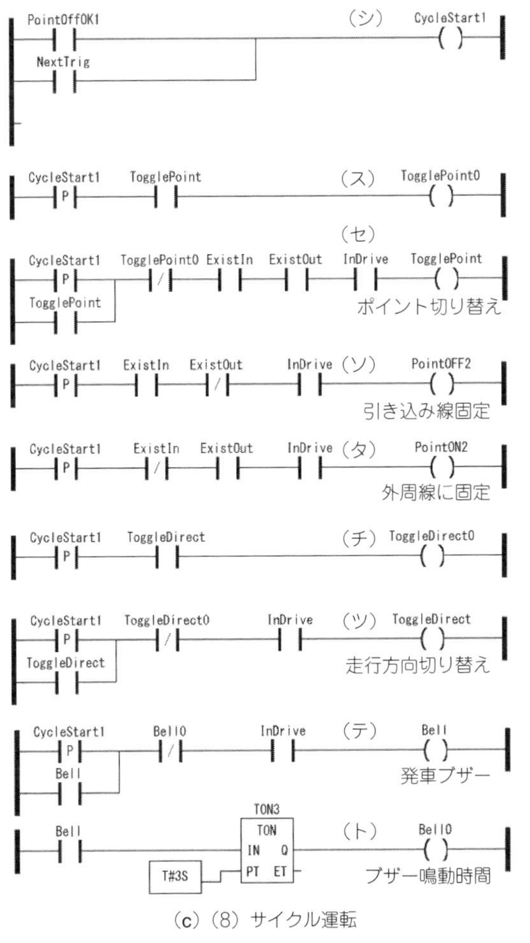

(c) (8) サイクル運転

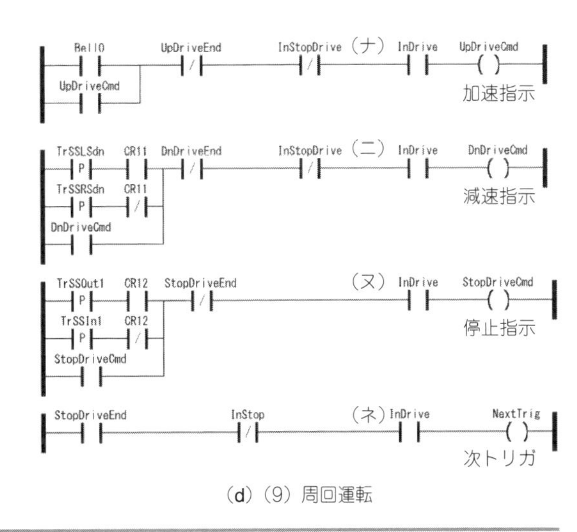

(d) (9) 周回運転

図10　車両制御プログラム(続き)

PointOn1によってポイント用のCR12をONに，走行方向用のCR11をOFFにします．そして，TON1で500ms待ってからPointOff1でポイント用CR12をOFFにして，TON2で再度500ms待てば初期化完了です．

● サイクル運転開始［図10(シ)］

ポイント初期化が完了したらサイクル運転を開始し，車両の走行を制御します．最初の回路は，CycleStart1サイクル開始です．これは，サイクル運転開始のためのトリガです．最初の1周が完了したステータスで再びCycleStart1を叩いて(短くONする)，またサイクルを始めます．このようにして，車両が停止する要因が発生するまで車両は走行し続けます．

● ポイントの制御［図10(ス)～(タ)］

TogglePoint0とTogglePointは，外周側の車両と引き込み線側に車両がある場合のポイント制御で，これら2つを合わせて1周ごとにTogglePointのON/OFFを切り替えて車両を交代します．TogglePoint0はTogglePointの保持の解除条件，TogglePointは保持回路です．この2つの回路は，これまでのLED点滅回路に用いたパターンと同じです．PointOff2は引き込み線側のみに車両がある場合で，ポイントはOFFに固定する条件です．その次の回路PointOn2は外周側のみに車両がある場合で，ポイントはONに固定する条件です．

● 車両走行方向の制御［図10(チ)，(ツ)］

ToggleDirect0とToggleDirectで，車両が1周するごとに走行の方向を切り替えます．この仕掛けは，前のTogglePointと同じ方法で車両が1周するごとに切り替えています．

● 発車ブザー［図10(テ)，(ト)］

発車ブザー(Bell)は，TON3の設定時間(3秒)分鳴らして発車します．

● 車両の周回走行［図10(ナ)～(ネ)］

ブザーが鳴り終わったこと(Bell0)をトリガにして，車両へ加速走行指示(UpDriveCmd)を出して加速します．そして，車両は走行すると減速センサ前を通過します．ここで，車両が左回りの走行(CR11 = ON)ではTrSSLSdn，右回りの走行(CR11 = OFF)ではTrSSRSdnによって減速指示(DnDrveCmd)を出します．すると，車両は減速し始め，停止するために最低速度へ落として走行しポイントを通過します．

そして，ポイントが外周を指して(CR12 = ON)いればTrSSOut1，ポイントが引き込み線を指して(CR12 = OFF)いればTrSSIn1によって車両は停止します．

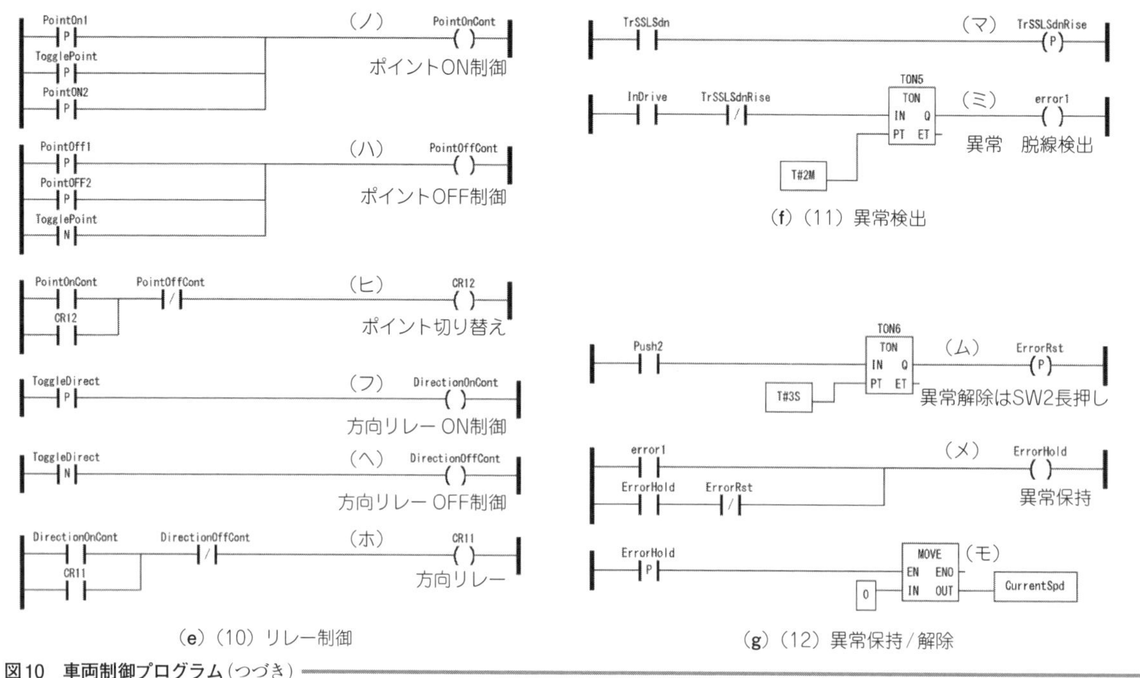

(e) (10) リレー制御

(f) (11) 異常検出

(g) (12) 異常保持/解除

図10　車両制御プログラム(つづき)

停止が完了(StopDriveEnd)したら，NextTrigでCycleStart1を叩いて2周目を起動します．外周側，引き込み線側ともに車両があれば，ポイントを切り替えて発車ブザー(Bell)を鳴らし再び発車します．

● リレー制御 [図10(ノ)～(ホ)]

車両走行方向用のリレー(CR11)とポイント用のリレー(CR12)は，どこから叩いても大丈夫なように，その制御と保持回路はサイクル運転などの処理から独立して1カ所にまとめて作成します．特にポイント・リレー(CR12)は，初期化の際に1往復するため既存の処理へ追加できません．具体的には，ポイント・リレーCR12はポイントONコントロール(PointOnCont)とポイントOFFコントロール(PointOffCont)で受けて，ポイント・リレー(CR12)を保持したり保持を解除したりします．

また同様に，走行方向は走行方向ONコントロール(DirectionOnCont)と走行方向OFFコントロール(DirectionOffCont)で受けて，走行方向リレー(CR11)を保持したり保持を解除したりします．CR11は今のところ，ON/OFFの起動要素は1つずつしかないため既存の処理へ埋め込むことも可能です．しかし，何か別のタイミングで走行方向を変えたいときに備えて，このような処理にしておくとよいでしょう．

さまざまなところからON/OFF指示が飛んでくるリレーやソレノイドの保持回路は，保持を使わずにセット/リセット命令によって処理することも可能です．このことは，保持回路がなくなるため処理の手間を省けますが，保持回路がなくなってしまうと後々プログラムを見返したとき処理を理解することが難しくなります．プログラムを作成するときは，多少手間であっても処理は後から見返して分かりやすく記述するとよいでしょう．

● 車両の異常に関する処理 [図10(マ)～(モ)]

車両が脱線したときに異常を検出し，車両を停止する処理を作成します．この仕掛けは，車両走行中(InDrive)に左減速TrSSLSdnが2分以上OFFのままなら異常とみなします．車両が2分以内にセンサ前を通過して，リセットが掛かればそこからまた2分計測します．車両走行中(InDrive)にこれをチェックし，InDriveにANDを入れておきます．そうしなければ，車両の走行を2分間止めたら脱線していないのに脱線しているとみなし，異常を検出してしまいます．プログラム中のerror1のように，TONを2分で仕掛けて出力がONしたら異常です．

また車両は，こちらの都合の良い位置で脱線するわけではありません．単純にTrSSLSnの接点を使っただけでは，車両がセンサの目の前で脱線したとき，タイマはリセットしたままになり異常を検出できません．そこで，TrSSLSdnRizeを立て，これをセンサの立ち上がりリレーとしてその接点でタイマをリセットします．こうしておけば，センサをONしたままの位置で車両が脱線しても大丈夫です

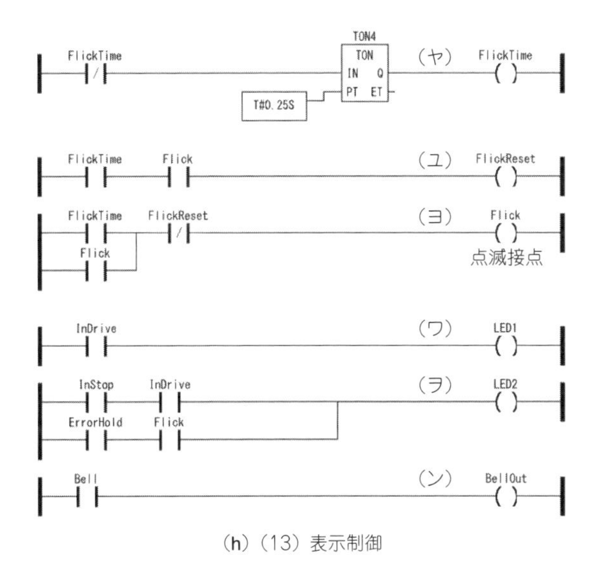

(h)(13)表示制御

そして，タイマのコイル(error1)がONしたら，ErrorHoldで保持します．今回のエラー要素は1個だけですが，他にエラーや異常があればこのErrorHoldにORを入れておけばよいでしょう．そして，この異常保持(ErrorHoid)によって走行中(InDrive)を切ります．SW2を3秒押し続け，異常保持(ErrorHold)をリセットします．異常保持は，後述のエラー表示を確認して解除します．

● エラー表示を制御[図10(ヤ)～(ン)]

これまでの処理では，幾つかの状態が遷移するため「今の状態」を確認できません．そこで，LED1(緑)とLED2(黄色)を点灯して状態を表現します．車両走行中は，LED1(緑)の点灯で表現します．車両停止中は，LED2(黄)の点灯で表現します．異常保持は，LED2(黄)の点滅で表現します．点滅は，異常保持の点灯要因に点滅接点をANDで入れて点滅させます．平行する条件に別の点灯が入っていると，点滅しないことに注意しましょう．本章の異常保持では，異常保持が

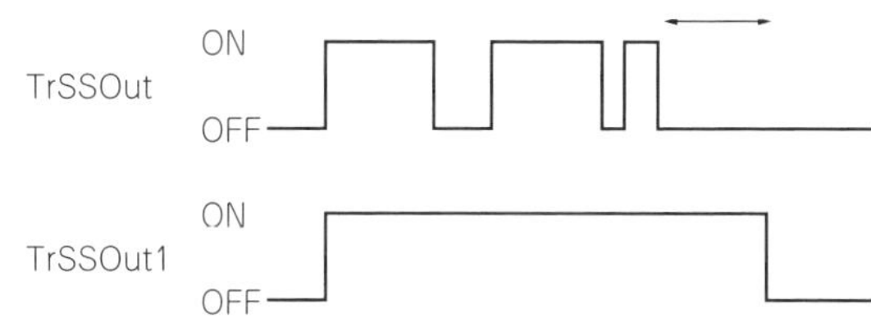

図11　TrSSOutとTrSSOut1信号のタイミング

立った(ONした)時点で，車両走行中も減速中も切れてしまうため問題なく点滅します．

このように，表示接点同士のタイミングをよく検討しておくことは重要です．本章の処理では省いていますが，発車ブザーを付けたため異常保持でブザーを鳴らし人を呼ぶ処理を入れてもよいでしょう．

● 鉄道模型の車両制御手順

LEDが全て消灯しているときに，車両を外周側や引き込み線側のセンサ前に置きSW1を押すと，LED1(緑)が点灯して車両は走行を始めます．車両走行中にSW2を押すと，LED1が点灯したままLED2が点灯し車両の停止処理が始まります．車両が停止位置で停止すると，LED1とLED2が消灯し車両の走行は終了します．車両の走行中に車両を手で取り除くと，しばらくして車両は脱線したとみなされ異常を検出します．このとき，LED1は消灯してLED2が点滅し異常を知らせます．LED2の点滅が消えるまでSW2を押し続けると，リセットしエラーは解除されます．

● 鉄道模型の車両制御全体を通して

ポイント初期化から車両の加速指示までの間は順次制御です．それ以降の車両の減速や停止は，車両の走行に伴う単純な条件となっています．従って各センサを適切な位置へ配置しないと，車両を適切に制御できません．例えば，ペットや昆虫が車両センサの前を横切ったら，車両をうまく制御できないかもしれません．このような外乱要素を回避する方法は，これからいろいろと考えてみると面白いでしょう．ラダー・プログラムは，臨機応変にさまざまな処理を盛り込めます．今回の工作を通して得た経験は，他の言語によるプログラムでも応用が効くでしょう．

コラム　いまどきのPLC制御

● 工作機械現場にもコンピュータやロボットが進出してきた

30年以上昔の話です．当時は工作機械などの刃先や砥石台など精密な機器の制御は主に油圧で行われていました．油圧は油圧バルブと絞りによって低速での油圧シリンダの動作制御がされていて，油圧バルブをリレーやPLCでコントロールしていました．

また，ワーク搬送は比較的移動速度の速いエアー・シリンダによるピック・アンド・プレースで行うのが一般的でした．しかし，CNC(コンピュータによる数値制御)が使われ始めて価格が下がるにつれ，刃先制御などの精密制御部分は徐々に，より緻密で高速な加工制御が行えるCNCに置き換わってゆきました．

そして，ピック・アンド・プレースによるワーク搬送も，代わって関節ロボットが用いられることが増えています．例えば，エアー・シリンダによるピック・アンド・プレースでは，加工済みワークをコンベアの上に置くという程度の動作しかできませんが，ロボットを用いることで加工済みワークを直接パレット上に並べて展開して置くなどの操作も可能にります．

● 一昔前はPLCが主役だった

図1は回転砥石によるグラインダ加工を表したものです．砥石が回転しながら砥石台ごとワークに接近することで，砥石がワークに当たってワークを削りこむものです．**図1(a)**は油圧による砥石台制御と，エアー駆動によるピック・アンド・プレースのイメージです．これらは砥石台の油圧バルブとピック・アンド・プレースのエアー・バルブをPLCで操作して，リミット・スイッチを読み込んで全体を制御しています．

● 今でもPLCが全体を統括する例もある

図1(b)は，CNCとロボットによる構成で，CNCコントローラとロボット・コントローラ，PLCが信号をやりとりして，それぞれをPLC制御の下に置いている例です．

ロボットや砥石台のCNCは，それぞれの位置や動作をそれぞれのコントローラで管理します．そしてPLCは，CNCとロボット・コントローラの起動信号と，完了信号や異常信号の管理をします．CNCもロボットもそれぞれにプログラマブルなコントローラを持っています．

● 今のエンジニアはG言語などを覚える必要があるかも

このように最近のシステムは，それぞれにプログラマブルな部分を持っているユニットの集まりです．そして加工機のCNCシステムは，標準化されたG言語というプログラム言語，また，ロボットはそれぞれロボットの仕様に合わせたプログラム言語を持っています．従って，これら言語について，PLCとの信号のやりとりに関する命令など，言語仕様を多少理解する必要も出てきます．

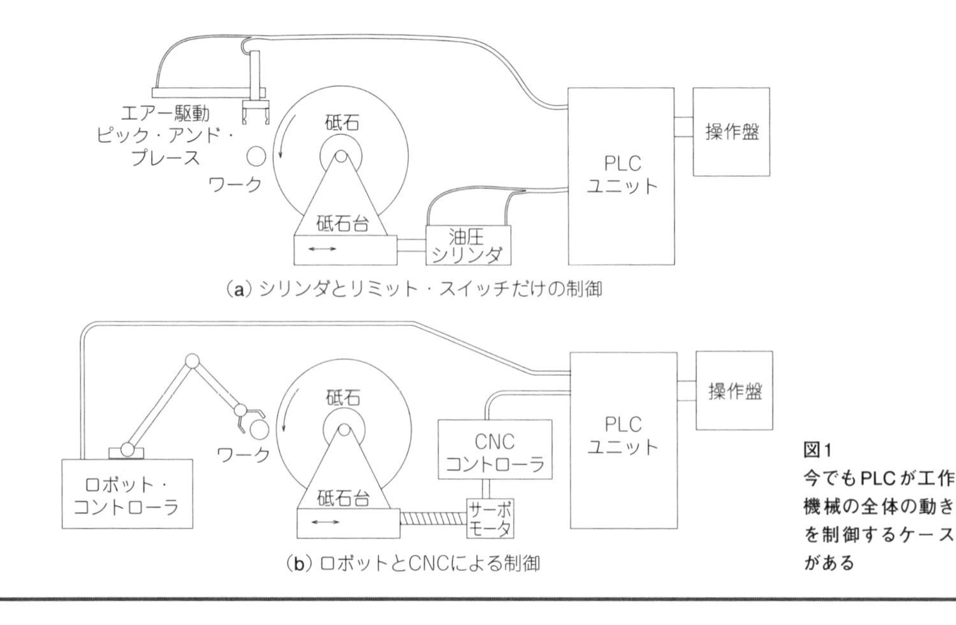

図1
今でもPLCが工作機械の全体の動きを制御するケースがある

著者略歴

今関 雅敬（いまぜき・まさたか）

1955年生まれ．1988年にそれまで勤務していた工業計測関係の会社を退社し，今関電装として自営独立．サーボモータ用位置決めコントローラの自主開発と販売を始めた．

以来，液晶ガラスはり合わせ用の紫外線硬化装置，リチウム電池の注液装置やレーザー封止装置など，リチウム電池関係の各種装置，音楽CDの原版現像装置，半導体ウエハ・ソータ，パターンド・メディア実験用ナノ・インプリント装置，海底用放射線量計などといったハードウェア，ソフトウェア開発に関わり現在に至る．

岩貞 智（いわさだ・さとし）

1987年，大阪府生まれ．IoTエンジニア，プロダクト・マネージャー．

2010年に株式会社Beeへ入社し，組み込みソフトウェア開発エンジニアとして家電製品の再生制御，DB，ネットワークなどの開発をはじめ，iOSアプリ開発，組み込み向けAI事業のR&D，分散クラウド活用の経産省案件プロジェクトなど幅広く手がける．

2021年7月よりバーティカルSaaS企業，株式会社hacomonoにjoinし，現在はIoT専属のPdMおよびエンジニアとしてウェルネス産業特化のDXを推進する．

これまでの執筆記事

・Interface2017年4月号 顔写真から血液型を当てるラズパイ人工知能に挑戦してみた
・Interface2018年4月号 研究 AIスピーカの仕組み
・Interface2019年4月号 地図×IoTマイコン実験①…GPS位置と組み合わせる
・Interface2020年4月号 ESP32カメラで作る今どきSlackチャット投稿カメラ
・Interface2020年10月号 付け足しAIが可能なAIスティックの研究

本書で解説している各サンプル・プログラムは下記URLからダウンロードできます.

`https://www.cqpub.co.jp/interface/download/V/PLC.zip`

ダウンロード・ファイルはzipアーカイブ形式です. 解凍パスワードはrpiplcです.

ラズパイでPLC ハード&開発環境編

2021年11月1日　初版発行
2021年12月1日　第2版発行

著　者　今関 雅敬, 岩貞 智
発行人　小澤 拓治
発行所　CQ出版株式会社
(〒112-8619) 東京都文京区千石4-29-14
電話　販売　03-5395-2141
広告　03-5395-2132

ISBN978-4-7898-5990-5

定価は表四に表示してあります
乱丁, 落丁本はお取り替えします

編集担当　野村英樹
DTP　クニメディア株式会社
表紙デザイン　株式会社コイグラフィー
表紙イラスト　水本沙奈江
印刷・製本　三共グラフィック株式会社
Printed in Japan